NoSQL数据库实战派

Redis + MongoDB + HBase

赵渝强◎著

電子工業出版社
Publishing House of Electronics Industry
北京·BEIJING

内 容 简 介

本书介绍了NoSQL数据库生态圈体系，包括Redis、MongoDB和HBase，内容涉及开发、运维、管理与架构。

“第1篇 基于内存的NoSQL数据库”（第1～5章）包括：内存对象缓存技术Memcached、Redis基础、Redis高级特性及原理、Redis集群与高可用和Redis故障诊断与优化。

“第2篇 基于文档的NoSQL数据库”（第6～10章）包括：MongoDB基础、操作MongoDB的数据、MongoDB的数据建模、MongoDB的管理和MongoDB的集群。

“第3篇 列式存储NoSQL数据库”（第11～15章）包括：HBase基础、部署与操作HBase、HBase原理剖析、HBase的高级特性和监控与优化HBase集群。

本书适合对NoSQL数据库感兴趣的平台架构师、运维管理人员和项目开发人员。读者只需要具备Linux基础和SQL基础，就能够通过本书快速掌握NoSQL数据库。

图书在版编目（CIP）数据

NoSQL 数据库实战派：Redis+MongoDB+HBase / 赵渝强著. —北京：电子工业出版社，2022.10
ISBN 978-7-121-44340-4

Ⅰ. ①N… Ⅱ. ①赵… Ⅲ. ①关系数据库系统 Ⅳ.①TP311.132.3

中国版本图书馆 CIP 数据核字（2022）第 176837 号

责任编辑：吴宏伟
印　　刷：涿州市般润文化传播有限公司
装　　订：涿州市般润文化传播有限公司
出版发行：电子工业出版社
　　　　　北京市海淀区万寿路 173 信箱　　邮编：100036
开　　本：787×980　1/16　印张：26　字数：624 千字
版　　次：2022 年 10 月第 1 版
印　　次：2025 年 1 月第 2 次印刷
定　　价：118.00 元

凡所购买电子工业出版社图书有缺损问题，请向购买书店调换。若书店售缺，请与本社发行部联系，联系及邮购电话：（010）88254888，88258888。

质量投诉请发邮件至 zlts@phei.com.cn，盗版侵权举报请发邮件至 dbqq@phei.com.cn。

本书咨询联系方式：（010）51260888-819，faq@phei.com.cn。

前言

随着信息技术及互联网行业的不断发展， NoSQL 数据库得到了广泛的应用。目前 NoSQL 数据库已成为数据库领域中非常重要的一员。

笔者拥有多年的教学与实践经验，因此想系统地编写一本 NoSQL 数据库方面的图书，力求能够系统地介绍 NoSQL 数据库。通过本书，笔者一方面希望总结自己在 NoSQL 数据库方面的经验，另一方面希望对相关从业者有所帮助，从而为 NoSQL 数据库在国内的发展贡献一份力量。

1. 本书特色

（1）一次讲解 3 种 NoSQL 数据库。

为了降低读者的学习成本，本书一次讲解了 3 种 NoSQL 数据库——Redis、MongoDB 及 HBase。书中覆盖了这 3 种技术的核心内容，可以帮助读者快速入门并应对工作中的大部分需求。

（2）主线清晰，循序渐进。

笔者在长期的教学过程中反复修订了自己的讲解主线，发现这样的主线更利于读者顺利地从“入门小白”成为“开发高手”。

（3）突出实战，注重效果。

全书采用“理论+实操”的方式进行讲解，在读者了解了概念、原理和方法后会进行实操，这样真正做到“知行合一”，而不只是停留在“知道”“了解”的层面。

书中还提供了大量来源于真实项目的技术解决方案，这些解决方案可以在实际的生产环境中给技术人员提供相应的指导。

（4）言简意赅，阅读性强。

全书避免了复杂的语法和生僻的辞藻，经过多次打磨，力求做到表达精确、前后内容衔接顺畅，以期让读者可以读得懂、学得会。

（5）深入原理，关注难点和易错点。

本书不只停留在操作层，还深入介绍了 NoSQL 数据库的底层原理和机制。笔者在教学过程中发现有些内容对于很多学员来说是难点、易错点，所以书中对这些知识进行了详细讲解，希望读者可以很轻松地绕开这些“漩涡”。

2. 版本信息

第 1 篇 基于内存的 NoSQL 数据库

安装包的版本信息如下：

- memcached-1.6.15.tar.gz
- redis-6.2.6.tar.gz

第 2 篇 基于文档的 NoSQL 数据库

安装包的版本信息如下：

- mongodb-linux-x86_64-rhel70-5.0.6.tgz
- mongodb-database-tools-rhel70-x86_64-100.5.2.tgz
- mongodb-compass-1.31.0.x86_64.rpm

第 3 篇 列式存储 NoSQL 数据库

安装包的版本信息如下：

- jdk-8u181-linux-x64.tar.gz
- hadoop-3.1.2.tar.gz
- hbase-2.2.0-bin.tar.gz
- apache-phoenix-5.0.0-HBase-2.0-bin.tar.gz

3. 读者对象

◎ 数据库技术的自学者
◎ 数据库管理员
◎ 中高级技术人员
◎ 开发工程师
◎ 数据库爱好者
◎ 培训机构的老师和学员
◎ 高等院校相关专业的老师和学生
◎ 测试工程师
◎ 技术运维人员
◎ 技术管理人员

尽管笔者在写作过程中尽可能地追求严谨，但仍难免有纰漏之处，欢迎读者关注公众号“IT 阅读会”或者扫描下一页的二维码加入本书读者群批评与指正。

赵渝强

2022 年 5 月于北京

读者服务

微信扫码回复：44340

- 获取本书配套代码
- 加入本书读者交流群，与更多读者互动
- 获取【百场业界大咖直播合集】（持续更新），仅需 1 元

目录

第 1 篇　基于内存的 NoSQL 数据库

第2篇 基于文档的 NoSQL 数据库

第 3 篇　列式存储 NoSQL 数据库

第 1 篇

基于内存的 NoSQL 数据库

第 1 章 内存对象缓存技术 Memcached

Memcached 是一个高性能的、分布式的内存对象缓存系统。通过 Memcached，可以支持高负载的网站系统，以分担数据库的压力。

Memcached 通过在内存中维护一个统一的、巨大的 Hash 表，来存储各种格式的数据，包括图像、视频、文件及数据库检索结果等。

Memcached 不能将数据持久化，因此严格意义来说，Memcached 只能被称为缓存技术，而不能被称为数据库。

1.1 Memcached 基础

Memcached 为了达到最快的读写速度，将数据都保存在内存中。如果不将数据保存在内存中，而通过磁盘的 I/O 来读写数据，则数据读写速度将受到严重影响。另外，在内存越来越便宜的今天，基于内存的存储方式会越来越受欢迎。

1.1.1 Memcached 的体系架构

简单来说，Memcached 就是在内存中维护一张巨大的 Hash 表，并通过一套路由算法来维护数据的操作。

图 1-1 展示了 Memcached 的体系架构。

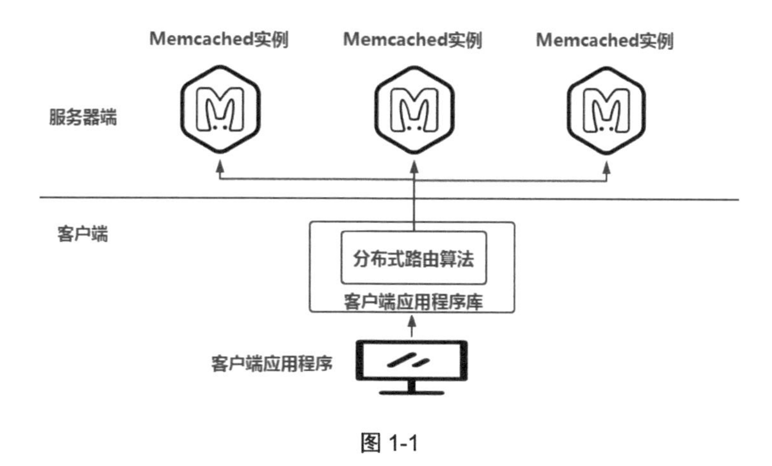

图 1-1

从图 1-1 中可以看出，Memcached 的数据分布式存储是通过客户端应用程序来实现的，而不是像 MongoDB 或者 Redis 那样在服务端实现的。

1.1.2　Memcached 的数据存储方式

Memcached 在内存中维护一张巨大的 Hash 表，并且按组分配内存。具体来说就是：每次先分配一个大小为 1MB 的 Slab，然后在 Slab 中根据保存数据的大小再划分为相同大小的 Chunk。即 Memcached 在保存数据之前，需要先为数据分配内存存储空间。这样做的优点是：最大限度地利用内存，从而避免产生内存碎片。

图 1-2 说明了 Memcached 的数据存储方式。

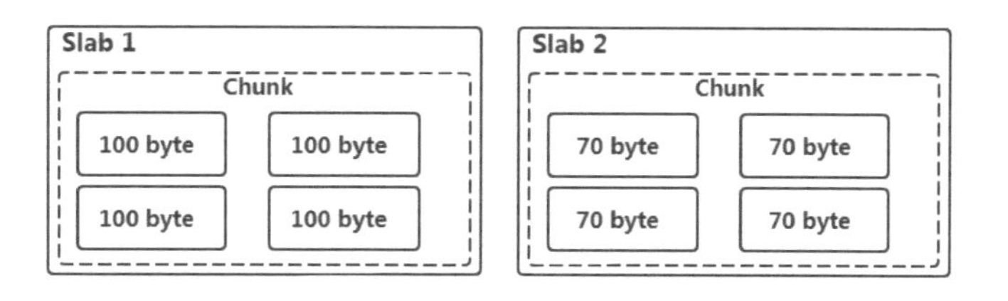

图 1-2

1.2　使用 Memcached 在内存中缓存数据

下面演示如何在 CentOS 上部署 Memcached，并使用不同的方式来操作它。

1.2.1 【实战】在 CentOS 上部署 Memcached

目前 Memcached 的最新版本是 1.6.15。

（1）登录 Memcached 的官方网站，找到 Downloads 页面，如图 1-3 所示。

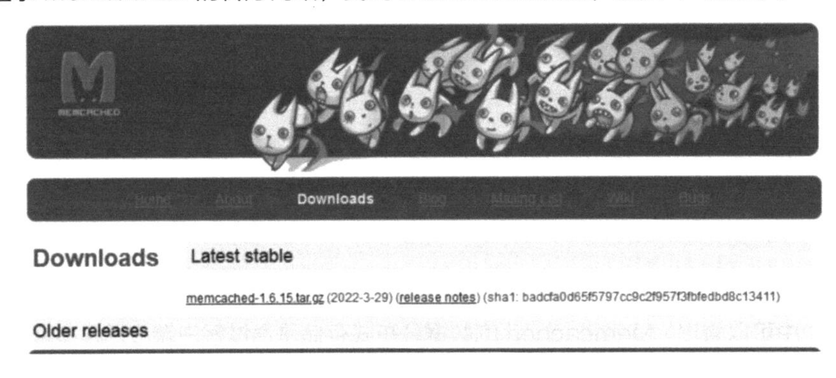

图 1-3

（2）下载 Memcached 的安装包文件 memcached-1.6.15.tar.gz。

（3）安装依赖包。

```
yum install -y libevent-devel
```

（4）解压缩 Memcached 安装包文件。

```
tar -zxvf memcached-1.6.15.tar.gz
cd memcached-1.6.15/
```

（5）创建 Memcached 的安装目录。

```
mkdir /root/memcached
```

（6）配置 Memcached 的安装目录。

```
./configure --prefix=/root/memcached
```

（7）执行 Memcached 的安装。

```
make && make test && make install
```

如果在执行安装的过程中出现错误，则重新执行 make install 命令即可。

（8）查看“/root/memcached”目录。

```
tree /root/memcached
```

输出的信息如下：

```
/root/memcached
├── bin
```

```
|       └──── memcached           --> 启动 Memcached 服务器端的命令
├──── include
|       └──── memcached
|             ├──── protocol_binary.h
|             └──── xxhash.h
└──── share
      └──── man
            └──── man1
                  └──── memcached.1
```

（9）编辑“/etc/profile”文件设置 Memcached 的环境变量，在文件的最后添加以下内容。

```
export MEMCACHED_HOME=/root/memcached
export PATH=$MEMCACHED_HOME/bin:$PATH
```

（10）生效 Memcached 的环境变量。

```
source /etc/profile
```

（11）查看启动命令 memcached 的帮助信息。

```
memcached -h
```

输出的信息如下：

```
memcached 1.6.15
-p,--port=<num>          TCP port to listen on(default:11211)
-U,--udp-port=<num>      UDP port to listen on(default:0, off)
-s,--unix-socket=<file> UNIX socket to listen on(disables network support)
-a,--unix-mask=<mask> access mask for UNIX socket,in octal(default:700)
-A,--enable-shutdown     enable ascii "shutdown" command
-l,--listen=<addr>       interface to listen on(default:INADDR_ANY)
-d,--daemon              run as a daemon
...
```

（12）启动 Memcached 的服务器端。

```
memcached -p 11211 -u root -d -m 128 -c 1024
```

说明如下。

- -p：指定 Memcached 运行的端口默认为 11211。
- -u：指定运行 Memcached 的用户名，使用 root 用户时必须使用该选项。
- -d：启动一个守护进程。
- -m：指定 Memcached 初始分配的内存，默认为 64MB。
- -c：指定 Memcached 最大并发的连接数，默认为 1024。

1.2.2 【实战】使用 Telnet 操作 Memcached

Memcached 本身并没有提供命令行的客户端工具，可以通过 Telnet 的方式连接 Memcached 并执行相应的操作命令。Memcached 提供了 3 种类型的命令：Memcached 存储命令、Memcached 查找命令和 Memcached 统计命令。

下面进行演示。

（1）安装 Telnet 客户端工具。

```
yum install -y telnet
```

（2）使用 Telnet 连接 Memcached。

```
telnet 127.0.0.1 11211
```

输出的信息如下：

```
Trying 127.0.0.1...
Connected to 127.0.0.1.
Escape character is '^]'.
```

（3）set 命令用于将值存储在指定的键中，如果键已经存在，则使用值更新键所对应的值。set 命令的格式如下：

```
set key flags exptime bytes [noreply]
value
```

说明如下。

- key：键值结构中的键，用于查找缓存值。
- flags：可以包括键值对的整型参数，客户机使用它存储关于键值对的额外信息。
- exptime：在缓存中保存键值对的时间（以秒为单位，0 表示永远不过期）。
- bytes：在缓存中存储的字节数。
- noreply（可选）：告知服务器不需要返回数据。
- value：存储的值，可以将其理解为键值对结构中的值。

在 Telnet 中执行以下命令：

```
set mykey1 0 900 5
hello
```

输出的信息如下：

```
STORED
```

（4）add 命令用于将值存储在指定的键中。如果键已经存在，则不更新数据，返回 NOT_STORED 的响应。

add 命令的格式如下：

```
add key flags exptime bytes [noreply]
value
```

在 Telnet 中执行以下命令：

```
add mykey1 0 900 5
hello
```

输出的信息如下：

```
NOT_STORED
```

（5）replace 命令用于替换已存在的键的值，如果键不存在，则返回 NOT_STORED 的响应。

```
replace mykey1 0 900 5
abcde
STORED
replace mykey2 0 900 5
world
NOT_STORED
```

（6）append 命令用于在已经存在的键的值后面追加新的数据。

```
append mykey1 0 900 5
redis
get mykey1
VALUE mykey1 0 10
abcderedis
END
```

（7）prepend 命令用于在已经存在的键的值前面追加新的数据。

```
prepend mykey1 0 900 5
nosql
STORED
get mykey1
VALUE mykey1 0 15
nosqlabcderedis
END
```

（8）get 命令用于获取存储在键中的值，如果键不存在则返回空。

```
get mykey1
VALUE mykey1 0 15
nosqlabcderedis
END
```

> get 命令可以同时获取多个键中的值，例如：
>
> get key1 key2 key3

（9）delete 命令用于删除已存在的键和值。

```
set mykey2 0 900 5
hello
STORED
delete mykey2
DELETED
```

（10）incr、decr 命令用于对已存在的键的值进行自增或自减操作。

```
set visitors 0 900 2
10
STORED
get visitors
VALUE visitors 0 2
10
END
incr visitors 5
15
get visitors
VALUE visitors 0 2
15
END
decr visitors 2
13
get visitors
VALUE visitors 0 2
13
END
```

（11）stats 命令用于返回统计信息，例如 Memcached 服务器端的进程号、版本号和连接数等。

```
stats
```

输出的信息如下：

```
STAT pid 92820
STAT uptime 3148
STAT time 1649295957
STAT version 1.6.15
STAT libevent 2.0.21-stable
STAT pointer_size 64
```

```
STAT rusage_user 0.290993
STAT rusage_system 0.148592
STAT max_connections 1024
STAT curr_connections 2
STAT total_connections 4
STAT rejected_connections 0
...
```

（12）stats items 命令用于显示各个 Slab 中条目的数目和存储时长。

```
stats items
```

输出的信息如下：

```
STAT items:1:number 2
STAT items:1:number_hot 0
STAT items:1:number_warm 0
STAT items:1:number_cold 2
STAT items:1:age_hot 0
STAT items:1:age_warm 0
STAT items:1:age 359
STAT items:1:mem_requested 149
STAT items:1:evicted 0
STAT items:1:evicted_nonzero 0
STAT items:1:evicted_time 0
STAT items:1:outofmemory 0
STAT items:1:tailrepairs 0
STAT items:1:reclaimed 0
STAT items:1:expired_unfetched 0
STAT items:1:evicted_unfetched 0
STAT items:1:evicted_active 0
STAT items:1:crawler_reclaimed 0
STAT items:1:crawler_items_checked 4
STAT items:1:lrutail_reflocked 2
STAT items:1:moves_to_cold 14
STAT items:1:moves_to_warm 6
STAT items:1:moves_within_lru 0
STAT items:1:direct_reclaims 0
STAT items:1:hits_to_hot 0
STAT items:1:hits_to_warm 0
STAT items:1:hits_to_cold 10
STAT items:1:hits_to_temp 0
END
```

（13）stats slabs 命令用于显示各个 Slab 的信息，包括 Chunk 的大小、数目和使用情况等。

```
stats slabs
```

输出的信息如下：

```
STAT 1:chunk_size 96
STAT 1:chunks_per_page 10922
STAT 1:total_pages 1
STAT 1:total_chunks 10922
STAT 1:used_chunks 2
STAT 1:free_chunks 10920
STAT 1:free_chunks_end 0
STAT 1:get_hits 10
STAT 1:cmd_set 10
STAT 1:delete_hits 1
STAT 1:incr_hits 1
STAT 1:decr_hits 1
STAT 1:cas_hits 0
STAT 1:cas_badval 0
STAT 1:touch_hits 0
STAT active_slabs 1
STAT total_malloced 1048576
```

（14）flush_all 命令用于清理 Memcached 中的所有键值对。

```
flush_all
OK
get mykey1
END
```

1.2.3 【实战】使用 Java 操作 Memcached

Memcached 也支持使用各种编程语言进行操作，例如 Java 和 PHP 等。下面以 Java 代码为例来演示如何操作 Memcached。

（1）搭建 Maven 工程，并在 pom.xml 文件中添加以下依赖。

```
<dependencies>
 <dependency>
     <groupId>net.spy</groupId>
     <artifactId>spymemcached</artifactId>
     <version>2.12.3</version>
 </dependency>
</dependencies>
```

（2）在 Java 类的头部导入以下依赖的类。

```
import org.junit.Test;
import java.net.InetSocketAddress;
import java.util.concurrent.Future;
import net.spy.memcached.MemcachedClient;
```

（3）开发 testMemcached1()方法用于执行 Memcached 的 set()和 get()方法。

```
@Test
public void testMemcached1() {
 try {
    //连接 Memcached 服务
    MemcachedClient client = new MemcachedClient(
new InetSocketAddress(
"192.168.79.11",11211));

    //调用 Memcached 的客户端存储数据
    Future<Boolean> status = client.set("key1", 900, "Hello World");

    //判断数据操作的状态
    if(status.get().booleanValue()) {
        System.out.println("插入数据成功");
    }else {
        System.out.println("插入数据失败");
    }

    //输出值
    System.out.println("返回的值是: " + client.get("key1"));

    //关闭连接
    client.shutdown();
 } catch (Exception ex) {
    System.out.println(ex.getMessage());
 }
}
```

程序运行成功后的输出结果如下：

```
插入数据成功
返回的值是: Hello World
```

（4）开发 testMemcached2()方法用于显示各个 Slab 中条目的数目和存储时长。

```
@Test
public void testMemcached2() {
 try {
    //连接 Memcached 服务
    MemcachedClient client = new MemcachedClient(
new InetSocketAddress(
"192.168.79.11",11211));

    //调用 Memcached 的客户端查看服务器端的统计信息
    Map<SocketAddress, Map<String, String>> map = client.getStats();
```

```
        Collection<Map<String, String>> values = map.values();
        for(Map<String, String> value:values) {
            System.out.println(value);
        }

        //关闭连接
        client.shutdown();
    } catch (Exception ex) {
        System.out.println(ex.getMessage());
    }
}
```

程序运行成功后的输出结果如下：

```
{cmd_touch=0, moves_to_cold=21, incr_hits=1,
get_flushed=0, evictions=0, touch_hits=0,
expired_unfetched=0, pid=92820,
time_in_listen_disabled_us=0, response_obj_bytes=65536,
...
```

1.2.4 【实战】实现 Memcached 的客户端路由

Memcached 支持客户端路由，即 Memcached 服务器端实例可以有多个。当客户端发送一条数据到 Memcached 服务器端时，由客户端来决定数据会被保存到哪个 Memcached 实例中。

1. 开发 Java 程序以实现 Memcached 的客户端路由

Memcached 基于客户端来实现路由，从而实现了数据的分布式存储。下面开发一段 Java 代码来进行验证。

（1）开发 testMemcached3()方法，用于验证 Memcached 的客户端路由。

```
@Test
public void testMemcached3() {
 try {
        //创建列表，其中包含所有的 Memcached 服务器端实例的地址
        List<InetSocketAddress> list = new ArrayList<InetSocketAddress>();
        list.add(new InetSocketAddress("192.168.79.11", 11211));
        list.add(new InetSocketAddress("192.168.79.12", 11211));

        MemcachedClient client = new MemcachedClient(list);

        //向 Memcached 服务器端插入 20 条数据
        for(int i=0;i<20;i++) {
            System.out.println("插入的数据是：" + i);
            client.set("key"+i, 0, "value"+i);
```

```
            Thread.sleep(1000);
        }

        //关闭连接
        client.shutdown();
    } catch (Exception ex) {
        System.out.println(ex.getMessage());
    }
}
```

上述代码中使用了两个 Memcached 实例来进行验证，它们分别位于 192.168.79.11 和 192.168.79.12 节点上。

（2）执行 Java 代码。

（3）使用 Telnet 登录 192.168.79.11 节点的 Memcached 实例，验证插入的数据。

```
get key1
VALUE key1 0 6
value1
END
get key2
END
get key3
VALUE key3 0 6
value3
END
get key4
END
```

（4）使用 Telnet 登录 192.168.79.12 节点的 Memcached 实例，验证插入的数据。

```
get key1
END
get key2
VALUE key2 0 6
value2
END
get key3
END
get key4
VALUE key4 0 6
value4
END
```

从验证的结果可以看出，Memcached 在进行分布式存储时，将奇数的值保存到 192.168.79.11 节点的 Memcached 实例中，将偶数的值保存到 192.168.79.12 节点的 Memcached 实例中。

2. Memcached 的路由算法

Memcached 支持两种方式的客户端路由算法，即求余数 Hash 算法和一致性 Hash 算法。

（1）求余数 Hash 算法。

求余数 Hash 算法的客户端路由是指，对插入数据的键求余数，根据余数来决定将值存储到哪个 Memcached 实例上。例如，Memcached 服务器端有 3 个 Memcached 实例，那么客户端在进行路由时会根据键对 3 求余数。以下示例中的键分别为：7、6、5。

- 如果 7÷3=1，那么值被路由到第 2 个 Memcached 实例。
- 如果 6÷3=0，那么值被路由到第 1 个 Memcached 实例。
- 如果 5÷3=2，那么值被路由到第 3 个 Memcached 实例。

求余数 Hash 算法的客户端路由的优点是，能够使数据均匀地分布在每个 Memcached 实例上。

下面通过示例来说明求余数 Hash 算法是如何丢失数据的。

- 扩容前有 3 个 Memcached 实例：7÷3=1，6÷3=0，5÷3=2，…
- 扩容后有 4 个 Memcached 实例：7÷4=3，6÷4=2，5÷4=1，…

当有 3 个 Memcached 实例时，7 号键存储在第 2 个 Memcached 实例上；扩容后变成了存储在第 4 个 Memcached 实例上，其他的键以此类推。这就导致了客户端在读取数据时位置发生了变化，从而造成数据的丢失。

（2）一致性 Hash 算法。

为了解决求余数 Hash 算法丢失数据的问题，Memcached 又提出了一致性 Hash 算法。通过该算法能够最大限度地减少丢失数据，但不能完全解决宕机造成的数据丢失问题。

图 1-4 展示了一致性 Hash 算法的基本原理。

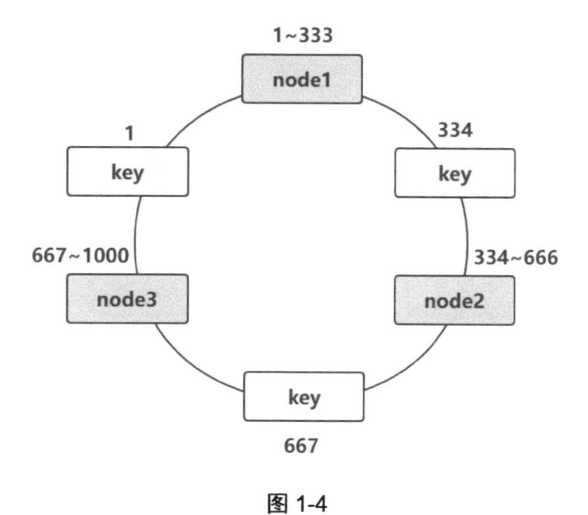

图 1-4

在初始状态下有 3 个 Memcached 服务器实例：node1、node2 和 node3。其中，node1 保存键为 1～333 的值；node2 保存键为 334～666 的值；node3 保存键为 667～1000 的值。

图 1–5 说明了当 Memcached 集群发生扩容时数据存储位置的变化。

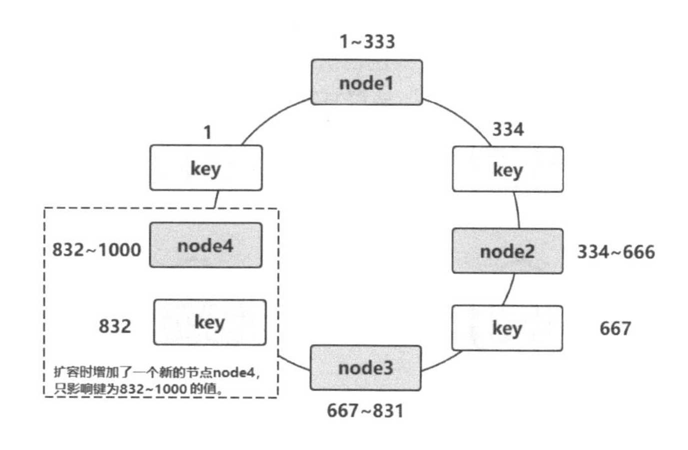

图 1-5

当 Memcached 集群宕机时，一致性 Hash 算法能够最大限度地减少丢失数据，如图 1–6 所示。当 node3 节点宕机时，只会影响键为 667～1000 的值，存储在 node1 和 node2 上的值不会有任何的变化，即 node3 的宕机只影响了 1/3 的数据。

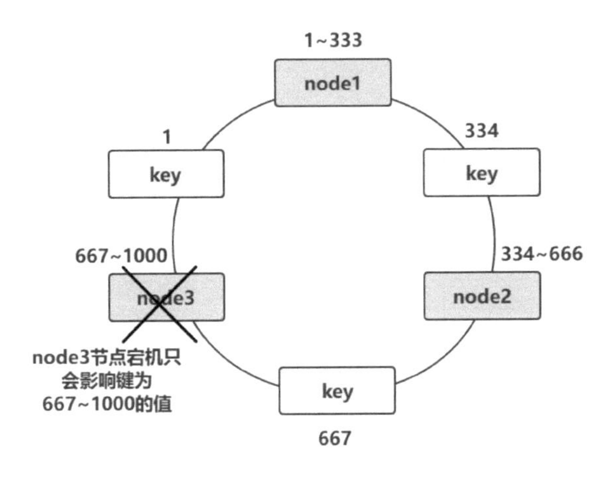

图 1-6

1.3 Memcached 集群

尽管 Memcached 服务端支持以多实例的方式来运行，但是实例之间并不存在任何通信，也不存在数据同步。因此，当某个 Memcached 实例宕机时，会丢失存储在该实例上的数据。为了解决这个问题，Memcached 提出了“主主复制”集群方案。

图 1-7 展示了 Memcached“主主复制”集群的结构。

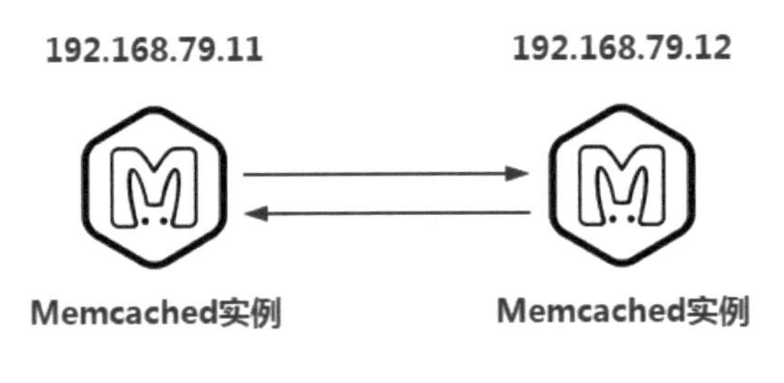

图 1-7

1.3.1 【实战】部署 Memcached 的“主主复制”集群

下面演示如何部署 Memcached 的“主主复制”集群。

要部署 Memcached 的“主主复制”集群，不能使用官方提供的安装包文件，需要使用 Memcached Repcached 安装包。该安装包是由日本工程师开发的，是带有复制功能的 Memcached 版本。下面列举了部署“主主复制”集群所使用的版本信息：

- libevent-2.0.21-stable.tar.gz
- memcached-1.2.8-repcached-2.2.tar.gz

下面基于 192.168.79.11 节点演示如何部署 Memcached Repcached。由于 Memcached Repcached 需要依赖消息处理库 Libevent，所以需要首先安装 Libevent。

（1）解压缩安装包文件 libevent-2.0.21-stable.tar.gz。

```
tar -zxvf libevent-2.0.21-stable.tar.gz
cd libevent-2.0.21-stable/
```

（2）创建 Libevent 的安装目录。

```
mkdir /root/libevent
```

（3）将 Libevent 安装到“/root/libevent”目录下。

```
./configure --prefix=/root/libevent
make
make install
```

（4）解压缩 Memcached Repcached 安装包文件。

```
tar zxvf memcached-1.2.8-repcached-2.2.tar.gz
cd memcached-1.2.8-repcached-2.2/
```

（5）创建 Memcached Repcached 的安装目录。

```
mkdir/root/memcached-repcached
```

（6）将 Memcached Repcached 安装到“/root/memcached-repcached”目录下。

```
./configure --prefix=/root/memcached_replication \
--with-libevent=/root/libevent/ --enable-replication
make
make install
```

此时将输出以下错误信息：

```
...
memcached.c: In function 'add_iov':
memcached.c:696:30: error: 'IOV_MAX' undeclared
(first use in this function)
       if (m->msg_iovlen == IOV_MAX ||
```

```
                                ^
memcached.c:696:30: note: each undeclared identifier is reported
                  only once for each function it appears in
...
```

（7）使用 vi 编辑器修改 memcached.c 文件，修改第 57～59 行的代码。

原来的代码如下。

```
56 #ifndef IOV_MAX
57 #if defined(__FreeBSD__) || defined(__APPLE__)
58 define IOV_MAX 1024
59 #endif
60 #endif
```

修改为如下。

```
56 #ifndef IOV_MAX
57 //#if defined(__FreeBSD__) || defined(__APPLE__)
58 # define IOV_MAX 1024
59 //#endif
60 #endif
```

（8）重新执行安装。

```
make
make install
```

（9）查看安装 Memcached Repcached 后的目录。

```
cd /root/memcached_replication
tree -L 2
```

输出的信息如下：

```
.
├── bin
│   ├──── memcached
│   └──── memcached-debug
└── share
    └── man
```

（10）在 192.168.79.12 节点上重复第（1）～（9）步的操作。

（11）在 192.168.79.11 节点上启动 Memcached 实例。

```
bin/memcached -d -u root -m 128 -x 192.168.79.12
```

其中，-x 表示指定另一个 Memcached 节点的地址。

（12）在 192.168.79.12 节点上启动 Memcached 实例。

```
bin/memcached -d -u root -m 128 -x 192.168.79.11
```

此时可以使用 Telnet 连接任意一个 Memcached 节点进行操作，新插入的数据会自动同步到另一个节点。

（13）在 192.168.79.11 节点上使用 Telnet 连接 Memcached 实例，并插入数据。

```
telnet 127.0.0.1 11211

set key1 0 900 11
Hello World
STORED
```

（14）在 192.168.79.12 节点上使用 Telnet 连接 Memcached 实例，验证数据是否同步了。

```
telnet 127.0.0.1 11211
get key1
VALUE key1 0 11
Hello World
END
```

对比第（13）步和第（14）步的输出信息可以看出，Memcached Repcached 完成了“主主复制”的数据同步。

1.3.2 【实战】使用 KeepAlived 实现 Memcached 的高可用

使用“KeepAlived + Memcached 主主复制”的方式，除具备高可用特性外，其部署和维护都非常简单。因此对于小型项目来说，一般推荐使用这样的方式。

1. KeepAlived 简介

Keepalived 是一款用于实现 Memcached 高可用的软件。Keepailived 有一台主服务器（Master）和多台备份服务器（Backup），在主服务器和备份服务器上部署相同的服务配置，使用一个 VIP（虚拟 IP）地址对外提供服务。当主服务器出现故障时，VIP 地址会自动“漂移”到备份服务器上。

图 1-8 展示了用“KeepAlived + Memcached 主主复制”实现的高可用架构。

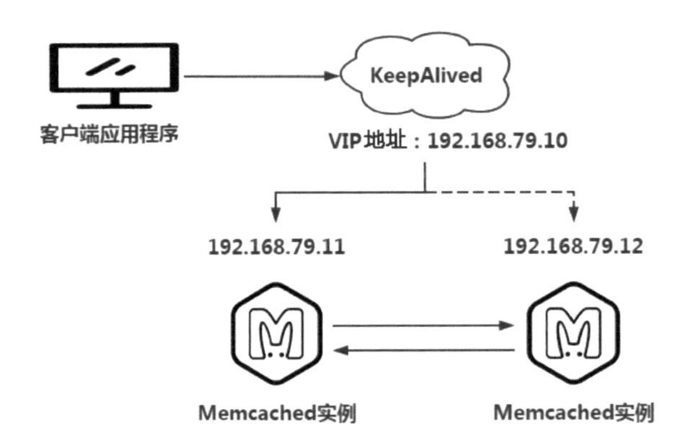

图 1-8

2. 使用 KeepAlived 实现 Memcached 的高可用

（1）按照 1.3.1 节中的步骤部署 Memcached 的“主主复制”集群。

（2）在每个节点上安装 KeepAlived。

```
yum install -y keepalived
```

（3）在 192.168.79.11 节点上创建脚本“/usr/local/memcached/check_memcached.sh”以检查 MySQL 的运行状态，在脚本中输入以下内容。

```
#!/bin/bash
counter=$(netstat -na|grep "LISTEN"|grep "11211"|wc -l)
if [ "${counter}" -eq 0 ]; then
   systemctl stop keepalived
fi
```

check_memcached.sh 脚本会检查 Memcached 的运行状态。如果发现 Memcached 出现了故障，则该节点的 KeepAlived 会自动停止。这样 VIP（虚拟 IP）地址会自动“漂移”到另一个运行 Memcached 的节点上。

（5）授予脚本可执行的权限。

```
chmod +x /usr/local/memcached/check_memcached.sh
```

（6）在 192.168.79.11 节点上清空 “/etc/keepalived/keepalived.conf”文件，输入以下内容配置 KeepAlived。

```
! Configuration File for keepalived

global_defs {
  router_id lb01
```

```
}

#检测 Memcached 服务是否在运行
vrrp_script chk_memcached_port {
    #通过脚本检测
    script "/usr/local/memcached/check_memcached.sh"
    #脚本每 2s 检测一次
    interval 2
    #连续 2 次检测到失败才确定是真失败
    fall 2
    #检测到 1 次成功就算成功，但不修改优先级
    rise 1
}

vrrp_instance VI_1 {
    state MASTER
    #指定虚拟 IP 地址的网卡接口
    interface ens33
    #路由器标识，Master 和 Backup 必须一致
    virtual_router_id 51
    #定义优先级。数字越大，优先级越高
    #Master 的优先级必须大于 Backup 的优先级
    #这样 Master 故障恢复后即可将 VIP 地址再次抢回来
    priority 101
    advert_int 1
    authentication {
      auth_type PASS
      auth_pass 1234
    }
    #定义 VIP 地址
    virtual_ipaddress {
       192.168.79.10
    }

track_script {
   chk_memcached_port
}
}
```

（7）在 192.168.79.11 节点上启动 KeepAlived，并查看 KeepAlived 的运行状态。

```
systemctl start keepalived
systemctl status keepalived
```

输出的信息如下：

```
keepalived.service - LVS and VRRP High Availability Monitor
```

```
...
Active: active (running) since Thu 2022-04-07 12:49:35 CST; 4s ago
...
```

（8）在 192.168.79.11 节点上查看 VIP 地址信息。

```
ip addr |grep 192.168.79.10
```

输出的信息如下：

```
inet 192.168.79.10/32 scope global ens33
```

这时可以看到在 192.168.79.11 节点上已经有了 VIP 地址，即现在 VIP 地址在 192.168.79.11 节点上。

（9）在任意节点使用 VIP 地址验证是否能够成功登录 Memcached。

```
telnet 192.168.79.10 11211
```

（10）在 192.168.79.12 节点上创建与 192.168.79.11 节点相同的脚本文件 check_memcached.sh，并授予可执行的权限。

（11）在 192.168.79.12 节点上清空“/etc/keepalived/keepalived.conf”文件，输入以下内容配置 KeepAlived。

```
! Configuration File for keepalived

global_defs {
  router_id lb01
}

#检测 Memcached 服务是否在运行
vrrp_script chk_memcached_port {
    #这里通过脚本检测
    script "/usr/local/memcached/check_memcached.sh"
    #脚本每 2s 检测一次
    interval 2
    #连续 2 次检测到失败才确定是真失败
    fall 2
    #检测到 1 次成功就算成功，但不修改优先级
    rise 1
}

vrrp_instance VI_1 {
    state BACKUP
    #指定 VIP 地址的网卡接口
```

```
    interface ens33
    #路由器标识，Master 和 Backup 必须一致
    virtual_router_id 51
    #定义优先级。数字越大，优先级越高
    #Master 的优先级必须大于 Backup 的优先级
    #这样 Master 故障恢复后即可将 VIP 地址再次抢回来
    priority 90
    advert_int 1
    authentication {
      auth_type PASS
      auth_pass 1234
    }
    #定义 VIP 地址
    virtual_ipaddress {
        192.168.79.10
    }

track_script {
   chk_memcached_port
}
}
```

（12）在 192.168.79.12 节点上启动 KeepAlived，并查看 KeepAlived 的运行状态。

```
systemctl start keepalived
systemctl status keepalived
```

输出的信息如下：

```
 keepalived.service - LVS and VRRP High Availability Monitor
   ...
   Active: active (running) since Thu 2022-04-07 12:57:16 CST; 3s ago
   ...
```

（13）在 192.168.79.12 节点上查看 VIP 地址信息。

```
ip addr |grep 192.168.79.10
```

此时在 192.168.79.12 节点上没有任何的 VIP 地址，因为此时 VIP 地址在 192.168.79.11 节点上。

（14）在 192.168.79.11 节点上“杀死”Memcached 实例的进程，以模拟该实例异常宕机。

（15）在 192.168.79.11 节点上查看 KeepAlived 的后台进程信息。

```
ps -ef |grep keepalived
```

此时没有任何的 Keepalived 进程信息，因为如果检测到 Memcached 出现了故障，则 KeepAlived 会自动停止。

（16）在 192.168.79.12 节点上查看 VIP 地址信息。

```
ip addr |grep 192.168.79.10
```

输出的信息如下：

```
inet 192.168.79.10/32 scope global ens33
```

此时 VIP 地址已经“漂移”到 192.168.79.12 节点上了。

（17）再次在任意节点上使用 VIP 地址验证是否能够成功登录 Memcached。

```
telnet 192.168.79.10 11211
```

第（9）步和第（17）步均可以通过 VIP 地址成功登录 Memcached。但在第（9）步时 VIP 地址在 192.168.79.11 节点上；而在第（17）步时 VIP 地址在 192.168.79.12 节点上。

第 2 章 Redis 基础

随着互联网的快速发展，互联网产品也从“满足用户单向浏览的需求”发展为“满足用户个性化信息获取及社交的需求”。随着 5G 的到来，会有越来越多“不可思议”的场景被搬到互联网上。这就要求产品做到以用户和关系为基础，对海量数据进行实时分析计算。这也就意味着，对于用户的每次请求，服务器端都要查询海量数据、多维度数据，还要将这些数据进行聚合、过滤、筛选和排序，最终响应给用户。如果这些数据全部从数据库中加载，则将是一个无法忍受的漫长过程。

使用缓存可以提升系统性能，以及改善用户体验。

2.1 Redis 入门

缓存的意义是：通过开辟一个新的数据交换缓冲区，从而解决了数据获取代价太大的问题，让数据得到更快的访问。

缓存通过“用空间换时间”来达到加速数据获取的目的。

缓存的成本较高，在实际设计架构中需要权衡访问延迟和成本。

2.1.1 缓存的架构

图 2−1 展示了引入缓存后的系统架构。通过缓存，可以提升访问性能、降低网络拥堵、减轻服务负载和增强可扩展性。

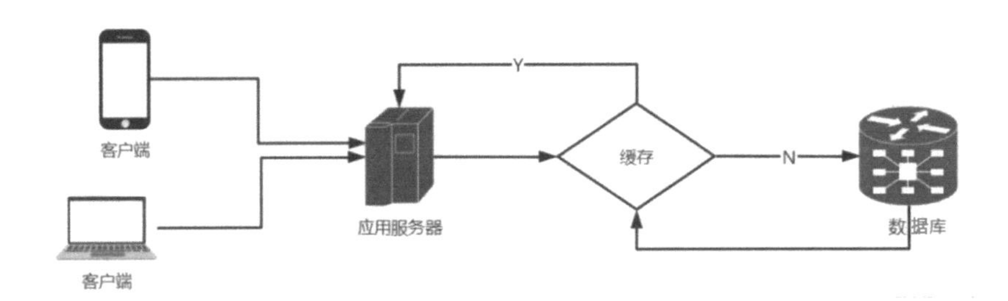

图 2-1

一般情况下，数据被存放在数据库中，应用程序直接操作数据库。当应用程序访问量达到上万条时，数据库服务器的压力会增大。如果需要减轻数据库服务器的压力，则有以下方法：

- 实现数据库的读写分离。
- 实现数据库的分库分表。
- 使用缓存，并实现读写分离。

缓存的原理是：将应用程序已经访问过的内容或数据存储起来，当应用程序再次访问这些内容或数据时先从缓存中查找：如果缓存命中，则返回数据；如果缓存不命中，则再查找数据库，并将得到的内容或数据保存到缓存中。

缓存具有以下缺点：

- 在系统中引入缓存，会增加系统的复杂度。
- 缓存比数据库的存储成本更高，系统部署及运行的费用也更高。
- 由于一份数据被同时存放在缓存和数据库中，甚至缓存中也会有多个数据副本，所以会存在多份数据不一致的问题。

Redis 是完全开源的，并且遵守 BSD 协议，它是一个高性能的 Key−Value 数据库。Redis 具有以下 3 个特点：

- 支持数据的持久化，可以将内存中的数据保存在磁盘中，重启后可以再次加载这些数据进行使用。
- 不仅支持 Key−Value 类型的数据，还支持基于 list、set、zset、hash 等数据结构的存储。
- 支持 Master−Slave 模式的数据备份。

2.1.2 Redis 的优势

Redis 是基于内存的数据库，读操作和写操作都在内存中完成，速度完全超过磁盘数据库的读写速度。

Redis 之所以具有很高的性能，主要得益于以下几点：

（1）纯内存操作。一般都是简单的读写操作，线程占用的时间很少，时间的花费主要集中在 I/O 上，所以读写速度快。

（2）采用单线程模型。从而保证了每个操作的原子性，也减少了线程的上下文切换和竞争。

（3）使用 I/O 多路复用模型。非阻塞 I/O；使用单线程来轮询描述符；将数据库的开、关、读和写都转换成了事件；Redis 采用自己实现的事件分离器，效率比较高。

（4）高效的数据结构。

- 整个 Redis 就是一个全局哈希表，其时间复杂度是 $O(1)$，而且 Redis 会执行再哈希操作以防止因哈希冲突导致链表过长。并且，为防止一次性重新映射时数据过大导致线程阻塞，Redis 采用了渐进式再哈希，巧妙地将一次性复制分摊到多次操作中，从而避免了阻塞。
- Redis 使用哈希结构和有序的数据结构加快了读写速度。
- Redis 对数据存储进行了优化，对数据进行压缩存储，还可以根据实际存储的数据类型选择不同编码。

2.1.3 Redis 与其他 Key-Value 数据库有何不同

Redis 有着更为复杂的数据结构，并且提供了对它们的原子性操作（这是一个不同于其他 Key-Value 数据库的重点）。Redis 的数据类型都是基本数据结构，并且对程序员透明，程序员无须进行额外的抽象。

Redis 运行在内存中，但是其数据可以持久化到磁盘中，所以在对不同数据进行高速读写时，数据量不能多于内存的存储空间。

Redis 的另一个优点是：对于在磁盘上操作比较复杂的数据结构，在内存中操作它们非常简单，这样 Redis 可以做很多复杂性很强的事情。同时，在磁盘格式方面，内存数据库以追加方式写入数据，因为它不需要进行随机访问。

2.1.4 一个典型的 Redis 应用案例——记录用户的登录次数，查询活跃用户

下面通过一个典型的应用案例，来演示 Redis 的强大功能。

假设，某网站现有 1 亿个注册用户，有经常登录的，也有不经常登录的。

- 需要记录用户的登录次数。
- 需要查询活跃用户，例如查询一周内登录 3 次的用户。

解决方案一　采用传统的关系型数据库

在关系型数据库中建立一张表，用于存储用户的登录信息，如图 2-2 所示。

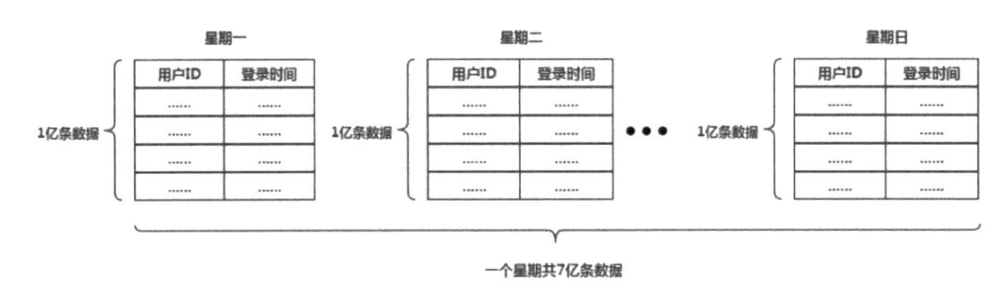

图 2-2

由于关系型数据库基于行来保存数据，因此，在用户登录网站时会产生 1 条记录。假设 1 亿个用户每天都登录网站，这样每天将产生 1 亿条记录。而一个星期则产生 7 亿条记录。这对于关系型数据库来说是一个非常大的压力。

解决方案二　采用 Redis

一个用户是否登录了网站，只需要用 1 或 0 表示即可。例如：1 表示该用户登录了网站，而 0 表示该用户没有登录网站。Redis 提供了 setbit 操作，可以很好地支持这种表示。具体操作如下：

```
127.0.0.1:6379> setbit monday 123 1      星期一，ID 为 123 的用户登录了网站
(integer) 0
127.0.0.1:6379> setbit monday 22 1       星期一，ID 为 22 的用户登录了网站
(integer) 0
127.0.0.1:6379> setbit tuesday 22 1      星期二，ID 为 22 的用户登录了网站
(integer) 0
127.0.0.1:6379> getbit monday 123      获取星期一 ID 为 123 的用户是否登录了网站
(integer) 1                            返回 1 表示他登录了网站
127.0.0.1:6379> getbit monday 22
(integer) 1
127.0.0.1:6379> getbit monday 21       获取星期一 ID 为 21 的用户是否登录了网站
(integer) 0                            返回 0 表示他没有登录网站
127.0.0.1:6379>
```

假设这 1 亿个用户每天都登录网站，每天最多只会产生 1 亿个值为 1 的数据（大概 12MB），一个星期大概 84MB。这样就减少了数据库的负担。

2.2 Redis 的安装和访问

本书将基于 Redis 6.2 版本进行讲解，并将 Redis 部署在 CentOS 7 64 位的虚拟机环境中。图 2-3 展示了 Redis 官方网站提供的 Redis 下载信息。

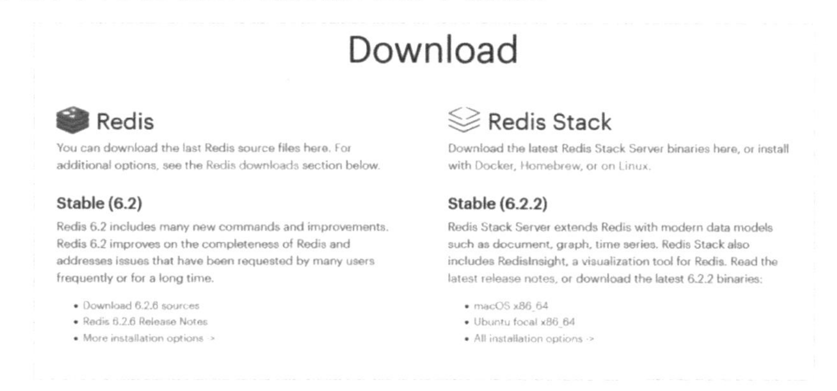

图 2-3

由于 Redis 是基于 C 语言开发的，因此在安装 CentOS 7 时需要安装 GCC 编译器套件。GCC 编译器套件包括 C、C++、Objective-C、Fortran、Java、Ada 和 Go 语言，也包括这些语言的库，如图 2-4 所示。

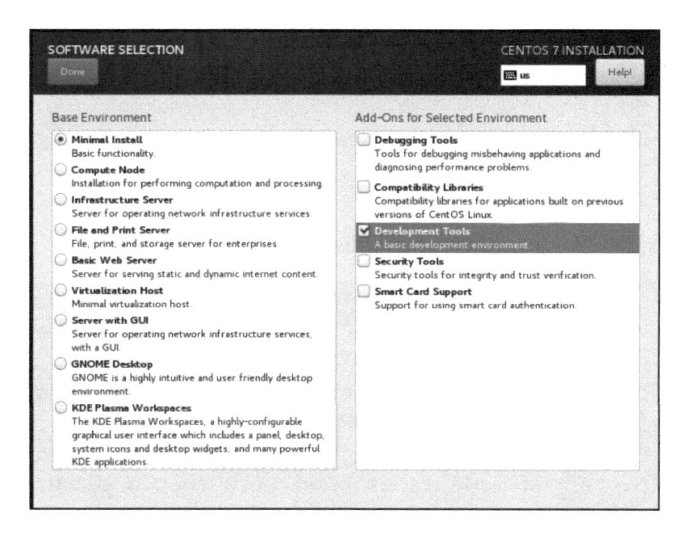

图 2-4

下面安装 Redis。

（1）创建 Redis 的安装目录。

```
mkdir /root/training/
```

（2）解压缩 Redis 的安装包。

```
tar -zxvf redis-6.2.6.tar.gz
cd redis-6.2.6/
```

（3）编译 Redis，并将其安装到“/root/training/redis”目录下。

```
make
make PREFIX=/root/training/redis install
```

（4）将 Redis 的配置文件 redis.conf 复制到“/root/training/redis/conf”目录下。

```
mkdir /root/training/redis/conf
cp redis.conf /root/training/redis/conf
```

（5）查看 Redis 的目录结构。

```
tree /root/training/redis/
```

输出的信息如下：

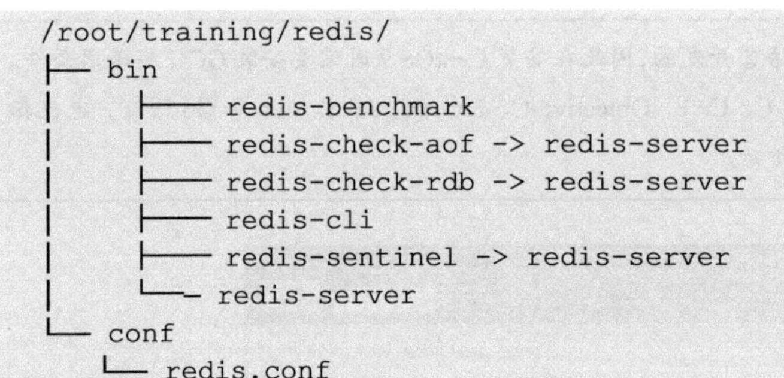

```
/root/training/redis/
├── bin
│   ├── redis-benchmark                              Redis 的基准测试工具
│   ├── redis-check-aof -> redis-server              AOF 持久化文件检测和修复工具
│   ├── redis-check-rdb -> redis-server              RDB 持久化文件检测和修复工具
│   ├── redis-cli                                    Redis 的客户端程序
│   ├── redis-sentinel -> redis-server               Redis 的哨兵启动程序
│   └── redis-server                                 Redis 的服务器端启动程序
└── conf
    └── redis.conf

2 directories, 7 files
```

（6）使用 vi 编辑器修改“/root/training/redis/conf/redis.conf”文件。

```
...
# IF YOU ARE SURE YOU WANT YOUR INSTANCE TO LISTEN TO ALL THE
# INTERFACES JUST COMMENT OUT THE FOLLOWING LINE.
~~~~~~~~~~~~~~~~~~~~~~~~~~~~~~~~~~~~~~~~~~~~~~~~~~~~~~~~~~~~~~~~
# bind 127.0.0.1 -::1        注释掉该行
...
# By default protected mode is enabled. You should disable it only if
# you are sure you want clients from other hosts to connect to Redis
# even if no authentication is configured, nor a specific set of interfaces
```

```
# are explicitly listed using the "bind" directive.
protected-mode no            将 protected-mode 改为 no
...
#################### GENERAL ####################

# By default Redis does not run as a daemon. Use 'yes' if you need it.
# Note that Redis will write a pid file in /var/run/redis.pid
# when daemonized.
# When Redis is supervised by upstart or systemd, this parameter has
# no impact.
daemonize yes                将 daemonize 改为 yes
...
```

（7）在默认情况下，Redis 没有启用系统日志。为了能够更好地监控 Redis，建议在生产环境中启用 Redis 的系统日志，修改“/root/training/redis/conf/redis.conf”文件即可，如下所示。

```
...
# Specify the server verbosity level.
# This can be one of:
# debug (a lot of information, useful for development/testing)
# verbose (many rarely useful info, but not a mess like the debug level)
# notice (moderately verbose, what you want in production probably)
# warning (only very important / critical messages are logged)
loglevel notice

# Specify the log file name. Also the empty string can be used to force
# Redis to log on the standard output. Note that if you use standard
# output for logging but daemonize, logs will be sent to /dev/null
logfile "/root/training/redis/redis.log"    设置 Redis 系统日志文件
...
```

（8）进入 Redis 的安装目录下，执行 bin 目录下的 redis-server 命令启动 Redis。

```
bin/redis-server conf/redis.conf
```

（9）查看“/root/training/redis/redis.log”文件的内容。

```
...
*** #oO0OoO0OoO0Oo Redis is starting oO0OoO0OoO0Oo
*** #Redis version=6.2.6,bits=64,commit=00000000,modified=0,
*** #pid=121814,just started
*** #Configuration loaded
*** *Increased maximum number of open files to 10032
*** #(it was originally set to 1024).
*** *monotonic clock: POSIX clock_gettime
*** *Running mode=standalone, port=6379.
...
```

```
*** #Server initialized
...
*** *Ready to accept connections
...
```

从 redis.log 文件中可以看出，当前 Redis 实例是一个单节点实例，并且 Redis Server 默认监听 6379 端口。

（10）使用 ps 命令查看 Redis 的后台进程信息。

```
ps -ef|grep redis
```

输出的信息如下：

```
root     121814      1  0 09:59 ?        00:00:00 bin/redis-server *:6379
root     121902 116943  0 10:05 pts/1 00:00:00 grep --color=auto redis
```

（11）使用 Redis 的客户端工具登录 Redis Server。

```
bin/redis-cli
```

（12）执行 info 命令查看 Redis Server 的统计信息。

```
127.0.0.1:6379> info
```

输出的信息如下：

```
# Server
redis_version:6.2.6
redis_git_sha1:00000000
redis_git_dirty:0
redis_build_id:d9df5c2d7eb8e995
redis_mode:standalone
os:Linux 3.10.0-693.el7.x86_64 x86_64
arch_bits:64
...
```

2.3 Redis 的数据结构

Redis 提供了丰富的数据类型。本节将详细剖析 Redis 数据类型底层的数据结构。

2.3.1 简单动态字符串

Redis 没有直接使用 C 语言中传统的字符串，而是自己构建了“简单动态字符串”（Simple

Dynamic String，SDS），并将 SDS 作为 Redis 的默认字符串表示。SDS 的优势是：

- 获取字符串的长度的事件复杂度为 $O(1)$。
- API 安全，即通过 API 操作 SDS 不会造成缓冲区溢出。
- 每次修改字符串时不一定需要进行内存分配，从而提高了性能。
- 可以保存文本和二进制数据。

SDS 的结构声明如下：

```
struct sdshdr {
//记录 buf 数组中已经使用字节的数量，等于 SDS 所保存字符串的长度
    unsigned int len;
    //记录 buf 数组中还未使用字节的数量
    unsigned int free;
    //字节数组，数据域，保存字符数据
    char buf[];
};
```

SDS 中的 buf 是一个柔性数组（Flexible Array Member），又被称为“伸缩性数组成员”，这种数组主要是为结构体而产生的。因为在开发时，偶尔需要在结构体中存放动态数组，一般情况下会定义一个数组指针，以便在需要时分配内存使用，这有一个缺点——内存的利用效率很低。柔性数组的作用与动态数组类似——可以在结构体中存放一个长度的动态字符串。

图 2-5 展示了用 SDS 存储字符串的结构。

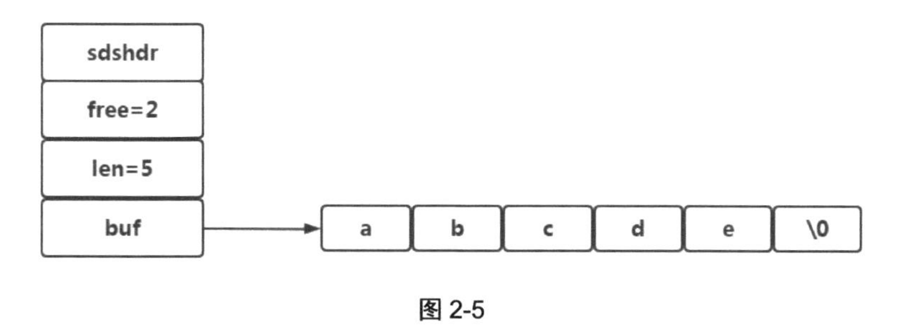

图 2-5

2.3.2　跳跃表

跳跃表（skiplist）是一种有序数据结构，它通过在每个节点中维持多个指向其他节点的指针，从而达到快速访问节点的目的。

Redis 使用跳跃表作为有序集合键的底层实现之一。如果一个有序集合包含的元素数量比较多，又或者有序集合中元素的成员是比较长的字符串，则 Redis 会使用跳跃表来作为有序集合键的底层实现。

图 2-6 展示了一个跳跃表的结构。

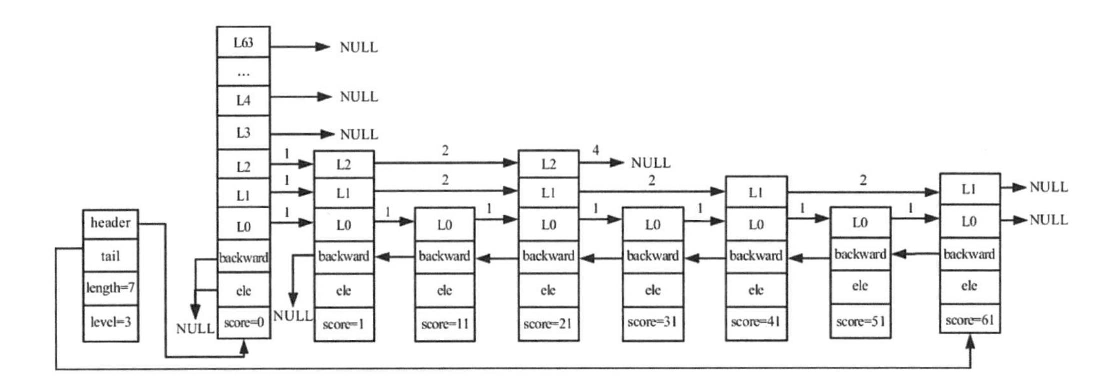

图 2-6

从图 2-6 中可以看出跳跃表具有如下特点。

- 跳跃表由很多层构成。
- 跳跃表有一个头（header）节点。头节点中有一个 64 层的结构，每层中包含指向本层的下一个节点的指针。所跨越的节点个数为本层的跨度（span）。
- 除头节点外，层数最多的节点的层高为跳跃表的高度（level），每层都是一个有序链表，数据递增。
- 除头节点外，如果一个元素在上一层有序链表中出现了，则它一定会在下一层有序链表中出现。
- 跳跃表每层最后一个节点指向 NULL，表示本层有序链表的结束。
- 跳跃表拥有一个 tail 指针，指向跳跃表的最后一个节点。
- 底层的有序链表包含所有节点，底层的节点个数为跳跃表的长度（length）（不包括头节点和尾节点）。图 2-6 中跳跃表的长度为 7，即 score=0、score=1、score=11、score=21、score=31、score=41 和 score=51 这 7 个节点。
- 每个节点包含一个后退指针，头节点和第 1 个节点指向 NULL；其他节点指向底层的前一个节点。

Redis 的跳跃表由 zskiplistNode 和 zskiplist 两个结构组成，其中，zskiplistNode 结构用于表示跳跃表节点，zskiplist 结构用于保存跳跃表节点的相关信息（比如节点的数量，以及指向头节点和尾节点的指针等）。

下面展示了跳跃表的结构声明。

```
typedef struct zskiplistNode {
    //层
    struct zskiplistLevel {
        //前进指针
```

```
        struct zskiplistNode *forward;
        //跨度
        unsigned int span;
    } level[];
    //后退指针
    struct zskiplistNode *backward;
    //分值
    double score;
    //成员对象
    robj *obj;
} zskiplistNode;

typedef struct zskiplist {
    //头节点和尾节点
    structz skiplistNode *header, *tail;
    //表中节点的数量
    unsigned long length;
    //表中层数最大的节点的层数
    int level;
} zskiplist;
```

2.3.3　压缩列表

压缩列表是 Redis 为了节约内存空间而开发的，这是由一系列特殊编码的连续内存块组成的顺序型数据结构。一个压缩列表可以包含多个节点（entry），每个节点可以保存一个字节数组或者一个整数值。

压缩列表的结构示意如图 2-7 所示。

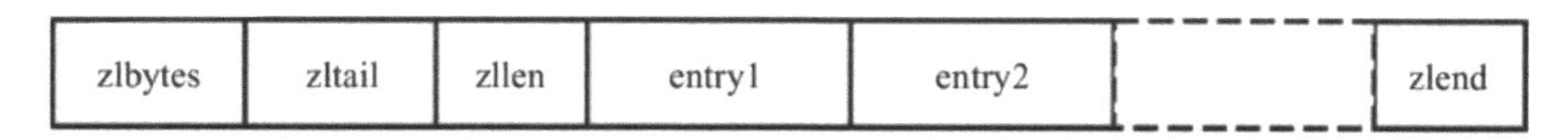

图 2-7

其中各字段的含义如下。

- zlbytes：压缩列表的字节长度，占 4 byte。
- zltail：“压缩列表尾元素”相对于“压缩列表起始地址”的偏移量，占 4 byte。
- zllen：压缩列表的元素个数，占 2 byte。zllen 最多能存储 65 535 个元素。
- entryX：压缩列表存储的元素，可以是字节数组或者整数，长度不限。
- zlend：压缩列表的结尾，占 1 byte。zlend 的值恒为 0xFF。

下面展示了压缩列表的结构声明。

```
struct ziplist <T> {
```

```
    //整个压缩列表占用的字节数
    int32 zlbytes;

    //最后一个元素距离压缩列表起始位置的偏移量
    //用于快速定位到最后一个节点，为支持双向遍历而设计
    int32 zltail_offset;

    //元素个数
    int16 zllength;

    //压缩列表中的元素被称为 entry
    T[] entries;

    //标识压缩列表的结束，值恒为 0xFF
    int8 zlend;
}

struct entry {
    //前一个 entry 的字节长度
    int<var> prevlen;

    //元素类型编码
    //通过这个字段来决定后面的内容的形式
    int<var> encoding;

    //元素内容，可选字段
    optional byte[] content;
}
```

2.3.4 整数集合

整数集合（intset）用于保存类型为 int16_t、int32_t 和 int64_t 的整数值，并且保证集合中不会出现重复的元素。整数集合并不是一个基础的数据结构，而是 Redis 自己设计的一种数据结构。

下面展示了整数集合的结构声明。

```
//每个 intset 结构表示一个整数集合
typedef struct intset{
   //编码方式
   uint32_t encoding;
   //集合中包含的元素数量
   uint32_t length;
   //保存元素的数组
   int8_t contents[];
} intset;
```

说明如下。

- contents 数组是整数集合的底层实现。整数集合中的每一个元素都是 contents 数组的数组项（item），各个数组项在数组中按照值从小到大有序地排列，并且数组中不包含任何重复数组项。
- length 属性记录了数组的长度。

图 2-8 展示了一个典型 int16_t 类型的整数集合的结构。该集合中包含 5 个整数。

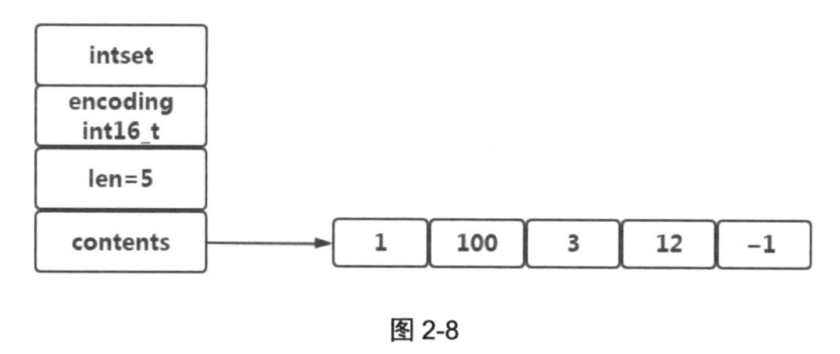

图 2-8

intset 结构将 contents 属性声明为 int8_t 类型的数组。但实际上，contents 数组并不能保存任何 int8_t 类型的值。contents 数组的真正类型取决于 encoding 属性的值。

- 如果 encoding 属性的值为 INTSET_ENC_INT16，则 contents 数组就是 uint16_t 类型的。contents 数组中的每一个元素都是 int16_t 类型的整数值（范围为-32768～32767）。
- 如果 encoding 属性的值为 INTSET_ENC_INT32，则 contents 数组就是 uint32_t 类型的。contents 数组中的每一个元素都是 int16_t 类型的整数值（范围为-2147483648～2147483647）。

2.3.5　字典

Redis 的字典就是 Hash，它相当于 Java 中的 HashMap，实现结构上也与 Java 的 HashMap 一样，都是“数组 + 链表”的二维结构。

Redis 字典的值只能存储字符串，并且，Redis 字典允许对其中的每个字段单独存储。这样当需要获取信息时，可以进行部分查询，而不用扫描整个 Redis 字典。

下面展示了 Redis 字典的结构声明。

```
typedef struct dictht {
    //哈希表数组
    dictEntry **table;
```

```
    //哈希表大小
    unsigned long size;

    //哈希表大小掩码，用于计算索引值
    //总是等于“ size - 1”
    unsigned long sizemask;

    //该哈希表已有节点的数量
    unsigned long used;
} dictht;
```

说明如下。

- table 属性是一个数组，数组中的每一个元素都指向一个 dictEntry 结构的指针，每个 dictEntry 结构中保存一个键值对。
- size 属性记录了哈希表的大小（即 table 数组的大小），而 used 属性则记录了哈希表目前已有键值对的数量。
- sizemask 用于计算索引值，sizemask 属性的值总是等于“size – 1”，这个属性和哈希值一起决定一个键应该被放到 table 数组的哪个索引上。

图 2-9 为一个长度为 4 的字典。

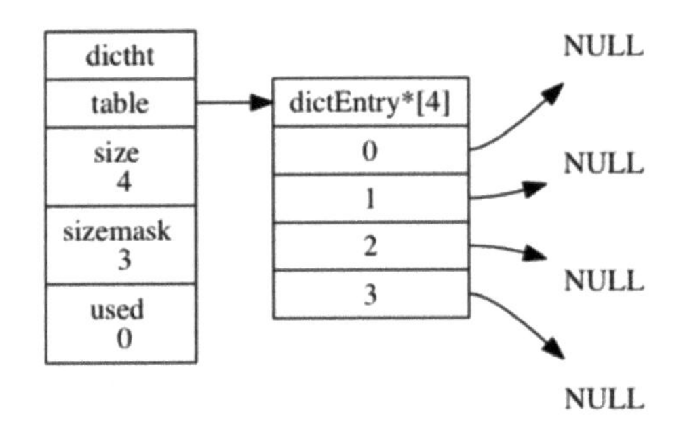

图 2-9

2.3.6 快表

在 Redis 的早期版本中，存储 list 列表的数据结构是压缩列表 ziplist 和双向链表 linkedlist。元素个数少时使用 ziplist，元素个数多时用 linkedlist。

下面展示了链表的结构声明和链表节点的结构声明。

```
//列表节点
struct listNode<T> {
```

```
    listNode* prev;
    listNode* next;
    T value;
}
//列表
struct list {
    listNode *head;    //64 位操作系统时占 8 byte
    listNode *tail;    //64 位操作系统时占 8 byte
    long length;
}
```

考虑到 list 列信息占用的存储空间相对较多，并且每个节点单独分配 list 链表时会加剧内存的碎片化从而影响效率，所以，目前 Redis 对 list 的结构进行了改造，改为了快表（quicklist）。

快表的结构声明如下所示。

```
typedef struct quicklistNode {
    struct quicklistNode *prev                  //指向前驱节点
    struct quicklistNode *next;                 //指向后驱节点
    unsigned char *zl;                          //压缩列表负责存储数据
    unsigned int sz;                            //ziplist 占用的字节数
    unsigned int count : 16;                    //ziplist 的元素数量
    unsigned int encoding : 2;                  //2 代表节点已压缩，1 代表没有压缩
    unsigned int container : 2;                 //固定为 2，代表使用 ziplist 存储
    unsigned int recompress : 1;                //1 代表暂时解压缩
    unsigned int attempted_compress : 1;
    unsigned int extra : 10;                    //预留属性，暂未使用
} quicklistNode;

typedef struct quicklist {
    quicklistNode *head;                        //指向尾节点
    quicklistNode *tail;                        //指向尾节点
    unsigned long count;                        //所有节点的 ziplist 的元素总和
    unsigned long len;                          //节点数量
    int fill : QL_FILL_BITS;                    //用于判断节点的 ziplist 是否已满
    unsigned int compress : QL_COMP_BITS;    //存放节点压缩配置
    unsigned int bookmark_count: QL_BM_BITS;
    quicklistBookmark bookmarks[];
} quicklist;
```

下面是在 Redis 源码（quicklist.c）中插入元素到 quicklist 头部的函数实现。

```
int quicklistPushHead(quicklist *quicklist, void *value, size_t sz) {
    quicklistNode *orig_head = quicklist->head;
    assert(sz < UINT32_MAX);
    if (likely(
        _quicklistNodeAllowInsert(quicklist->head, quicklist->fill, sz))) {
```

```
            quicklist->head->zl =
                ziplistPush(quicklist->head->zl, value, sz, ZIPLIST_HEAD);
            quicklistNodeUpdateSz(quicklist->head);
        } else {
            quicklistNode *node = quicklistCreateNode();
            node->zl = ziplistPush(ziplistNew(), value, sz, ZIPLIST_HEAD);

            quicklistNodeUpdateSz(node);
            _quicklistInsertNodeBefore(quicklist, quicklist->head, node);
        }
        quicklist->count++;
        quicklist->head->count++;
        return (orig_head != quicklist->head);
    }
```

从源码中可以看出，在 quicklist 头部插入元素的大致过程如下：

（1）在_quicklistNodeAllowInsert()函数中根据 quicklist.fill 属性判断 quicklist 是否已满。

（2）如果 quicklist 未满，则直接调用 ziplistPush()函数插入元素到 ziplist 中，并更新 quicklistNode.sz 属性。

（3）如果 head 节点已满，则创建一个新节点，将元素插入新节点的 ziplist 中，再将该节点头插入 quicklist 中。

2.3.7 Stream

Redis 5.0 增加了一种新的数据结构——Stream，它是一个支持多播的可持久化消息队列。Stream 的结构是一个链表，将所有的消息都串起来，每个消息都有一个唯一的 ID 和对应的内容。消息是持久化的，在 Redis 重启后 Stream 中的消息还存在。

消息队列的相关命令如下。

- xadd：添加消息到末尾（生产消息）。
- xtrim：对流进行修剪，限制长度。
- xdel：删除消息。
- xlen：获取消息队列的长度。
- xrange：获取消息列表，会自动过滤掉已被删除的消息。
- xreverange：反向获取消息（ID 从大到小）。
- xread：以阻塞或非阻塞方式获取消息列表（消费消息）。

消费者组的相关命令如下。

- xgroup create：创建消费者组。

- xreadgroup group：读取消费者组中的消息。
- xack：将消息标识为“已处理”。
- xgroup setid：为消费者组设置最后递送消息 ID。
- xgroup delconsumer：删除消费者。
- xgroup destroy：删除消费者组。
- xpending：显示待处理消息的相关信息。
- xclaim：转移消费者组的相关信息。
- xinfo groups：打印消费者组的信息。
- xinfo stream：打印流信息。

下面演示 Redis Stream 的用法。

（1）使用 xadd 命令添加消息到消息队列的末尾。

```
127.0.0.1:6379> xadd streamdemo * name Tom age 24 gender male
"1650331514314-0"
127.0.0.1:6379> xadd streamdemo * name Mary age 23 gender female
"1650331518660-0"
```

如果指定的队列不存在，则创建一个队列。

xadd 命令的语法格式如下：

xadd key ID field value [field value ...]

- key：队列名称，如果不存在则创建。
- D：消息 ID。使用 * 表示由 Redis 生成，也可以自定义。
- field value：消息数据。

（2）获取消息队列的长度。

```
127.0.0.1:6379> xlen streamdemo
(integer) 2
```

（3）使用 xrange 命令获取消息。

```
127.0.0.1:6379> xrange streamdemo - +
```

输出的信息如下：

```
1) 1) "1650331514314-0"
   2) 1) "name"
      2) "Tom"
      3) "age"
      4) "24"
```

```
      5) "gender"
      6) "male"
 2) 1) "1650331518660-0"
    2) 1) "name"
       2) "Mary"
       3) "age"
       4) "23"
       5) "gender"
       6) "female"
```

使用 xrange 命令获取消息列表，会自动过滤掉已被删除的消息，语法格式如下：

xrange key start end [count count]

- key：队列名。
- start：开始值，–表示最小值。
- end：结束值，+表示最大值。

2.3.8 HyperLogLog

HyperLogLog 是用来做基数统计的算法，其优点是：在输入元素的数量或者体积非常大时，计算基数所需的内存空间总是固定的，并且很小。在 Redis 中，每个 HyperLogLog 键只需要花费 12KB 的内存空间，即可计算接近 2^{64} 个不同元素的基数。这和计算基数时“元素越多耗费的内存空间就越多”形成了鲜明对比。

什么是基数呢?比如数据集{1,3,5,7,5,7,8}，那么这个数据集的基数集为{1,3,5,7,8}，基数（不重复元素的个数）为 5。基数估计是指，在误差可接受的范围内快速计算基数。

下面通过示例来说明如何使用 HyperLogLog。

```
127.0.0.1:6379> PFADD mykey "redis"
(integer) 1
127.0.0.1:6379> PFADD mykey "mongodb"
(integer) 1
127.0.0.1:6379> PFADD mykey "mysql"
(integer) 1
127.0.0.1:6379> PFADD mykey "mysql"
(integer) 0
127.0.0.1:6379> PFADD mykey "mongodb"
(integer) 0
127.0.0.1:6379> PFCOUNT mykey
(integer) 3
```

2.3.9 RedisObject

Redis 中的数据结构有字符串、双端链表、字典、压缩列表、整数集合等。但是，Redis 为了加快读写速度，并没有直接使用这些数据结构，而是在此基础上又包装了一层，称之为 RedisObject。

RedisObject 有 5 种对象：字符串对象（String）、列表对象（List）、哈希对象（Hash）、集合对象（Set）和有序集合对象（ZSet）。

```
typedef struct redisObject {
    unsigned type:4;            //存储当前对象的数据类型
    unsigned encoding:4;        //存储当前对象底层编码的实现方式
    unsigned lru:LRU_BITS;      /* 记录此对象最后一次被访问的时间
                                 * 当 Redis 内存回收算法设置为 volatile-lru
                                 * 或者 allkeys-lru 时，Redis 会优先释放
                                 * 最久没有被访问的数据 */
    int refcount;               /* 用于共享计数。
                                 * 当 refcount 为 0 时，表示没有其他对象引用此对象
                                 * 可以释放此对象  */
    void *ptr;                  //指向对象的底层实现数据结构
} robj;
```

2.4 Redis 的存储结构

Redis 中默认有 16 个数据库，通过 redis.conf 文件中的参数 databases 来指定当前数据库。

```
# Set the number of databases. The default database is DB 0, you can select
# a different one on a per-connection basis using SELECT<dbid> where
# dbid is a number between 0 and 'databases'-1
databases 16
```

每个 Redis 数据库都有一个编号，该编号从 0 开始。在使用 Redis 客户端连接 Redis 服务器时，默认连接 0 号数据库。

可以通过 select 语句进行数据库的切换，例如：

```
127.0.0.1:6379> select 1
OK
127.0.0.1:6379[1]> select 7
OK
127.0.0.1:6379[7]> select 15
OK
127.0.0.1:6379[15]> select 18
(error) ERR DB index is out of range
```

```
127.0.0.1:6379[15]> select 0
OK
127.0.0.1:6379>
```

Redis 的存储结构如图 2-10 所示。

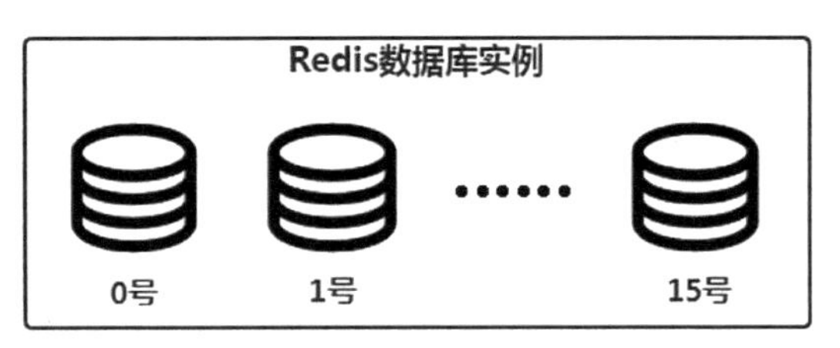

图 2-10

RedisDB 的结构如下所示：

```
typedef struct redisDb {
  dict *dict;
  dict *expires;
  dict *blocking_keys;
  dict *ready_keys;
  dict *watched_keys;
  int id;
  long long avg_ttl;
  unsigned long expires_cursor;
  list *defrag_later;
} redisDb;
```

说明如下。

- dict：核心存储。
- expires：用来标识键的过期。
- blocking_keys：较少使用。
- ready_keys：与 blocking_keys 搭配使用。在执行 push 命令时，Redis 会检查 blocking_keys 中是否存在对应的 Key，再采取相应的操作。
- watched_keys：负责实现 watch 功能，但 watch 功能对 Redis 性能影响极大，在线上环境中禁止使用。

因此，在向 Redis 数据库中添加 Key 时，需要指定对应的数据库信息，如以下源码所示。

```
/* Add the key to the DB. It's up to the caller
* to increment the reference
* counter of the value if needed.
* The program is aborted if the key already exists. */
void dbAdd(redisDb *db, robj *key, robj *val) {
```

```
    sds copy = sdsdup(key->ptr);
    int retval = dictAdd(db->dict, copy, val);
    serverAssertWithInfo(NULL,key,retval == DICT_OK);
    signalKeyAsReady(db, key, val->type);
    if (server.cluster_enabled) slotToKeyAdd(key->ptr);
}
```

2.5 键管理

Redis 基于 Key-Value 格式来保存数据，因此在 Redis 中是通过键来操作值的。

2.5.1 键管理的基本操作

下面演示 Redis 键管理的基本操作。

1. 通过键保存 Value 值

```
127.0.0.1:6379> set key1 "Hello World"
OK
127.0.0.1:6379> set key2 "Hello Redis"
OK
127.0.0.1:6379> set key3 3.1415926
OK
127.0.0.1:6379> set key4 1000
OK
127.0.0.1:6379> hset employee001 name Tom age 20 gender male
(integer) 3
127.0.0.1:6379> mset student001 Tom student002 Mary student003 Mike
OK
```

通过键保存 Value 值是通过 setCommand(client *c)函数来实现的。

下面展示了该函数的源码：

```
void setCommand(client *c) {
  robj *expire = NULL;
  int unit = UNIT_SECONDS;
  int flags = OBJ_NO_FLAGS;
  if (parseExtendedStringArgumentsOrReply(c,&flags,&unit,&expire, COMMAND_
SET) != C_OK) {
    return;
  }
  c->argv[2] = tryObjectEncoding(c->argv[2]);
  setGenericCommand(c,flags,c->argv[1],c->argv[2],expire,unit,NULL,NULL);
}
```

该函数的核心是调用 tryObjectEncoding()函数对传进来的 value 值进行编码。

- 如果 value < 20 byte，则采用 int 编码。
- 如果 20 byte ≤ value < 44 byte，则采用 embstr 编码。
- 如果 value≥44 byte，则采用 raw 编码。

2. 重命名键

```
127.0.0.1:6379> rename employee001 emp001
OK
127.0.0.1:6379> rename student001 stu001
OK
127.0.0.1:6379> rename student002 stu002
OK
127.0.0.1:6379> rename student003 stu003
OK
```

rename 命令的处理函数是 renameCommand():

```
void renameCommand(client *c) {
  renameGenericCommand(c,0);
}
```

renameCommand()函数调用了底层通用重命名函数 renameGenericCommand()：

```
void renameGenericCommand(client *c, int nx) {
    robj *o;
    long long expire;
    int samekey = 0;

     //如果重命名之前和之后的键名相同，则将 samekey 设置为 1,
    if (sdscmp(c->argv[1]->ptr,c->argv[2]->ptr) == 0) samekey = 1;
     //如果重命名之前的键不存在，则直接返回
    if ((o = lookupKeyWriteOrReply(c,c->argv[1],shared.nokeyerr)) == NULL)
        return;
     //如果设置 samekey 为 1，则代表重命名前后的键名相同，那什么都不做，直接返回 OK
    if (samekey) {
        addReply(c,nx ? shared.czero : shared.ok);
        return;
    }

    incrRefCount(o);
     //获取重命名之前键的过期时间
    expire = getExpire(c->db,c->argv[1]);
     //处理重命名之后发现该键已经存在的情况
```

```
    if (lookupKeyWrite(c->db,c->argv[2]) != NULL) {
        if (nx) {
            decrRefCount(o);
            addReply(c,shared.czero);
            return;
        }
        //重命名完成后删除原来的键
        dbDelete(c->db,c->argv[2]);
    }
//到这里重命名之后的键一定不存在了，可以添加这个键
    dbAdd(c->db,c->argv[2],o);
    if (expire != -1) setExpire(c,c->db,c->argv[2],expire);
    dbDelete(c->db,c->argv[1]);
...
}
```

3. 查询键总数

```
127.0.0.1:6379> dbsize
(integer) 8
```

4. 随机返回一个键

```
127.0.0.1:6379> randomkey
"key1"
127.0.0.1:6379> randomkey
"key3"
127.0.0.1:6379> randomkey
"stu001"
127.0.0.1:6379> randomkey
"stu002"
```

randomkey 命令对应的处理函数是 randomKeyCommand()：

```
void randomkeyCommand(client *c) {
  //存储获取的 Key
  robj *key;
  //调用核心函数 dbRandomKey()
  if ((key = dbRandomKey(c->db)) == NULL) {
     addReply(c,shared.nullbulk);
     return;
  }
  //返回 Key
  addReplyBulk(c,key);
  //减少 Key 的引用计数
  decrRefCount(key);
}
```

5. 查询键是否存在

```
127.0.0.1:6379> exists emp001
(integer) 1
127.0.0.1:6379> exists emp002
(integer) 0
```

exists 命令对应的处理函数是 existsCommand()：

```
void existsCommand(client *c) {
  long long count = 0;
  int j;
  for (j = 1; j < c->argc; j++) {
    //去键空间字典寻找给定的 Key 是否存在，如果存在则 count++
    if (lookupKeyRead(c->db,c->argv[j])) count++;
  }
  //返回找到 Key 的数量
  addReplyLongLong(c,count);
}
```

6. 查询键类型

```
127.0.0.1:6379> type emp001
hash
127.0.0.1:6379> type key1
string
127.0.0.1:6379> type key2
string
127.0.0.1:6379> type key3
string
127.0.0.1:6379> type key4
string
```

type 命令对应的处理函数是 typeCommand()：

```
void typeCommand(client *c) {
  //引用 Key 的类型
  robj *o;
  //去键空间字典寻找给定 Key 的类型
  o = lookupKeyReadWithFlags(c->db,c->argv[1],LOOKUP_NOTOUCH);
  //返回找到的 Key 类型
  addReplyStatus(c, getObjectTypeName(o));
}
```

7. 删除键

```
127.0.0.1:6379> del key4
(integer) 1
127.0.0.1:6379> exists key4
(integer) 0
```

del 命令对应的处理函数是 delCommand()：

```
void delCommand(client *c) {
  //同步删除
  delGenericCommand(c,0);
}

void delGenericCommand(client *c, int lazy) {
  int numdel = 0, j;
  for (j = 1; j < c->argc; j++) {
    //自动清理过期数据
    expireIfNeeded(c->db,c->argv[j]);
    //此处分同步删除和异步删除
    //针对 string 的删除是完全一样的
    int deleted  = lazy ? dbAsyncDelete(c->db,c->argv[j]) :
                        dbSyncDelete(c->db,c->argv[j]);
    //写命令的传播问题
    if (deleted) {
      signalModifiedKey(c->db,c->argv[j]);
      notifyKeyspaceEvent(NOTIFY_GENERIC,"del",c->argv[j],c->db->id);
      server.dirty++;
     numdel++;
    }
  }
  //记录删除的数据量
  addReplyLongLong(c,numdel);
}
```

2.5.2 【实战】遍历键

Redis 提供了两个遍历所有键的命令——keys 命令和 scan 命令。下面分别介绍。

1. 使用 keys 命令进行全量遍历

查看 keys 命令的帮助信息。

```
127.0.0.1:6379> help keys
KEYS pattern
summary: Find all keys matching the given pattern
since: 1.0.0
group: generic
```

其中，pattern 用于进行键的匹配。下面演示如何使用 keys 命令。

（1）匹配所有的键。

```
127.0.0.1:6379> keys *
```

输出的信息如下：

```
1) "key1"
2) "stu001"
3) "emp001"
4) "key3"
5) "key2"
6) "stu003"
7) "stu002"
```

（2）匹配以 stu 开头的键。

```
127.0.0.1:6379> keys stu*
```

输出的信息如下：

```
1) "stu001"
2) "stu003"
```

（3）匹配以“key”开头且长度是 4 个字符的键。

```
127.0.0.1:6379\> keys key?
```

输出的信息如下：

```
1) "key1"
2) "key3"
3) "key2"
```

由于 Redis 没有对 keys 命令进行任何限制，因此该命令的执行速度非常快。执行 keys 命令时会执行全库扫描，因此会造成 Redis 的阻塞，从而影响性能。

2. 使用 scan 命令进行迭代遍历

scan 命令用于迭代遍历 Redis 中的键。该命令是一个基于游标的迭代器。每次调用完成后，Redis 都会返回一个新的游标用于下次的迭代。当 scan 命令返回 0 时，表示迭代已经结束。下面是 scan 命令的帮助信息。

```
127.0.0.1:6379> help scan
SCAN cursor [MATCH pattern] [COUNT count] [TYPE type]
summary: Incrementally iterate the keys space
since: 2.8.0
group: generic
```

说明如下。

- cursor：指定遍历的游标。

- MATCH：指定匹配的模式。
- COUNT：指定从数据集返回多少个元素，默认值为 10。
- TYPE：指定遍历时匹配的数据类型。

下面演示如何使用 scan 命令。

（1）执行 Lua 脚本往 Redis 中插入 500 条数据。

```
127.0.0.1:6379> eval "for i=1,500 do redis.call('set',KEYS[1]..i, ARGV[1]..i); end;" 1 mykey myvalue
```

（2）查看当前 Redis 数据库实例中的数据量大小。

```
127.0.0.1:6379> dbsize
(integer) 500
```

（3）通过 scan 命令执行键的遍历。

```
127.0.0.1:6379> scan 0 count 150
1) "306"
2) 1) "mykey458"
2) "mykey333"
3) "mykey198"
4) "mykey160"
5) "mykey167"
...
127.0.0.1:6379> scan 306 count 150
1) "441"
2) 1) "mykey253"
2) "mykey463"
3) "mykey300"
4) "mykey327"
5) "mykey159"
...
127.0.0.1:6379> scan 441 count 150
1) "87"
2) 1) "mykey238"
2) "mykey328"
3) "mykey265"
4) "mykey19"
5) "mykey314"
...
127.0.0.1:6379> scan 87 count 150
1) "0"
2) 1) "mykey287"
2) "mykey335"
3) "mykey355"
```

```
4) "mykey456"
5) "mykey16"
...
```

scan 命令对应的处理函数是 scanCommand()：

```
void scanCommand(client *c) {
    unsigned long cursor;
 if (parseScanCursorOrReply(c,c->argv[1],&cursor) == C_ERR) return;
    //调用 scan 的公用函数完成扫描
    scanGenericCommand(c,NULL,cursor);
}

void scanGenericCommand(client *c, robj *o, unsigned long cursor) {
 /* Step 1: 解析命令选项 */
 while (i < c->argc) {
 ...
 }

 /* Step 2: 遍历集合构造* /
 ...
 /* Handle the case of a hash table. */
 ht = NULL;
 if (o == NULL) {
    ht = c->db->dict;
 } else if (o->type == OBJ_SET && o->encoding == OBJ_ENCODING_HT) {
    ht = o->ptr;
 } else if (o->type == OBJ_HASH && o->encoding == OBJ_ENCODING_HT) {
    ht = o->ptr;
    count *= 2; /* We return key / value for this type. */
 } else if (o->type == OBJ_ZSET && o->encoding == OBJ_ENCODING_SKIPLIST) {
    zset *zs = o->ptr;
    ht = zs->dict;
    count *= 2; /* We return key / value for this type. */
 }
 ...

 /* Step 3: 过滤元素 */
 node = listFirst(keys);
 while (node) {
 ...
 }
 /* Step 4: 返回消息给客户端*/
 addReplyArrayLen(c, 2);
 addReplyBulkLongLong(c,cursor);
 ...
}
```

2.5.3 【实战】迁移键

通过 Redis 的键迁移功能，可以把数据从一个 Redis 数据库中迁移到另一个 Redis 数据库中，例如从生产环境迁移到测试环境。

Redis 提供了 move、dump + restore 和 migrate 这 3 种命令来实现键迁移。

1. 使用 move 命令实现实例中的数据迁移

下面演示 move 命令的使用。

（1）查看 move 命令的帮助信息。

```
127.0.0.1:6379> help move
MOVE key db
summary: Move a key to another database
since: 1.0.0
group: generic
```

（2）使用 move 命令移动键。

```
127.0.0.1:6379> move mykey1 3
(integer) 1
```

（3）切换到 3 号数据库中查看键。

```
127.0.0.1:6379> select 3
OK
127.0.0.1:6379[3]> keys *
1) "mykey1"
127.0.0.1:6379[3]>
```

2. 使用 dump + restore 命令实现实例间的数据迁移

整个迁移过程分为两步：

（1）在源 Redis 数据库实例上，dump 命令用于将键和值序列化，即生成 RDB 序列化字符串。

（2）在目标 Redis 数据库实例上，restore 命令用于复原 RDB 序列化字符串。

下面通过示例来演示。

（1）通过 help 命令查看 dump 命令的帮助信息。

```
127.0.0.1:6379> help dump
DUMP key
summary: Return a serialized version of the value stored at
the specified key.
since: 2.6.0
group: generic
```

（2）在源 Redis 数据库实例上插入数据，并使用 dump 命令进行持久化。

```
127.0.0.1:6379> set hello world
OK
127.0.0.1:6379> dump hello
"x00x05worldtx00xc9#mHx84/x11s"
```

（3）通过 help 命令查看 restore 命令的帮助信息。

```
127.0.0.1:6379> help restore
RESTORE key ttl serialized-value [REPLACE] [ABSTTL] [IDLETIME seconds] [FREQ frequency]
summary: Create a key using the provided serialized value, previously obtained using DUMP.
since: 2.6.0
group: generic
```

其中，ttl 参数代表数据的过期时间。当 ttl 为 0 时，表示数据永远不过期。

（4）在目标 Redis 数据库实例上使用 restore 命令恢复数据。

```
127.0.0.1:6379> restore hello 0 "x00x05worldtx00xc9#mHx84/x11s"
OK
127.0.0.1:6379> get hello
"world"
```

3. 使用 migrate 命令实现实例间的数据迁移

migrate 命令用于在 Redis 数据库实例间进行数据迁移。实际上，migrate 命令就是将 dump、restore、del 这 3 个命令进行了组合。migrate 命令具有原子性，并且 Redis 从 3.0.6 版本开始支持迁移多个键，有效地提高了迁移效率。

下面演示 migrate 命令的使用。

（1）使用 help 命令查看 migrate 命令的帮助信息。

```
127.0.0.1:6379> help migrate
MIGRATE host port key| destination-db timeout [COPY] [REPLACE] [AUTH password] [AUTH2 username password] [KEYS key]
summary: Atomically transfer a key from a Redis instance to another one.
since: 2.6.0
group: generic
```

（2）将数据从源 Redis 数据库实例上迁移键到目标 Redis 数据库实例上。

```
127.0.0.1:6379> migrate 192.168.79.12 6379 hello 0 1000
OK
```

（3）在目标 Redis 数据库实例上检查数据迁移是否成功。

```
127.0.0.1:6379> keys *
1) "hello"
127.0.0.1:6379> get hello
"world"
```

（4）在源 Redis 数据库实例上再次执行 migrate 命令。

```
127.0.0.1:6379> migrate 192.168.79.12 6379 hello 0 1000
NOKEY
```

在执行完 migrate 命令后，会删除源 Redis 数据库实例上的键。

第 3 章 Redis 高级特性及原理

Redis 除提供数据存储能力外，还提供了众多的高级特性及功能，如消息的发布与订阅、事务，以及数据的持久化。另外，Redis 还支持使用 Lua 脚本进行编程。

3.1 消息的发布与订阅

一般来说,消息队列有两种模式：

- “发布者-订阅者”模式。
- “生产者-消费者”模式。

3.1.1 “发布者-订阅者”模式

发布者和订阅者通过 channel（频道）进行解耦：订阅者监听某个 channel 的消息，当发布者向该 channel 推送消息时，订阅该 channel 的消费者都可以收到消息。

图 3-1 展示了 Redis“发布者-订阅者”模式的架构。

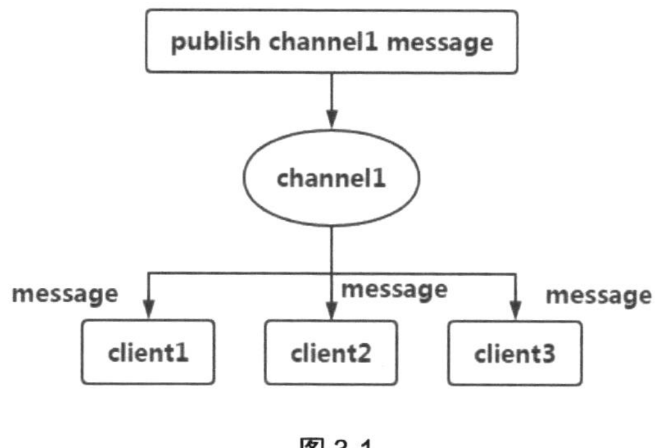

图 3-1

Redis 提供的相关操作命令如下。

- Publish：发布消息。

命令格式：

```
publish channel 名称 "消息内容"
```

- Subscribe：订阅消息。

命令格式：

```
subscribe channel 名称
```

- Psubscribe：使用通配符订阅消息。

命令格式：

```
psubscribe channel 名称
```

例如，下面的命令使用通配符接收所有以“my”开头的频道消息。

```
psubscribe my*
```

在“发布者-订阅者”模式下，Redis 维护一个数据字典 pubsub_channels 用于保存 channel 与订阅者的关系，如图 3-2 所示。

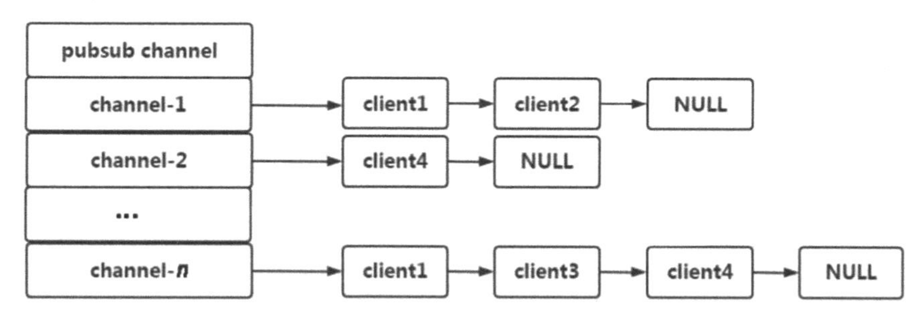

图 3-2

除使用 Redis 命令行工具实现消息的发布与订阅外，还可以使用 Java API 实现消息的发布与订阅。下面进行演示。

1. 使用 Redis 命令行工具实现消息的发布与订阅

由于 Redis 支持的是广播类型的消息，因此这里需要开启 3 个会话窗口，一个作为消息的发布者，另外两个作为消息的订阅者。

（1）在消息订阅者的两个会话窗口中都启动消息订阅者。

```
127.0.0.1:6379> subscribe channel1
Reading messages... (press Ctrl-C to quit)
```

（2）在消息发布者的会话窗口中发布消息。

```
127.0.0.1:6379> publish channel1  helloworld
(integer) 2
```

（3）此时在消息订阅者的两个会话窗口中将成功接收到发布的消息，如图 3-3 所示。

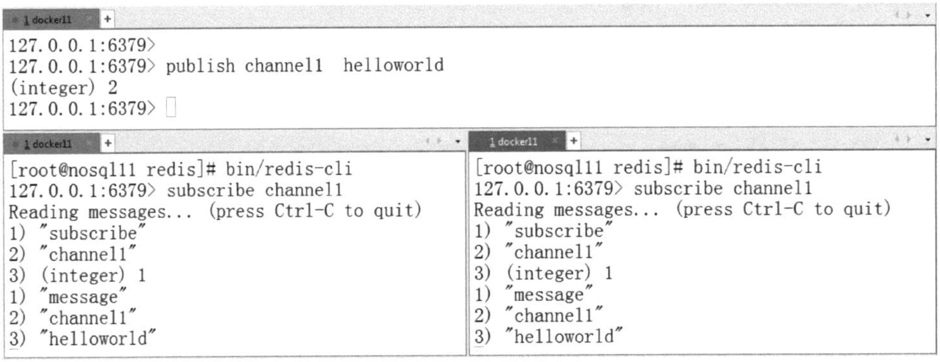

```
127.0.0.1:6379>
127.0.0.1:6379> publish channel1  helloworld
(integer) 2
127.0.0.1:6379>
```

```
[root@nosql11 redis]# bin/redis-cli
127.0.0.1:6379> subscribe channel1
Reading messages... (press Ctrl-C to quit)
1) "subscribe"
2) "channel1"
3) (integer) 1
1) "message"
2) "channel1"
3) "helloworld"
```

```
[root@nosql11 redis]# bin/redis-cli
127.0.0.1:6379> subscribe channel1
Reading messages... (press Ctrl-C to quit)
1) "subscribe"
2) "channel1"
3) (integer) 1
1) "message"
2) "channel1"
3) "helloworld"
```

图 3-3

2. 使用 Java API 实现消息的发布与订阅

要使用 Java API 操作 Redis，推荐使用 Maven 的方式来构建 Java 工程。

（1）在 Java 的 Maven 工程的 pom.xml 文件中增加以下依赖信息。

```
<dependency>
 <groupId>redis.clients</groupId>
 <artifactId>jedis</artifactId>
 <version>4.2.2</version>
</dependency>
<dependency>
 <groupId>commons-io</groupId>
 <artifactId>commons-io</artifactId>
```

```
 <version>2.8.0</version>
</dependency>
```

（2）开发 Java 代码实现消息的订阅。

```
import redis.clients.jedis.Jedis;
import redis.clients.jedis.JedisPubSub;
public class TestRedisMessage{
    public static void main(String[] args) {
         Jedis client = new Jedis("192.168.79.11", 6379);
         client.subscribe(new MyListner(), "channel1");
//使用通配符订阅消息，subscribe 和 psubscribe 不能同时使用
//client.psubscribe(new MyListner(), "my*");
    }
}
class MyListner extends JedisPubSub{
    @Override
    public void onMessage(String channel, String message) {
     System.out.println("频道：" + channel+" 收到的消息是：" + message);
    }
    @Override
    public void onPMessage(String pattern, String channel,
String message){
     System.out.println("模式："+ pattern + " 频道：" +
channel+" 收到的消息是：" + message);
    }
}
```

程序运行结果如图 3-4 所示。

```
Console
TestRedisMessage [Java Application] C:\Java\jdk-11.0.14\bin\javaw.exe (2022年4月24日 上午10:29:06)
SLF4J: Failed to load class "org.slf4j.impl.StaticLoggerBind
SLF4J: Defaulting to no-operation (NOP) logger implementatio
SLF4J: See http://www.slf4j.org/codes.html#StaticLoggerBinde
频道：channel1      收到的消息是：helloworld
```

图 3-4

3.1.2 “生产者-消费者”模式

该模式利用了 List，能够实现队列（先进先出）和栈（先进后出）的特点。Redis List 的主要操作有 lpush、lpop、rpush、rpop，分别代表从头部和尾部的 push/pop。除此之外，List 还提供了两种 pop 操作的阻塞版本——blpop/brpop 操作，用于阻塞获取一个对象。

生产者将消息数据添加到 List 结构中，消费者通过 rpop 或者 brpop 操作消费消息。brpop 操作是阻塞的方式，可以设置等待时长。如果有多个消费者同时监听该列表，则只有一个消费者能消

费消息。因此，这种模式主要适用于“每个消息只能被最多一个消费者所消费”的场景。

下面演示如何使用 Redis 消息机制的“生产者-消费者”模式。

```
127.0.0.1:6379> lpush myqueue a1
(integer) 1
127.0.0.1:6379> lpush myqueue a2
(integer) 2
127.0.0.1:6379> lpush myqueue a3
(integer) 3
127.0.0.1:6379> lpush myqueue a4
(integer) 4
127.0.0.1:6379> lpop myqueue
"a4"
127.0.0.1:6379> lpop myqueue
"a3"
127.0.0.1:6379> lpop myqueue
"a2"
127.0.0.1:6379> lpop myqueue
"a1"
```

3.2 Redis 的事务

Redis 目前对事务的支持还比较简单。Redis 只能保证一个客户端发起的事务中的命令可以连续地执行，执行期间不会插入其他客户端的命令。 由于 Redis 是利用单线程来处理所有客户端的请求的，所以做到这一点是很容易的。

一般情况下，Redis 在接收到一个客户端发来的命令后，会立即处理并返回处理结果。但是，当一个客户端在一个连接中发出 multi 命令时，则该连接会进入一个事务的上下文。后续的命令并不会被立即执行，而是先被放到一个队列中。Redis 在从此连接收到 exec 命令后，会顺序地执行队列中的所有命令，并将所有命令的运行结果打包到一起返给客户端。然后，此连接就结束事务上下文。

Redis 提供的与事务操作相关的命令如下。

- multi：开启事务。
- exec：提交事务。
- discard：回滚事务。
- watch：监视一个或多个键。如果在事务被执行之前监视的键被其他命令改动，则事务将自动回滚。

3.2.1　【实战】使用命令操作 Redis 的事务

下面通过模拟用户转账的场景，来演示如何使用命令操作 Redis 的事务。

（1）创建测试数据——分别给 tom 和 mike 账户存入 1000 元钱。

```
127.0.0.1:6379> set tom 1000
OK
127.0.0.1:6379> set mike 1000
OK
```

（2）开启事务。

```
127.0.0.1:6379> multi
OK
```

（3）从 tom 账号上转 100 元钱到 mike 账号上。

```
127.0.0.1:6379(TX)> decrby tom 100
QUEUED
127.0.0.1:6379(TX)> incrby mike 100
QUEUED
```

（4）提交事务。

```
127.0.0.1:6379(TX)> exec
1) (integer) 900
2) (integer) 1100
```

3.2.2　【实战】在事务操作中使用 watch 功能

watch 命令用于监视一个或者多个 Key，如果在事务被执行之前 Key 被其他命令改动，那么事务将回滚。下面通过模拟观众买票的场景，来演示如何在事务操作中使用 watch 功能。

（1）创建测试数据。

```
127.0.0.1:6379> set tom 1000
OK
127.0.0.1:6379> set ticket 1
OK
```

在初始状态下，tom 账户有 1000 元钱，并且现在可买的票有 1 张。

（2）使用 watch 语句监控 ticket 的值。

```
127.0.0.1:6379> watch ticket
```

```
OK
```

（3）开启事务。

```
127.0.0.1:6379> multi
OK
```

（4）从 tom 账户上扣钱买票。

```
127.0.0.1:6379(TX)> decrby tom 100
QUEUED
127.0.0.1:6379(TX)> decrby ticket 1
QUEUED
```

（5）开启一个新的会话窗口修改 ticket 的值。

```
127.0.0.1:6379> decrby ticket 1
(integer) 0
```

（6）提交事务。

```
127.0.0.1:6379(TX)> exec
(nil)
```

返回 nil 表示 exec 语句没有被执行，即事务回滚了。

（7）查看 tom 账户的钱和票数。

```
127.0.0.1:6379> get tom
"1000"
127.0.0.1:6379> get ticket
"0"
```

从输出的信息可以看出，tom 账户的钱和票数都没有发生变化。

3.2.3 【实战】使用 Java API 操作 Redis 的事务

以下代码演示如何使用 Java API 在 Redis 中完成用户转账功能。

```
import redis.clients.jedis.Jedis;
import redis.clients.jedis.Transaction;

public class TestRedisTransaction {
    public static void main(String[] args) {
```

```
        Jedis client = new Jedis("192.168.79.11", 6379);
        Transaction tc = client.multi();
        tc.incrBy("tom", 100);
        tc.decrBy("mike", 100);
        tc.exec();
        client.close();
    }
}
```

以下代码演示如何使用 Java API 在 Redis 中实现 watch 功能。

```
import redis.clients.jedis.Jedis;
import redis.clients.jedis.Transaction;

public class TestRedisTransactionWatch {
    public static void main(String[] args) {
        Jedis client = new Jedis("192.168.79.11", 6379);
        client.watch("ticket");
        Transaction tc = client.multi();
        tc.decrBy("ticket", 1);
        try {
            Thread.sleep(1000*10);
        } catch (InterruptedException e) {
            e.printStackTrace();
        }
        tc.decrBy("money", 100);
        tc.exec();
        client.close();
    }
}
```

3.3　数据持久化

Redis 是内存数据库，如果不将内存中的数据保存到磁盘中，则一旦服务器进程退出，会造成服务器中的数据也消失。所以，Redis 提供了数据持久化功能。

Redis 支持两种方式的持久化：RDB 方式、AOF（append-only-file）方式。这两种持久化方式可以单独使用，也可以结合使用。

3.3.1　RDB 持久化

RDB 持久化是 Redis 默认的持久化方式。它是指，在指定的时间间隔内将内存中的数据快照写入磁盘，实际的操作过程是：生成一个子进程，先将数据写入临时文件，写入成功后再替换之前的文件，并用二进制压缩存储文件。

1. RDB 持久化的工作流程

RDB 持久化执行快照的时机由以下参数决定：

```
Save the DB to disk.
save <seconds> <changes>
Redis will save the DB if both the given number of seconds and the given
number of write operations against the DB occurred.
Snapshotting can be completely disabled with a single empty
string argument as in following example:
save ""
Unless specified otherwise, by default Redis will save the DB:
* After 3600 seconds (an hour) if at least 1 key changed
* After 300 seconds (5 minutes) if at least 100 keys changed
* After 60 seconds if at least 10000 keys changed
You can set these explicitly by uncommenting the three following lines.
save 3600 1
save 300   100
save 60    10000
```

Redis 执行 RDB 持久化是通过 save 命令实现的。在默认情况下，触发 RDB 持久化的条件如下：

save 3600　1　　在 3600s 内，如果有 1 个 Key 发生了变化，则执行 RDB 持久化。

save 300　100　　在 300s 内，如果有 100 个 Key 发生了变化，则执行 RDB 持久化。

save 60　10000　在 60s 内，如果有 1 万个 Key 发生了变化，则执行 RDB 持久化。

RDB 持久化的工作流程如下：

（1）Redis 根据配置参数去生成 RDB 快照文件。

（2）Redis 生成一个子进程。

（3）子进程将内存中的数据导出到生成的 RDB 快照文件中。

（4）用新生成的 RDB 快照文件去替换旧的快照文件。

可以看出，RDB 持久化具有以下特点：

- 适合大规模的数据恢复。
- 如果业务对数据的完整性和一致性要求不高，那 RDB 持久化是很好的选择。
- 数据的完整性和一致性不高，因为 RDB 持久化可能在最后一次备份时宕机。
- 因为 Redis 在备份时会独立创建一个子进程，因此备份时会占用更多的内存。

Redis 监控 RDB 持久化最直接的方法是使用系统提供的 info 命令。只需要执行以下命令，即可获得 Redis 关于 RDB 持久化的状态报告。

```
bin/redis-cli info | grep rdb_
```

输出的信息如下：

```
rdb_changes_since_last_save:0       表明上次 RDB 持久化后改变的键的个数
rdb_bgsave_in_progress:0            表示当前是否在进行快照操作，0 表示没有进行
rdb_last_save_time:1650184060       上次执行快照操作的时间戳
rdb_last_bgsave_status:ok           上次执行快照操作的状态
rdb_last_bgsave_time_sec:-1         上次执行快照操作的耗时
rdb_current_bgsave_time_sec:-1      目前执行快照操作已花费的时间
rdb_last_cow_size:0                 表示父进程比子进程多执行了多少次修改操作
```

2. 剖析 RDB 持久化

在 rdb.c 文件中可以找到创建 RDB 文件的 rdbSave()函数，该函数的定义如下：

```
/* Save the DB on disk. Return C_ERR on error, C_OK on success. */
int rdbSave(char *filename, rdbSaveInfo *rsi) {
    ...
    //创建临时文件
    snprintf(tmpfile,256,"temp-%d.rdb", (int) getpid());
    fp = fopen(tmpfile,"w");
    ...
    //初始化 I/O
    rioInitWithFile(&rdb,fp);
    //开始执行快照
    startSaving(RDBFLAGS_NONE);
    ...
    //如果持久化成功操作成功，则用临时文件替代旧的文件
    if (rename(tmpfile,filename) == -1) {
        char *cwdp = getcwd(cwd,MAXPATHLEN);
        serverLog(LL_WARNING,
        "Error moving temp DB file %s on the final "
        "destination %s (in server root dir %s): %s",
        tmpfile,
        filename,
        cwdp ? cwdp : "unknown",
        strerror(errno));
        unlink(tmpfile);
        stopSaving(0);
        return C_ERR;
    }
    serverLog(LL_NOTICE,"DB saved on disk");
    //持久化成功后，将计数器重置为 0，并更新最近的存储时间
```

```
    server.dirty = 0;
    server.lastsave = time(NULL);
    server.lastbgsave_status = C_OK;
    stopSaving(1);
    return C_OK;
    ...
}
```

3.3.2 AOF 持久化

AOF 持久化会以日志的形式记录服务器所处理的每一个写入、删除操作（不会记录查询操作）以文本的方式记录下来。可以打开文件查看详细的操作记录。

Redis 还可以同时使用 AOF 持久化和 RDB 持久化。在这种情况下，重启后 Redis 会优先使用 AOF 文件来还原数据集，因为 AOF 文件保存的数据集通常比 RDB 文件保存的数据集更完整。

1. AOF 持久化的工作流程

AOF 持久化的工作流程如下：

（1）所有的命令都会被追加到 AOF 缓冲区中。

（2）AOF 缓冲区根据对应的策略向磁盘同步操作。

（3）随着 AOF 文件越来越大，需要定期重写 AOF 文件，以达到压缩的目的。

（4）在 Redis 服务器重启后，可以加载 AOF 文件进行数据恢复。

默认情况下，Redis 关闭了 AOF 持久化功能。这是由 redis.conf 中以下参数决定的：

```
###### APPEND ONLY MODE ######
...
#**appendonly yes  <--默认值为 no，改为 yes 即启用 AOF**
# The name of the append only file (default: "appendonly.aof")
# **appendfilename "appendonly.aof"  <--AOF 默认生成的日志文件名称**
...
```

重启 Redis 服务器端，将在 Redis 的安装目录下自动生成 appendonly.aof 文件，如下所示：

```
[root@nosql11 redis]# pwd
/root/training/redis
[root@nosql11 redis]# ll
total 16
**-rw-r--r--. 1 root root 0 Apr 16 16:01 appendonly.aof**
drwxr-xr-x. 2 root root 134 Apr 16 09:38 bin
drwxr-xr-x. 2 root root 24 Apr 16 16:01 conf
-rw-r--r--. 1 root root 10405 Apr 16 16:01 dump.rdb
```

AOF 持久化机制默认每隔 1s 将 Redis 操作写入日志，这是由 appendfsync 参数决定的，它共有 3 个值：always、everysec、no。

Redis 监控 AOF 持久化最直接的方法是使用系统提供的 info 命令。只需要执行以下命令，即可获得 Redis 关于 AOF 文件的状态报告。

```
bin/redis-cli info | grep aof_
```

输出的信息如下：

```
aof_enabled:1                       AOF 日志是否启用
aof_rewrite_in_progress:0           当前是否在进行写入 AOF 日志的操作
aof_rewrite_scheduled:0             是否有 AOF 操作等待被执行
aof_last_rewrite_time_sec:-1        上次写入 AOF 日志的时间戳
aof_current_rewrite_time_sec:-1 当前正在执行的 AOF 日志重写操作已经消耗的时间
aof_last_bgrewrite_status:ok        上次执行 AOF 日志重写的状态
aof_last_write_status:ok            上次写入 AOF 日志的状态
aof_current_size:0                  AOF 日志的当前大小
aof_base_size:0                     最近一次重写后 AOF 日志的大小
aof_pending_rewrite:0               是否有 AOF 操作在等待被执行
aof_buffer_length:0                 AOF 缓冲区的大小
aof_rewrite_buffer_length:0         AOF 重写缓冲区的大小
aof_pending_bio_fsync:0             在等待执行 fsync 操作的数量
aof_delayed_fsync:0                 fsync 操作延迟执行的次数
```

2. AOF 日志的重写

因为 AOF 持久化是通过保存被执行的写命令来记录数据库状态的，所以随着服务器运行时间的流逝，AOF 文件中的内容会越来越多，文件的体积也会越来越大。如果不加以控制，则体积过大的 AOF 文件很可能对 Redis 服务器（甚至整个宿主计算机）造成影响。并且，AOF 文件的体积越大，使用 AOF 文件还原数据所需的时间就越长。

为了解决 AOF 文件体积“膨胀”的问题，Redis 提供了 AOF 文件重写功能。通过该功能，Redis 服务器可以创建一个新的 AOF 文件来替代现有的 AOF 文件，新旧两个 AOF 文件所保存的数据库状态相同，但新的 AOF 文件不会包含任何浪费空间的冗余命令，所以，新的 AOF 文件的体积通常会比旧的 AOF 文件的体积要小得多。

下面通过示例来测试 AOF 文件的重写。

（1）使用 Redis 提供的基准测试工具模拟产生 20 万个操作。

```
bin/redis-benchmark -n 200000
```

（2）观察 AOF 文件的大小。

```
ll appendonly.aof
-rw-r--r--. 1 root root 659 Apr 24 10:47 appendonly.aof
ll appendonly.aof
-rw-r--r--. 1 root root 1663409 Apr 24 11:24 appendonly.aof
ll appendonly.aof
-rw-r--r--. 1 root root 25115259 Apr 24 11:24 appendonly.aof
ll appendonly.aof
-rw-r--r--. 1 root root 51573511 Apr 24 11:24 appendonly.aof
ll appendonly.aof
-rw-r--r--. 1 root root 61600852 Apr 24 11:24 appendonly.aof
ll appendonly.aof
-rw-r--r--. 1 root root 74649125 Apr 24 11:25 appendonly.aof
ll appendonly.aof
-rw-r--r--. 1 root root 41135984 Apr 24 11:25 appendonly.aof
```

在输出信息的最后可以看到，生成的 appendonly.aof 文件由 74 649 125 变成了 41 135 984，这说明发生了 AOF 文件的重写。AOF 文件的重写由以下参数决定：

auto-aof-rewrite-percentage

auto-aof-rewrite-min-size

3. 剖析 AOF 持久化

在 aof.c 文件中可以找到创建 RDB 文件的 flushAppendOnlyFile()函数，该函数的定义如下：

```
void flushAppendOnlyFile(int force) {
    //在执行 AOF 写入时，判断 AOF 文件的 fsync 操作是否在 bio 线程中执行过
    if (server.aof_fsync == AOF_FSYNC_EVERYSEC)
     sync_in_progress = aofFsyncInProgress();

    //处理非强制写入 AOF 文件的情况
    if (server.aof_fsync == AOF_FSYNC_EVERYSEC && !force) {
        if (sync_in_progress) {
        //处理开始时间为 0 的情况
        if (server.aof_flush_postponed_start == 0) {
            //将刷入延期开始时间置为当前时间
            server.aof_flush_postponed_start = server.unixtime;
            return;
        }else if(server.unixtime -server.aof_flush_postponed_start<2){
              return;
         }
         server.aof_delayed_fsync++;
        }
```

```
    }
    //写入 AOF 文件中
    nwritten = aofWrite(server.aof_fd,
server.aof_buf,
sdslen(server.aof_buf));
    //写完 AOF 文件后，将刷入延期开始时间设置为 0
    server.aof_flush_postponed_start = 0;
    //省略异常的处理
    //记录 AOF 文件当前的大小
    server.aof_current_size += nwritten;
    /**
    * 如果 AOF 文件的可用 buf 比较小，则清空 buf
    */
    if ((sdslen(server.aof_buf)+sdsavail(server.aof_buf)) < 4000) {
     sdsclear(server.aof_buf);
    } else {
         sdsfree(server.aof_buf);
     server.aof_buf = sdsempty();
    }
}
```

3.4　使用 PipeLine 优化请求的传递

Redis 使用的是客户端-服务器（C-S）模型和请求/响应协议的 TCP 服务器。这意味着，通常情况下一个请求会遵循以下步骤：

（1）客户端向服务端发送一个查询请求，并监听 Socket 的返回，通常是以阻塞模式等待服务端响应。

（2）服务端处理命令，并将结果返给客户端。

Redis 的执行过程如图 3-5 所示。

由于存在网络延迟，所以就算 Redis 服务器端有很强的处理能力，也会由于收到的客户端消息少而造成吞吐量小。管道 PipeLine 可以一次性发送多条命令，并在执行完后一次性将结果返回。

管道 PipeLine 通过减少 Redis 客户端与 Redis 服务器端的通信次数来降低往返延时时间，而且管道 PipeLine 实现是先进先出队列，这样就保证了数据的顺序性。管道 PipeLine 的工作过程如图 3-6 所示。

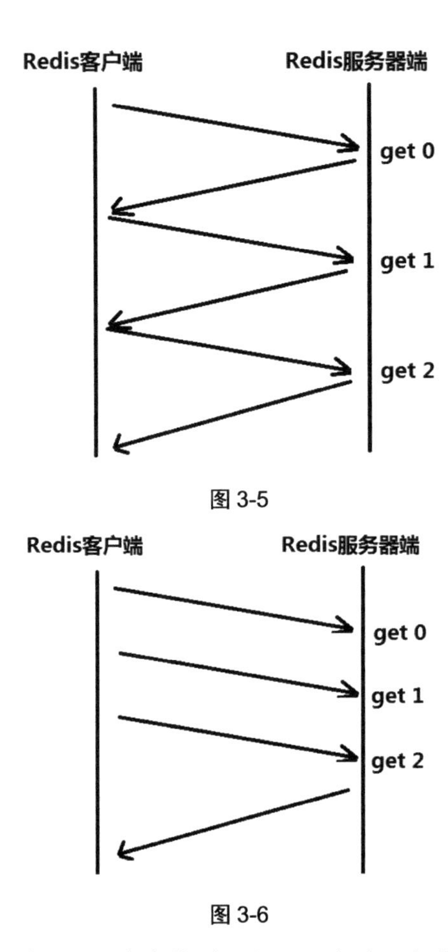

图 3-5

图 3-6

图 3-6 中的 Redis 客户端将 3 个命令放到一个 TCP 报文一起发送给 Redis 服务器端；Redis 服务器端将 3 条命令的处理结果放到一个 TCP 报文返给 Redis 客户端。

下面通过 Java 代码来测试普通的 Redis 操作和 Redis PipeLine 操作在性能上的差别。

```
import org.junit.Test;
import redis.clients.jedis.Jedis;
import redis.clients.jedis.Pipeline;
public class TestRedisPipeLine {
    @Test
    public void testNormalCommand() {
        Jedis client = new Jedis("192.168.79.11", 6379);
        long start = System.currentTimeMillis();
        for(int i=0;i<10000;i++) {
            client.set("key" + i, "value"+i);
        }
```

```
        long end = System.currentTimeMillis();
        client.close();
        System.out.println("使用普通命令插入 1 万条数据的执行时间为："+
(end - start));
    }

    @Test
    public void testPipeLineCommand() {
            Jedis client = new Jedis("192.168.79.11", 6379);
            Pipeline pl = client.pipelined();
            long start = System.currentTimeMillis();
            for(int i=0;i<10000;i++) {
             pl.set("key" + i, "value"+i);
            }
            pl.sync();
            long end = System.currentTimeMillis();
            client.close();
            System.out.println("使用管道命令插入 1 万条数据的执行时间为："+
(end - start));
        }
}
```

输出的结果如下：

```
使用普通命令插入 1 万条数据的执行时间为：1147
使用管道命令插入 1 万条数据的执行时间为：92
```

PipeLine 在某些场景中非常有用，比如有多个命令需要被及时提交，而且它们对结果没有依赖，也无须立即获得结果，则管道 PipeLine 可以充当这种“批处理”工具。这样能大大地提升性能，因为在 TCP 连接中减少了“交互往返”的时间。

3.5 慢查询日志

慢查询日志帮助开发人员和运维人员定位系统存在的慢操作。慢查询日志就是系统计算每条指令的执行时间，当其超过预设阈值时，就将这条指令的相关信息（慢查询 ID、发生时间戳、耗时、指令的详细信息）记录下来。

Redis 客户端指令的执行过程如图 3-7 所示。

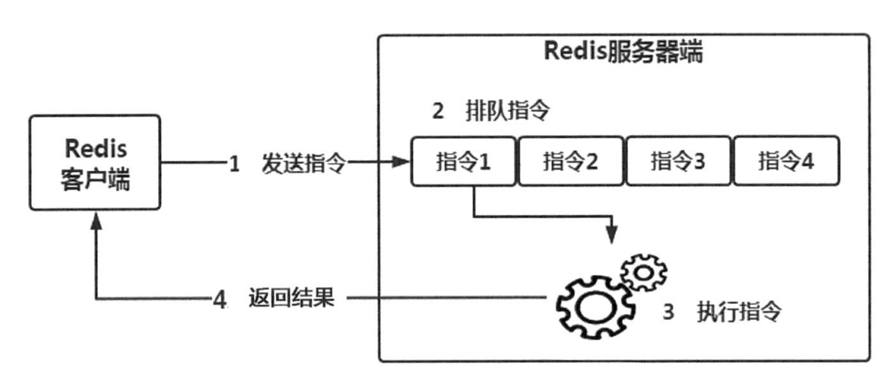

图 3-7

一条 Redis 慢查询日志由 4 个属性组成：标识 ID、发生时间戳、指令耗时和执行指令。

慢查询日志只是统计执行指令的时间，所以慢查询并不代表客户端没有超时问题。

3.5.1 慢查询的配置参数

Redis 提供的慢查询配置参数如下：

```
127.0.0.1:6379> CONFIG GET slowlog*
1) "slowlog-max-len"
2) "128"
3) "slowlog-log-slower-than"
4) "10000"
```

说明如下。

（1）slowlog-max-len。Redis 使用一个列表来存储慢查询日志，showlog-max-len 就是列表的最大长度。如果慢查询日志已经到达列表的最大长度，又有慢查询日志要进入列表，则最早插入列表的日志会被移出列表，新日志被插入列表的末尾。

（2）slowlog-log-slower-than。Redis 预设的慢查询时间阈值（默认值是 10000 微秒）。

- 如果一条命令的执行时间超过 10000 微秒，则它会被记录在慢查询日志中。
- 如果 slowlog-log-slower-than 的值是 0，则记录所有命令。
- 如果 slowlog-log-slower-than 的值小于 0，则任何命令都不会被记录，例如，

```
127.0.0.1:6379> config set slowlog-log-slower-than 0
OK
```

3.5.2 【实战】管理和使用慢查询日志

下面演示如何管理和使用 Redis 的慢查询日志。

（1）向 Redis 中插入一条数据。

```
127.0.0.1:6379> set location Beijing
127.0.0.1:6379>hmset user001 name Tom age 24 gender Male
```

（2）获取慢查询日志。

```
slowlog get [n]
```

其中，n 代表获取的日志条数。如果不提供 n 的值，则获取所有的慢查询日志记录。以下语句将获取最近的 3 条慢查询日志。

```
127.0.0.1:6379> slowlog get 3
1) 1) (integer) 9                    慢查询 ID
2) (integer) 1650100709              慢查询发生的时间戳
3) (integer) 7                       慢查询耗时
4) 1) "hmset"                        执行命令和参数
2) "user001"
3) "name"
4) "Tom"
5) "age"
6) "24"
7) "gender"
8) "Male"
5) "127.0.0.1:48218"
6) ""
2) 1) (integer) 8                    慢查询 ID
2) (integer) 1650100706              慢查询发生的时间戳
3) (integer) 6                       慢查询耗时
4) 1) "set"                          执行命令和参数
2) "location"
3) "Beijing"
5) "127.0.0.1:48218"
6) ""
3) 1) (integer) 7                    慢查询 ID
2) (integer) 1650100698              慢查询发生的时间戳
3) (integer) 11                      慢查询耗时
4) 1) "slowlog"                      执行命令和参数
2) "get"
3) "3"
5) "127.0.0.1:48218"
6) ""
```

（3）获取慢查询日志列表的当前长度：slowlog len。

```
127.0.0.1:6379> slowlog len
(integer) 11
```

当前 Redis 慢查询日志队列中存在 11 条记录。

（4）重置慢查询日志：slowlog reset。

```
127.0.0.1:6379> slowlog reset
OK
127.0.0.1:6379> slowlog len
(integer) 1
```

该操作实际上是对列表做清理操作。

3.5.3 慢查询日志最佳实践

Redis 提供的慢查询日志，对于诊断在 Redis 数据库实例运行过程中发生的性能问题是非常有帮助的。在实际环境中使用 Redis 的慢查询日志，有以下几点建议。

1. slowlog-max-len 的设置建议

对于线上环境，建议调大慢查询日志的列表的长度。在记录慢查询日志时，Redis 会对长指令做截断操作，并不会占用大量内存空间。增大慢查询列表的长度，可以减缓慢查询被剔除出列表的可能性。例如，在线上环境中可以将该项设置为 1000 以上。

2. slowlog-log-lower-than 的设置建议

需要根据 Redis 的并发量调整该项的值。由于 Redis 采用单线程响应指令，所以对于高流量的场景，如果执行指令的时间在 1 ms 以上，则 Redis 最多可支撑的 OPS（每秒操作次数）不到 1000，因此，对于高 OPS 场景中的 Redis 建议将该项设置为 1 ms。

3. 慢查询只记录指令的执行时间，并不包括指令的排队时间和网络传输时间

客户端指令的执行时间要大于 Redis 服务器实际执行指令的时间，这是由于指令执行排队所导致的，慢查询会导致指令级联阻塞。因此，当客户端出现请求超时，需要检查该时间点是否有对应的慢查询，从而分析是否因为慢查询导致的指令级联阻塞。

4. 慢查询日志是一个先进先出队列

在慢查询较多的情况下，可能会丢失部分慢查询指令，可以定期执行 slow get 指令将慢查询日志持久化到其他存储器中，然后制作可视化界面查询。

3.6 Lua 脚本编程语言

Redis 服务是单线程的服务，但在高并发的场景下需要执行一系列的 Redis 逻辑操作，而这些操作需要保证线程的安全性和原子性。要满足这样的要求，就需要使用到 Lua 脚本编程语言。

原先 Redis 是没有服务器端运算能力的，它主要被用来存储数据作为缓存，而运算是在客户端进行的。有了 Lua 的支持，客户端可以定义对键值的运算，减少编译的次数，并且利用服务器端的运算能力完成逻辑操作。

3.6.1 Lua 基础

Lua 是动态类型语言，变量不需要进行类型定义。Lua 只需要为变量赋值，值可以存储在变量中，也可以作为参数传递或作为结果返回。

在 Redis 中执行 Lua 代码有以下两种方式。

- eval 命令：将 Lua 代码直接使用 Redis 执行。
- evalsha 命令：根据 SHA1 校验码执行缓存在服务器中的一段 Lua 代码。

由于在 Redis 中大部分情况都是使用 eval 命令来执行 Lua 代码的，因此下面重点介绍如何使用 eval 命令。

1. eval 命令的格式

eval 命令的格式如下：

```
eval 脚本内容 Key 个数 Key 列表 Value 列表
```

说明如下。

- 脚本内容：要执行的 Lua 脚本内容。
- Key 个数：参数中有多少个键，0 表示没有键。
- Key 列表：传递给 Lua 的键列表，使用 KEYS\[n\]来获取对应的键。
- Value 列表：传递给 Lua 的值列表，使用 ARGV\[n\]来获取对应的值。

2. 调用 Redis

在 Lua 脚本中调用 Redis，可以通过两种方法：redis.call()和 redis.pcall()。这两种方法的区别是：redis.call()方法遇到异常就停止执行后面的内容，并返回错误；而 redis.pcall()方法遇到异常会将其忽略继续执行。

3. 举例

下面演示如何在 Redis 中使用 Lua 脚本。

（1）打印字符串“Hello Redis World”。

```
127.0.0.1:6379> eval 'return "Hello " .. KEYS[1] .." ".. ARGV[1]' 1 Redis
World
```

输出的信息如下：

```
"Hello Redis World"
```

（2）使用 Lua 脚本向 Redis 中插入数据。

```
127.0.0.1:6379> eval "return redis.call('set','lua1','Hello Lua')" 0
```

（3）使用 Lua 脚本从 Redis 中获取数据。

```
127.0.0.1:6379> eval "return redis.call('get','lua1')" 0
```

输出的信息如下：

```
"Hello Lua"
```

（4）使用 Lua 脚本的循环语句向 Redis 中插入 500 条数据。

```
127.0.0.1:6379>  eval  "for  i=1,500  do  redis.call('set',KEYS[1]..i,
ARGV[1]..i); end;" 1 mykey myvalue
```

3.6.2 【实战】使用 Lua 脚本实现限流

限流是指，当系统流量到达阈值时会拒绝一部分流量。假设系统每秒处理请求的阈值是 100 条，理论上 1 秒内第 100 条以后的请求都会被拒绝。通过在 Redis 中使用 Lua 脚本，可以很方便地实现限流。

下面演示如何使用 Redis + Lua 对某个接口的请求进行限流。可以基于该示例进一步改造为“限流总并发数和请求数，以及限制总资源数”。

（1）新建 Lua 脚本文件 limit.lua，在其中输入以下内容。

```
local key = KEYS[1]                       --限流 KEY（1 秒生成 1 个 Key）
local limit = tonumber(ARGV[1])           --限流大小
local current = tonumber(redis.call('get', key) or "0")
```

```
if current + 1 > limit then                     --如果超出限流大小
   return 0
else                                            --请求数+1，并设置 2s 过期
   redis.call("INCRBY", key,"1")
   redis.call("expire", key,"2")
end
return 1
```

（2）创建应用程序访问某个业务接口，并限定只允许有 3 个客户端能够访问。

```
import java.io.File;
import java.io.IOException;
import java.net.URISyntaxException;
import java.util.ArrayList;
import java.util.List;
import org.apache.commons.io.FileUtils;
import redis.clients.jedis.Jedis;

public class AccessApplication implements Runnable{
 private int clientID;

 public AccessApplication(int clientID) {
     this.clientID =  clientID;
 }

 @Override
 public void run() {
     try {
         System.out.println(clientID + "号客户端，请求是否被执行："
+ accquire());
     } catch (Exception e) {
         e.printStackTrace();
     }
 }

 public boolean accquire() throws IOException, URISyntaxException {
     Jedis client = new Jedis("192.168.79.11", 6379);
     File luaFile = new File(RedisLimitRateWithLUA
.class
.getResource("/")
.toURI().getPath() + "limit.lua");

     String luaScript = FileUtils.readFileToString(luaFile);

     String key = "ip:" + System.currentTimeMillis()/1000; //当前秒
     String limit = "3";      //限流设置，只允许 3 个客户端访问应用程序
```

```
        List<String> keys = new ArrayList<String>();
        keys.add(key);
        List<String> args = new ArrayList<String>();
        args.add(limit);

    //执行 Lua 脚本，传入参数
        Long result = (Long) (client.eval(luaScript, keys, args));
        return result == 1;
    }
}
```

（3）创建主程序启动 5 个客户端访问应用接口。

```
public class RedisLimitRateWithLua {
    public static void main(String[] args) {
        for (int i = 0; i < 5; i++) {
            new Thread(new AccessApplication(i)).start();
        }
    }
}
```

（4）执行应用程序，输出的信息如下：

```
1 号客户端，请求是否被执行：false
0 号客户端，请求是否被执行：true
4 号客户端，请求是否被执行：false
3 号客户端，请求是否被执行：true
2 号客户端，请求是否被执行：true
```

从输出的信息可以看出，并发执行了 5 次访问，只有 0 号、3 号和 2 号客户端的访问被允许执行，1 号和 4 号客户端的访问被拒绝。

（5）再次执行应用程序，输出的信息如下：

```
3 号客户端，请求是否被执行：false
2 号客户端，请求是否被执行：false
4 号客户端，请求是否被执行：true
0 号客户端，请求是否被执行：true
1 号客户端，请求是否被执行：true
```

从输出的信息可以看出，并发执行了 5 次访问，只有 4 号、0 号和 1 号客户端的访问被允许执行，3 号和 2 号客户端的访问被拒绝。

第 4 章 Redis 集群与高可用

之前章讨论的都是单实例的 Redis 数据库，即只存在一个节点的情况。Redis 支持强大的集群功能，如 Redis 主从复制、Redis Cluster 集群分布式存储，以及 Codis 集群分布式存储。

4.1 Redis 主从复制

Redis 主从复制是指，将一台 Redis 服务器的数据复制到其他的 Redis 服务器中。前者被称为 Master 节点（主节点），后者被称为 Slave 节点（从节点）。数据的复制是单向的，只能从主节点到从节点。

默认情况下，每台 Redis 服务器都是主节点。一个主节点可以有多个从节点或者没有从节点，但一个从节点只能有一个主节点。

Redis 主从复制的作用如下。

- 数据热备份：数据持久化的另一种表现形式。
- 故障恢复：当主节点出现问题时，可以由从节点提供服务，实现快速的故障恢复。
- 负载均衡："主从复制+读写分离"可以实现"由主节点提供写数据服务，由从节点提供读数据服务"，从而分担服务器负载。尤其是在"写少读多"场景中，通过多个从节点分担读负载，可以大大提高 Redis 服务器的并发能力。
- 高可用基石：主从复制还是实施哨兵和集群的基础，因此说主从复制是 Redis 高可用的基础。

4.1.1 部署 Redis 主从复制

Redis 主从复制的架构有两种方式——星型模型与线型模型，如图 4-1 所示。

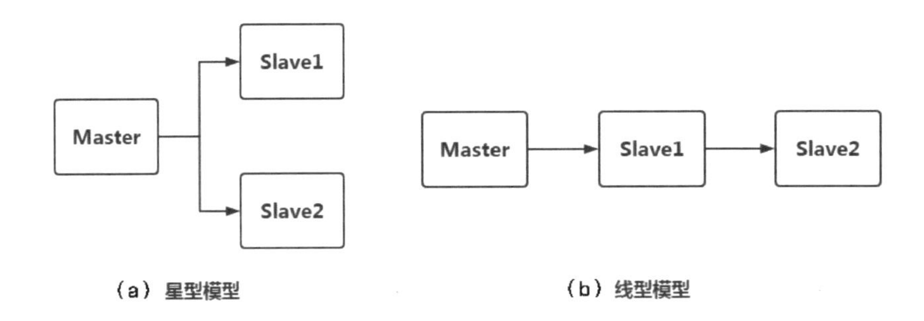

图 4-1

在实际生产环境中，星型模型的 Redis 主从复制架构使用得更加广泛。

下面演示如何基于 3 个节点部署星型模型的 Redis 主从复制。表 4-1 中列出了相关的配置信息。

表 4-1

角　色	配置文件	配置参数
主节点	redis6379.conf	dbfilename dump6379.rdb appendfilename "appendonly6379.aof"
从节点 1	redis6380.conf	port 6380 dbfilename dump6380.rdb appendfilename "appendonly6380.aof" replicaof localhost 6379
从节点 2	redis6381.conf	port 6381 dbfilename dump6381.rdb appendfilename "appendonly6381.aof" replicaof localhost 6379

部署 Redis 主从复制的核心参数是 replicaof <masterip> <masterport>。

（1）启动 3 个 Redis 实例。

```
bin/redis-server conf/redis6379.conf
bin/redis-server conf/redis6380.conf
bin/redis-server conf/redis6381.conf
```

（2）使用 ps 命令确定后台的 Redis 进程。

```
ps -ef|grep redis
```

输出的信息如下：

```
root 127715 1 0 09:56 ? 00:00:00 bin/redis-server *:6379
root 127737 1 0 09:58 ? 00:00:00 bin/redis-server *:6380
root 127745 1 0 09:58 ? 00:00:00 bin/redis-server *:6381
```

（3）使用 Redis 的客户端登录 Redis 主从复制的主节点。

```
bin/redis-cli
```

（4）使用 info 命令查看 Redis 主从复制的统计信息。

```
127.0.0.1:6379> info replication
```

输出的信息如下：

```
# Replication
role:master
connected_slaves:2
slave0:ip=::1,port=6380,state=online,offset=126,lag=0
slave1:ip=::1,port=6381,state=online,offset=126,lag=1
master_failover_state:no-failover
master_replid:308d9c7931bd283987b72f5facb310280f8bdfee
master_replid2:0000000000000000000000000000000000000000
master_repl_offset:126
second_repl_offset:-1
repl_backlog_active:1
repl_backlog_size:1048576
repl_backlog_first_byte_offset:1
repl_backlog_histlen:126
```

表 4-2 中列出了各个参数的含义。

表 4-2

参　数	说　明
role	Redis 实例的角色。主节点为 Master，从节点为 slave
connected_slaves	连接的从节点数量
slave[n]	从节点的地址和状态
master_failover_state	用于追踪当前故障转移（failover）的状态，可以有以下几种值。 • no-failover：当前没有正在协调中的故障转移。 • waiting-for-sync：主节点正在等待从节点来获取它的副本数据偏移值。 • failover-in-progress：主节点已经降级了，并试图将所有权移交给目标从节点
master_replid	主节点唯一的 ID

续表

参　数	说　明
master_replid2	主节点唯一的第 2 个 ID，全零表示没有第 2 个主节点
master_repl_offset	副本偏移量
second_repl_offset	第 2 个副本的偏移量
repl_backlog_active	增量复制的激活状态。0 表示未激活，1 表示已激活
repl_backlog_size	增量复制的大小
repl_backlog_first_byte_offset	第 1 次增量复制的偏移量
repl_backlog_histlen	增量复制积压量

（5）在主节点上写入数据，验证在从节点上是否能够读到该数据。

默认情况下，从节点是只读状态。在从节点上插入数据时会出现以下错误信息：

127.0.0.1:6380> set key2 "Hello Redis"

(error) READONLY You can't write against a read only replica.

4.1.2　Redis 主从复制的源码剖析

Redis 主从复制是通过 replicaofCommand()函数完成的，在源码的 replication.c 中可以找到该函数的实现。

```
void replicaofCommand(client *c) {
   /* 如果服务器当前处于集群模式，则不可以执行此操作 */
  if (server.cluster_enabled) {
    addReplyError(c,"REPLICAOF not allowed in cluster mode.");
    return;
  }

  /* 如果服务器当前处于迁移过程，则不可以执行此操作 */
  if (server.failover_state != NO_FAILOVER) {
    addReplyError(c,"REPLICAOF not allowed while failing over.");
    return;
  }

  /*关闭从节点复制功能，并由从节点身份变回主节点身份，原来同步所得的数据集不会被丢弃*/
  if (!strcasecmp(c->argv[1]->ptr,"no") &&
    !strcasecmp(c->argv[2]->ptr,"one")) {
     /* 如果当前服务器的主节点的名称不为 NULL */
    if (server.masterhost) {
         /* 取消复制操作，设置服务器为主服务器 */
         replicationUnsetMaster();
```

```
            /* 获取client的各种信息，以SDS形式返回，并打印到日志中 */
            sds client = catClientInfoString(sdsempty(),c);
            serverLog(LL_NOTICE,
    "MASTER MODE enabled(user request from '%s')",
                        client);
            /* 释放内存 */
            sdsfree(client);
        }
      } else {
        /* 设置port临时变量 */
        long port;
        /* 如果当前客户端已经是一个从节点 */
        if (c->flags & CLIENT_SLAVE)
        {
          /* If a client is already a replica they cannot run this command,
           * because it involves flushing all replicas (including this
           * client) */
         /* 返回错误，给出错误提示：当前机器已经被部署为从节点，不可以使用此命令 */
          addReplyError(c, "Command is not valid when client is a replica.");
          return;
        }
         /* 获取端口号 */
        if ((getLongFromObjectOrReply(c, c->argv[2], &port, NULL) != C_OK))
          return;
          /*
         如果已经存在从属于主节点，且命令参数指定的主节点的 host 及 port 信息和
server.masterhost、server.masterport相等，则给出“已经是指定主机指定端口的主服务器的
从节点了”信息，并直接返回
          */
          if (server.masterhost &&
    !strcasecmp(server.masterhost,c->argv[1]->ptr)
          && server.masterport == port) {
          serverLog(LL_NOTICE,
    "REPLICAOF would result into synchronization "
                  "with the master we are already connected "
                  "with. No operation performed.");
          addReplySds(c,sdsnew("+OK Already connected to specified "
                   "master\r\n"));
          return;
        }
        /* 设置Master节点的端口号和IP 地址*/
        replicationSetMaster(c->argv[1]->ptr, port);
        sds client = catClientInfoString(sdsempty(),c);
        serverLog(LL_NOTICE,
    "REPLICAOF %s:%d enabled (user request from '%s')",
```

```
        server.masterhost, server.masterport, client);
        sdsfree(client);
    }
    addReply(c,shared.ok);
}
```

4.2 基于哨兵的高可用架构

在 Redis 主从复制模式下，一旦主节点由于故障不能提供服务，则需要手动将从节点晋升为主节点，同时要通知客户端更新主节点地址。这种故障处理方式是程序员无法接受的。

Redis 在 2.4 版本以后提供了哨兵（Sentinel）机制来解决这个问题。基于 Redis 哨兵的高可用（HA）架构如图 4-2 所示。

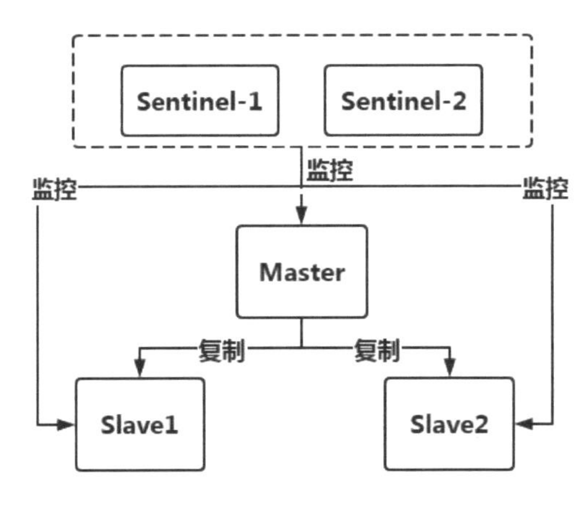

图 4-2

4.2.1 部署 Redis 哨兵

下面部署 Redis 哨兵。

（1）从 Redis 的安装包目录下复制哨兵的配置文件到 Redis 的安装目录下。

```
cp sentinel.conf /root/training/redis/conf/
```

（2）修改哨兵的配置文件“/root/training/redis/conf/sentinel.conf”。

```
...
# Note: master name should not include special characters or spaces.
# The valid charset is A-z 0-9 and the three characters ".-_".
sentinel monitor mymaster 127.0.0.1 6379 1
...
```

这里配置了“只要有一个哨兵没有接收到主节点的心跳，Redis 就进行主从节点的切换”。

（3）启动 Redis 哨兵。

```
bin/redis-sentinel conf/sentinel.conf
```

输出的信息如下：

```
... oO0OoO0OoO0Oo Redis is starting oO0OoO0OoO0Oo
... Redis version=6.2.6, bits=64, commit=00000000, modified=0, pid=3730,
just started
... Configuration loaded
... Increased maximum number of open files to 10032 (it was originally set
to 1024).
...* monotonic clock: POSIX clock_gettime
... Sentinel ID is b2f34a81abbac4f37ac42accc4b59a0ff98859f3
... +monitor master mymaster 127.0.0.1 6379 quorum 1
... +slave slave [::1]:6380 ::1 6380 @ mymaster 127.0.0.1 6379
... +slave slave [::1]:6381 ::1 6381 @ mymaster 127.0.0.1 6379
... +slave slave [::1]:6382 ::1 6382 @ mymaster 127.0.0.1 6379
```

（4）查看 Redis 主节点的进程信息。

```
ps -ef|grep redis-server
```

输出的信息如下：

```
root      3509  ... bin/redis-server *:6380
root      3609  ... bin/redis-server *:6381
root      3617  ... bin/redis-server *:6382
root      3781  ... grep --color=auto redis-server
root    127715  ... bin/redis-server *:6379
```

（5）使用 kill 命令“杀掉”127715 进程，以模拟主节点宕机。

```
kill -9 127715
```

（6）等待 30s 后，观察 Redis 哨兵的输出信息。

```
...
+sdown master mymaster 127.0.0.1 6379
+odown master mymaster 127.0.0.1 6379 #quorum 1/1
+new-epoch 1
+try-failover master mymaster 127.0.0.1 6379
+vote-for-leader b2f34a81abbac4f37ac42accc4b59a0ff98859f3 1
+elected-leader master mymaster 127.0.0.1 6379
```

```
+failover-state-select-slave master mymaster 127.0.0.1 6379
+selected-slave slave [::1]:6380 ::1 6380 @ mymaster 127.0.0.1 6379
+failover-state-send-slaveof-noone slave [::1]:6380 ::1 6380 @ mymaster 127.0.0.1 6379
+failover-state-wait-promotion slave [::1]:6380 ::1 6380 @ mymaster 127.0.0.1 6379
+promoted-slave slave [::1]:6380 ::1 6380 @ mymaster 127.0.0.1 6379
+failover-state-reconf-slaves master mymaster 127.0.0.1 6379
+slave-reconf-sent slave 127.0.0.1:6382 127.0.0.1 6382 @ mymaster 127.0.0.1 6379
+slave-reconf-inprog slave 127.0.0.1:6382 127.0.0.1 6382 @ mymaster 127.0.0.1 6379
+slave-reconf-done slave 127.0.0.1:6382 127.0.0.1 6382 @ mymaster 127.0.0.1 6379
+slave-reconf-sent slave [::1]:6382 ::1 6382 @ mymaster 127.0.0.1 6379
+slave-reconf-inprog slave [::1]:6382 ::1 6382 @ mymaster 127.0.0.1 6379
+slave-reconf-done slave [::1]:6382 ::1 6382 @ mymaster 127.0.0.1 6379
+slave-reconf-sent slave 127.0.0.1:6380 127.0.0.1 6380 @ mymaster 127.0.0.1 6379
+slave-reconf-inprog slave 127.0.0.1:6380 127.0.0.1 6380 @ mymaster 127.0.0.1 6379
+failover-end-for-timeout master mymaster 127.0.0.1 6379
+failover-end master mymaster 127.0.0.1 6379
+slave-reconf-sent-be slave 127.0.0.1:6380 127.0.0.1 6380 @ mymaster 127.0.0.1 6379
+slave-reconf-sent-be slave 127.0.0.1:6381 127.0.0.1 6381 @ mymaster 127.0.0.1 6379
+slave-reconf-sent-be slave [::1]:6381 ::1 6381 @ mymaster 127.0.0.1 6379
+switch-master mymaster 127.0.0.1 6379 ::1 6380
+slave slave 127.0.0.1:6382 127.0.0.1 6382 @ mymaster ::1 6380
+slave slave [::1]:6382 ::1 6382 @ mymaster ::1 6380
+slave slave 127.0.0.1:6380 127.0.0.1 6380 @ mymaster ::1 6380
+slave slave 127.0.0.1:6381 127.0.0.1 6381 @ mymaster ::1 6380
+slave slave [::1]:6381 ::1 6381 @ mymaster ::1 6380
+slave slave 127.0.0.1:6379 127.0.0.1 6379 @ mymaster ::1 6380
...
```

从输出的信息可以看出，运行在 6380 端口的 Redis 实例被选举为主节点了。

4.2.2 哨兵的主要配置参数

在配置文件 sentinel.conf 中，关于哨兵的配置参数主要有以下几个：

```
port 26379
daemonize no
# 配置监听的主服务器，mymaster 代表主节点的别名，可以自定义
sentinel monitor mymaster 127.0.0.1 6380 1

# 定义主节点的密码
sentinel auth-pass <master-name> <password>

# 指定在哨兵监控 Redis 主节点时，如果某个节点在一个默认毫秒数内没有收到某个主节点的心跳
信息
# 则单个哨兵认为该主节点已下线，默认为 30000 ms（30s）
sentinel down-after-milliseconds <master-name> <milliseconds>

# 指定在新的主节点被选举出后，允许同时有多少个从节点同步至新的主节点
# 一般而言，这个数字越小，则同步时间越长；这个数字越大，则对网络资源的要求越高
sentinel parallel-syncs <master-name> <numreplicas>

# 指定故障切换允许的毫秒数，超过这个时间就认为故障切换失败，默认为 3 分钟
sentinel failover-timeout <master-name> <milliseconds>
```

4.2.3 哨兵的工作原理

本节将从源码的角度剖析哨兵的工作原理，包括哨兵的启动、哨兵与节点的通信，以及选举的过程。

1. 哨兵的启动

在 server.c 的 main()函数中可以看出哨兵的启动过程。下面展示了源码中哨兵的启动过程。

```
int main(int argc, char **argv) {
 ...
 //检测是否以 Sentinel 模式启动
 server.sentinel_mode = checkForSentinelMode(argc,argv);
     if (server.sentinel_mode) {
        initSentinelConfig();
        initSentinel();
     }

 if (server.sentinel_mode)
     sentinelCheckConfigFile();

    //随机生成一个哨兵 ID，打印启动日志
    sentinelIsRunning();
     ...
}
```

2. 哨兵与节点通信详解

哨兵会有 3 个定时任务对各个节点实现监控。通信过程主要是在 sentinel.c 文件的 sentinelSendPeriodicCommands()函数中完成的。下面是几个与时间间隔相关的宏定义。

```
#define SENTINEL_INFO_PERIOD 10000
#define SENTINEL_PING_PERIOD 1000
#define SENTINEL_ASK_PERIOD 1000
#define SENTINEL_PUBLISH_PERIOD 2000
#define SENTINEL_DEFAULT_DOWN_AFTER 30000
#define SENTINEL_HELLO_CHANNEL "__sentinel__:hello"
```

首先，哨兵每隔 10s 向主从节点发送 info 命令以获取最新的网络拓扑结构。

```
/* Send INFO to masters and slaves, not sentinels. */
if ((ri->flags & SRI_SENTINEL) == 0 &&
     (ri->info_refresh == 0 ||
     (now - ri->info_refresh) > info_period))
{
 retval = redisAsyncCommand(ri->link->cc,
     sentinelInfoReplyCallback, ri, "%s",
     sentinelInstanceMapCommand(ri,"INFO"));
 if (retval == C_OK) ri->link->pending_commands++;
}
```

然后，哨兵每隔 2s 发送 Hello 消息来和其他哨兵沟通。

```
/* PUBLISH hello messages to all the three kinds of instances. */
if ((now - ri->last_pub_time) > SENTINEL_PUBLISH_PERIOD) {
 sentinelSendHello(ri);
}
```

最后，哨兵会每秒发送一次心跳命令给其他所有的节点，以判断节点的可到达性。

```
/* Send PING to all the three kinds of instances. */
if ((now - ri->link->last_pong_time) > ping_period &&
        (now - ri->link->last_ping_time) > ping_period/2) {
 sentinelSendPing(ri);
}
```

3. 选举新的主节点的过程

当主节点宕机后，哨兵会进行主从切换。从节点要成为新的主节点，必须具备如下条件：

- 跳过处于宕机状态的从节点。
- 跳过无法通信的从节点。
- 跳过 5s 没有接收到心跳的从节点。

- 跳过没有设置优先级的从节点。
- 跳过未及时响应 info 消息的从节点。
- 跳过太长时间没和主节点通信的从节点。

具体的选举过程在源码 sentinel.c 中的 sentinelSelectSlave()函数中完成，下面展示了该函数的定义。

```
sentinelRedisInstance *sentinelSelectSlave(sentinelRedisInstance *master)
{
  sentinelRedisInstance **instance =
zmalloc(sizeof(instance[0])*dictSize(master->slaves));
  sentinelRedisInstance *selected = NULL;
  int instances = 0;
  dictIterator *di;
  dictEntry *de;
  mstime_t max_master_down_time = 0;

  if (master->flags & SRI_S_DOWN)
    max_master_down_time += mstime() - master->s_down_since_time;
  max_master_down_time += master->down_after_period * 10;

  di = dictGetIterator(master->slaves);
  while((de = dictNext(di)) != NULL) {
    sentinelRedisInstance *slave = dictGetVal(de);
    mstime_t info_validity_time;

    if (slave->flags & (SRI_S_DOWN|SRI_O_DOWN)) continue;
    if (slave->link->disconnected) continue;
    if (mstime() - slave->link->last_avail_time
> SENTINEL_PING_PERIOD*5)
      continue;
    if (slave->slave_priority == 0) continue;

    if (master->flags & SRI_S_DOWN)
      info_validity_time = SENTINEL_PING_PERIOD*5;
    else
      info_validity_time = SENTINEL_INFO_PERIOD*3;
    if (mstime() - slave->info_refresh > info_validity_time) continue;
    if (slave->master_link_down_time > max_master_down_time) continue;
    instance[instances++] = slave;
  }
  dictReleaseIterator(di);
  if (instances) {
    qsort(instance,instances,sizeof(sentinelRedisInstance*),
      compareSlavesForPromotion);
```

```
    selected = instance[0];
  }
  zfree(instance);
  return selected;
}
```

4.3 Redis Cluster 集群

主从复制是 Redis 实现集群的一种方式，而 Redis Cluster 集群是 Redis 实现集群的另一种方式，同时它也是 Redis 提供数据分布式存储的解决方案。

4.3.1 什么是 Redis Cluster 集群

在日常使用 Redis 的过程中经常会遇到一些问题，例如：如何保证 Redis 的持续高可用性？如何实现单实例的扩展性？如何提升高并发时的性能？

在 Redis 3.0 版本中推出了 Redis Cluster 集群。它可以有效解决上述分布式方面的需求。当遇到单机的内存、并发和流量等瓶颈时，可以采用 Redis Cluster 集群架构以达到负载均衡的目的。

Redis Cluster 集群主要具有以下优势：

- 官方推荐，毋庸置疑。
- 去中心化，集群最大可支持 1000 个节点，性能随节点增加而线性提升。
- 管理方便，后续可自行增加/摘除节点、移动分槽等。
- 简单，易上手。

4.3.2 Redis Cluster 集群的体系架构

分布式数据库首先要解决“把整个数据集按照分区规则映射到多个节点”的问题，即把数据集划分到多个节点上，每个节点负责整个数据集的一个子集。常见的分区方式有哈希分区和顺序分区。Redis Cluster 集群采用哈希分区。

哈希分区的原理如图 4-3 所示。

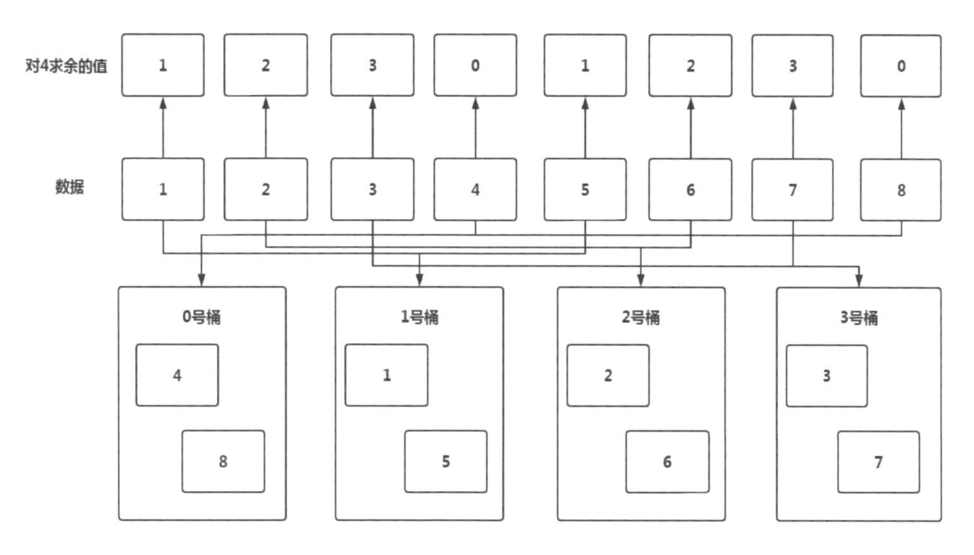

图 4-3

Redis Cluster 巧妙地使用了哈希值，使用分散度良好的哈希函数把所有的数据映射到一个固定范围内的整数集合。Redis Cluster 集群将该整数集合中的整数定义为槽（slot）。比如，Redis Cluster 集群槽的范围是 0～16383。槽是集群内数据管理和迁移的基本单位。

Redis Cluster 集群采用了虚拟槽分区，所有的键根据哈希函数被映射到 0～16383，计算公式：slot = CRC16(key) ÷ 16383。每一个节点负责维护一部分槽，以及槽所映射的键值数据。

下面以 6 个节点为例，来介绍 Redis Cluster 集群的体系架构，其中，3 个为 Master 节点，另外 3 个为 Slave 节点。体系架构如图 4-4 所示。

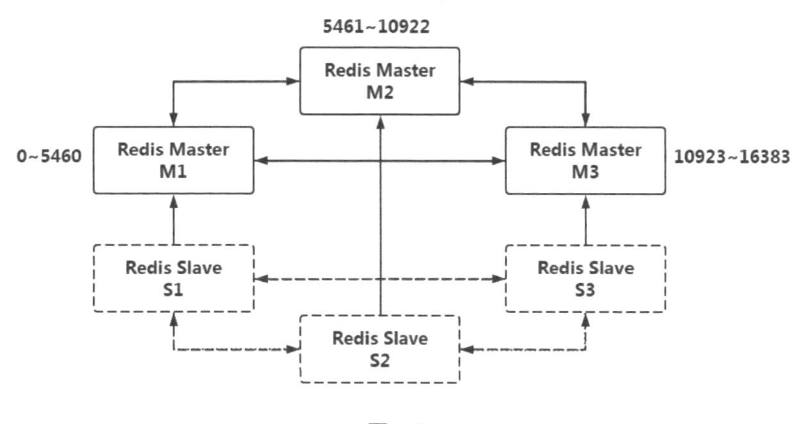

图 4-4

4.3.3 部署 Redis Cluster 集群

部署 Redis Cluster 集群，可以通过手动编辑配置文件来完成，这种方式比较灵活，也是在生产环境中常使用的方式。另外，Redis 提供了一个脚本用于快速部署 Redis Cluster 集群，但这种方式多用于开发和测试环境中。

1. 手动部署 Redis Cluster 集群

（1）复制 6 份 Redis 配置文件。

```
cp redis.conf /root/training/redis/conf/redis6379.conf
cp redis.conf /root/training/redis/conf/redis6380.conf
cp redis.conf /root/training/redis/conf/redis6381.conf
cp redis.conf /root/training/redis/conf/redis6382.conf
cp redis.conf /root/training/redis/conf/redis6383.conf
cp redis.conf /root/training/redis/conf/redis6384.conf
```

（2）以 redis6379.conf 为例修改配置文件的内容，需要修改的参数如下：

```
daemonize yes
port 6379
cluster-enabled yes
cluster-config-file nodes/nodes-6379.conf
cluster-node-timeout 15000
dbfilename dump6379.rdb
appendonly yes
appendfilename "appendonly6379.aof"
```

（3）按照同样的方式修改其他的 Redis 配置文件，如修改 redis6380.conf 后的内容如下：

```
daemonize yes
port 6380
cluster-enabled yes
cluster-config-file nodes/nodes-6380.conf
cluster-node-timeout 15000
dbfilename dump6380.rdb
appendonly yes
appendfilename "appendonly6380.aof"
```

（4）创建保存 Redis Cluster 集群节点配置信息的目录。

```
mkdir /root/training/redis/nodes
```

（5）启动所有的 Redis 实例。

```
bin/redis-server conf/redis6379.conf
bin/redis-server conf/redis6380.conf
bin/redis-server conf/redis6381.conf
bin/redis-server conf/redis6382.conf
```

```
bin/redis-server conf/redis6383.conf
bin/redis-server conf/redis6384.conf
```

（6）通过 ps 命令确定 Redis 实例的进程信息。

```
ps -ef|grep redis
```

输出的信息如下：

```
root      5383  ... bin/redis-server 127.0.0.1:6379 [cluster]
root      5385  ... bin/redis-server 127.0.0.1:6380 [cluster]
root      5387  ... bin/redis-server 127.0.0.1:6381 [cluster]
root      5397  ... bin/redis-server 127.0.0.1:6382 [cluster]
root      5403  ... bin/redis-server 127.0.0.1:6383 [cluster]
root      5413  ... bin/redis-server 127.0.0.1:6384 [cluster]
```

（7）初始化 Redis Cluster 集群。

```
bin/redis-cli --cluster create --cluster-replicas 1 \
127.0.0.1:6379 \
127.0.0.1:6380 \
127.0.0.1:6381 \
127.0.0.1:6382 \
127.0.0.1:6383 \
127.0.0.1:6384
```

输出的信息如下：

```
>>> Performing hash slots allocation on 6 nodes...
Master[0] -> Slots 0 - 5460
Master[1] -> Slots 5461 - 10922
Master[2] -> Slots 10923 - 16383
...
// 下面这里输入 yes
Can I set the above configuration? (type 'yes' to accept): yes
>>> Nodes configuration updated
>>> Assign a different config epoch to each node
>>> Sending CLUSTER MEET messages to join the cluster
...
[OK] All nodes agree about slots configuration.
>>> Check for open slots...
>>> Check slots coverage...
[OK] All 16384 slots covered.
```

（8）使用 Redis 客户端连接 Redis Cluster 集群。

```
bin/redis-cli -c
```

（9）查看 Redis Cluster 集群的统计信息。

```
127.0.0.1:6379> cluster info
```

输出的信息如下：

```
cluster_state:ok
cluster_slots_assigned:16384
cluster_slots_ok:16384
cluster_slots_pfail:0
cluster_slots_fail:0
cluster_known_nodes:6
cluster_size:3
cluster_current_epoch:6
cluster_my_epoch:1
cluster_stats_messages_ping_sent:152
cluster_stats_messages_pong_sent:151
cluster_stats_messages_sent:303
cluster_stats_messages_ping_received:146
cluster_stats_messages_pong_received:152
cluster_stats_messages_meet_received:5
cluster_stats_messages_received:303
```

2. 使用脚本部署 Redis Cluster 集群

（1）进入 Redis 源码的“utils/create-cluster”目录下，将脚本 create-cluster 复制到 Redis 安装目录的 bin 目录下。

```
cd /root/tools/redis-6.2.6/utils/create-cluster
cp create-cluster /root/training/redis/bin/
```

（2）查看脚本 create-cluster 的内容。

```
more /root/training/redis/bin/create-cluster
```

输出的信息如下：

```
#!/bin/bash

# Settings
BIN_PATH="/root/training/redis/bin"
CLUSTER_HOST=127.0.0.1
PORT=30000
TIMEOUT=2000
NODES=6
REPLICAS=1
PROTECTED_MODE=yes
ADDITIONAL_OPTIONS=""
...
```

（3）编辑脚本 create-cluster 设置 Redis 的 bin 路径。

```
...
# Settings
BIN_PATH="/root/training/redis/bin"
...
```

（4）启动 Redis Cluster 集群的节点。

```
bin/create-cluster start
```

输出的信息如下：

```
Starting 30001
Starting 30002
Starting 30003
Starting 30004
Starting 30005
Starting 30006
```

（5）通过 ps 命令查看 Redis 的后台进程信息。

```
ps -ef |grep redis-server
```

输出的信息如下：

```
... 4398  ... /root/training/redis/bin/redis-server *:30001 [cluster]
... 4400  ... /root/training/redis/bin/redis-server *:30002 [cluster]
... 4402  ... /root/training/redis/bin/redis-server *:30003 [cluster]
... 4412  ... /root/training/redis/bin/redis-server *:30004 [cluster]
... 4418  ... /root/training/redis/bin/redis-server *:30005 [cluster]
... 4424  ... /root/training/redis/bin/redis-server *:30006 [cluster]
```

（6）初始化 Redis Cluster 集群。

```
bin/create-cluster create
```

输出的信息如下：

```
>>> Performing hash slots allocation on 6 nodes...
Master[0] -> Slots 0 - 5460
Master[1] -> Slots 5461 - 10922
Master[2] -> Slots 10923 - 16383
...
// 说明，下面这里输入 yes
Can I set the above configuration? (type 'yes' to accept): yes
>>> Nodes configuration updated
>>> Assign a different config epoch to each node
>>> Sending CLUSTER MEET messages to join the cluster
Waiting for the cluster to join
...
[OK] All nodes agree about slots configuration.
```

```
>>> Check for open slots...
>>> Check slots coverage...
[OK] All 16384 slots covered.
```

（7）使用 Redis 客户端连接 Redis Cluster 集群。

```
bin/redis-cli -c -p 30001
```

（8）查看 Redis Cluster 集群的统计信息。

```
127.0.0.1:30001> cluster info
```

输出的信息如下：

```
cluster_state:ok                                  集群状态
cluster_slots_assigned:16384                      已分配的 slot 数量
cluster_slots_ok:16384                            ok 状况的 slot 数量
cluster_slots_pfail:0                             可能失效的 slot 数量
cluster_slots_fail:0                              已失效的 slot 数量
cluster_known_nodes:6                             集群中节点的数量
cluster_size:3                                    分片的数量
cluster_current_epoch:6                           集群中的版本数量
cluster_my_epoch:1                                当前节点的版本号
cluster_stats_messages_ping_sent:478              发送 ping 数量
cluster_stats_messages_pong_sent:480              发送 pong 数量
cluster_stats_messages_sent:958                   总发送的数量
cluster_stats_messages_ping_received:475          接收 ping 数量
cluster_stats_messages_pong_received:478          接收 pong 数量
cluster_stats_messages_received:958               总接收数量
```

4.3.4 【实战】操作与管理 Redis Cluster 集群

在部署完 Redis Cluster 集群后，可通过 Redis 提供的相关命令来操作和管理 Redis Cluster 集群。下面来演示。

（1）查看 Redis Cluster 集群的节点信息。

```
> cluster nodes
```

输出的信息如下：

```
...
a1b8e2ab26a4b7c9ec20c62e61992e9efca39476          节点的 ID
127.0.0.1:6384@16384                              节点的地址
slave                                             节点的角色（Master 或 Slave）
41780e8f30a91c644cfec889bfce6cb02f977943          主节点的 ID
0 1650174772000 3 connected                       节点的状态

...
```

```
8aba2fafcfa5161315ff1dd645db3b75607128a6    节点的 ID
127.0.0.1:6380@16380                        节点的地址
master                                      节点的角色（Master 或 Slave）
- 0 1650174772912 2 connected 5461-10922    节点的状态

...

41780e8f30a91c644cfec889bfce6cb02f977943    节点的 ID
127.0.0.1:6381@16381                        节点的地址
myself,                                     当前正在操作的节点
master                                      节点的角色（Master 或 Slave）
- 0 1650174770000 3 connected 10923-16383   节点的状态
...
```

（2）使用 set 命令将数据存入 Redis Cluster 集群。

```
127.0.0.1:6379> set key1 aaa
-> Redirected to slot [9189] located at 127.0.0.1:6380
OK
127.0.0.1:6380> set key2 bbb
-> Redirected to slot [4998] located at 127.0.0.1:6379
OK
127.0.0.1:6379> set key3 ccc
OK
127.0.0.1:6379> set key4 ddd
-> Redirected to slot [13120] located at 127.0.0.1:6381
OK
```

（3）在扩容操作时，可以将 redis6384.conf 复制两份作为新节点的配置文件。

```
cp redis6384.conf /root/training/redis/conf/redis6385.conf
cp redis6384.conf /root/training/redis/conf/redis6386.conf
```

（4）修改 redis6385.conf 的对应参数值。

```
daemonize yes
port 6385
cluster-enabled yes
cluster-config-file nodes/nodes-6385.conf
cluster-node-timeout 15000
dbfilename dump6385.rdb
appendonly yes
appendfilename "appendonly6385.aof"
```

（5）修改 redis6386.conf 的对应参数值。

```
daemonize yes
port 6386
```

```
cluster-enabled yes
cluster-config-file nodes/nodes-6386.conf
cluster-node-timeout 15000
dbfilename dump6386.rdb
appendonly yes
appendfilename "appendonly6386.aof"
```

（6）启动新节点上的 Redis 实例。

```
bin/redis-server conf/redis6385.conf
bin/redis-server conf/redis6386.conf
```

（7）将 6385 节点上运行的 Redis 实例作为主节点加入 Redis Cluster 集群。

```
bin/redis-cli --cluster add-node 127.0.0.1:6385 127.0.0.1:6379
```

输出的信息如下：

```
>>> Adding node 127.0.0.1:6385 to cluster 127.0.0.1:6379
>>> Performing Cluster Check (using node 127.0.0.1:6379)
M: ac5a8bdb081163f9b6ca8bcba4bb15b1bde0391c 127.0.0.1:6379
   slots:[0-5460] (5461 slots) master
   1 additional replica(s)
S: 7032f4289d2f65d6600966793f2abf0ab7605147 127.0.0.1:6384
   slots: (0 slots) slave
   replicates ac5a8bdb081163f9b6ca8bcba4bb15b1bde0391c
M: a963cbd058f5570f703e5e24a1db9a185a3b9a61 127.0.0.1:6380
   slots:[5461-10922] (5462 slots) master
   1 additional replica(s)
S: c0b418a7f4937562597c85286146e971deb9f689 127.0.0.1:6382
   slots: (0 slots) slave
   replicates a963cbd058f5570f703e5e24a1db9a185a3b9a61
M: 12fb174c1ae55be4b7d435821ab42df54914540a 127.0.0.1:6381
   slots:[10923-16383] (5461 slots) master
   1 additional replica(s)
S: bc63d874fc38e9f0eee47742a58517ff2d0ce60f 127.0.0.1:6383
   slots: (0 slots) slave
   replicates 12fb174c1ae55be4b7d435821ab42df54914540a
[OK] All nodes agree about slots configuration.
>>> Check for open slots...
>>> Check slots coverage...
[OK] All 16384 slots covered.
>>> Send CLUSTER MEET to node 127.0.0.1:6385 to make it join the cluster.
[OK] New node added correctly.
```

（8）使用 Redis 客户端登录 Redis Cluster 集群，并查看节点的信息。

```
bin/redis-cli -c
127.0.0.1:6379> cluster nodes
```

新加入的 6385 节点上的 Redis 实例信息如下：

```
...
b37a13f4676d44dd7feaa3f210c6bc8596921622
127.0.0.1:6385@16385 master
- 0 1650178627000 0 connected
...
```

此时新加入的 6385 节点没有被分配任何的槽号。

（9）为 6385 节点加入一个从节点 6386。

```
bin/redis-cli --cluster add-node 127.0.0.1:6386 127.0.0.1:6379 \
--cluster-slave --cluster-master-id b37a13f4676d44dd7feaa3f210c6bc8596921622
```

输出的信息如下：

```
>>> Adding node 127.0.0.1:6386 to cluster 127.0.0.1:6379
>>> Performing Cluster Check (using node 127.0.0.1:6379)
...
[OK] All nodes agree about slots configuration.
>>> Check for open slots...
>>> Check slots coverage...
[OK] All 16384 slots covered.
>>> Send CLUSTER MEET to node 127.0.0.1:6386 to make it join the cluster.
Waiting for the cluster to join

>>> Configure node as replica of 127.0.0.1:6385.
[OK] New node added correctly.
```

（10）执行 cluster nodes 命令查看 Redis Cluster 集群中节点的信息。

```
127.0.0.1:6379> cluster nodes
```

输出的信息如下：

```
...
b37a13f4676d44dd7feaa3f210c6bc8596921622    6385 节点的 ID
127.0.0.1:6385@16385
master
- 0 1650178872982 0 connected
...
5c253bd1de9ebe2421f1613cc103ecfc37576733    6386 节点的 ID
127.0.0.1:6386@16386
slave
```

```
b37a13f4676d44dd7feaa3f210c6bc8596921622    从节点对应的主节点 ID
0 1650178870000 0 connected
```

（11）重新分配 Redis Cluter 集群的槽号。

```
bin/redis-cli --cluster reshard 127.0.0.1:6379
```

输出的信息如下：

```
...
[OK] All 16384 slots covered.
// 下面指定要移动多少个槽号到新的节点上
How many slots do you want to move (from 1 to 16384)? 2000

// 指定新节点的 ID
What is the receiving node ID? b37a13f4676d44dd7feaa3f210c6bc8596921622
Please enter all the source node IDs.
  Type 'all' to use all the nodes as source nodes for the hash slots.
  Type 'done' once you entered all the source nodes IDs.

// 输入 all 表示从所有已存在的主节点上移动一部分槽号到新的节点上
Source node #1: all

Do you want to proceed with the proposed reshard plan (yes/no)? yes
...
```

（12）使用 Redis 客户端登录 Redis Cluster 集群，并查看集群的统计信息。

```
127.0.0.1:6379> cluster info
```

输出的信息如下：

```
cluster_state:ok
cluster_slots_assigned:16384
cluster_slots_ok:16384
cluster_slots_pfail:0
cluster_slots_fail:0
cluster_known_nodes:8
cluster_size:4                                    分片的数量变成了 4 个
cluster_current_epoch:8
cluster_my_epoch:1
cluster_stats_messages_ping_sent:968
cluster_stats_messages_pong_sent:936
cluster_stats_messages_update_sent:1
cluster_stats_messages_sent:1905
cluster_stats_messages_ping_received:929
cluster_stats_messages_pong_received:2967
cluster_stats_messages_meet_received:7
cluster_stats_messages_received:3903
```

（13）查看 Redis Cluster 集群中的节点信息。

```
127.0.0.1:6379> cluster nodes
```

输出的信息如下：

```
...
b37a13f4676d44dd7feaa3f210c6bc8596921622
127.0.0.1:6385@16385
master - 0 1650179519000 8 connected 0-665 5461-6127 10923-11588
...
5c253bd1de9ebe2421f1613cc103ecfc37576733
127.0.0.1:6386@16386
slave
b37a13f4676d44dd7feaa3f210c6bc8596921622 0 1650179522140 8 connected
...
```

从输出的信息可以看出，Redis Cluster 集群为新加入的节点分配了相应的槽号。

4.3.5 【实战】实现 Redis Cluster 集群的代理分片

由于在 Redis Cluster 集群中存在多个主节点，因此在写入数据时，客户端需要有一种代理机制用于转发客户端的请求到 Redis Cluster 集群中。

Twemproxy 是一种代理分片机制，它由 Twitter 开源。Twemproxy 可接受来自多个应用程序的访问，然后将其按照路由规则转发给后台的各个 Redis 服务器，再原路返回。该方案很好地解决了单个 Redis 实例承载能力有限的问题。

基于 Twemproxy 的架构如图 4-5 所示。

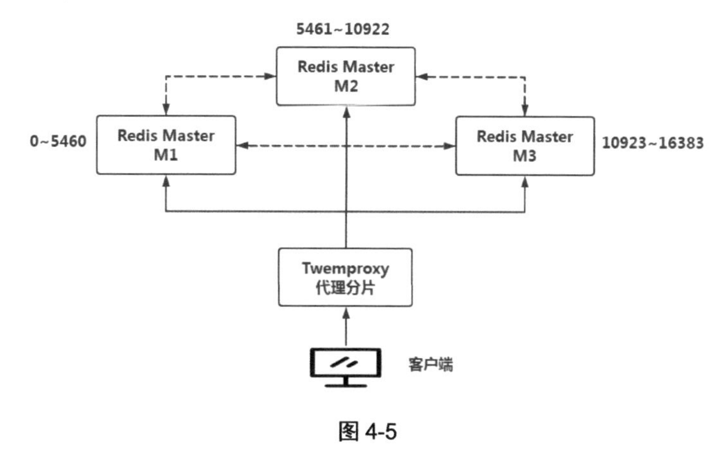

图 4-5

以下演示如何部署 Twemproxy。

（1）创建 Twemproxy 的安装目录。

```
mkdir -p /root/training/proxy
mkdir -p /root/training/proxy/conf
```

（2）解压缩 Twemproxy 的安装包。

```
tar -zxvf nutcracker-0.3.0.tar.gz
```

（3）编译并安装 Twemproxy。

```
cd nutcracker-0.3.0/
./configure --prefix=/root/training/proxy --enable-debug=log
make
make install
```

（4）复制 Twemproxy 的配置文件到 Twemproxy 的安装目录下。

```
cp conf/nutcracker.yml/root/training/proxy/conf
```

（5）安装完成后，使用 tree 命令查看“/root/training/proxy”目录的结构。

```
tree /root/training/proxy/
```

输出的信息如下：

```
/root/training/proxy/
├── conf
│   └── nutcracker.yml
├── sbin
│   └── nutcracker
└── share
    └── man
        └── man8
            └── nutcracker.8
```

（6）编辑“/root/training/proxy/conf/nutcracker.yml”文件，使用以下内容替换原来的配置信息。

```
alpha:
  listen: 127.0.0.1:22121
  hash: fnv1a_64
  distribution: ketama
  auto_eject_hosts: true
  redis: true
  server_retry_timeout: 2000
  server_failure_limit: 1
  servers:
   - 127.0.0.1:6379:1
```

```
    - 127.0.0.1:6380:1
    - 127.0.0.1:6381:1
```

（7）验证配置文件“/root/training/proxy/conf/nutcracker.yml”。

```
sbin/nutcracker -t conf/nutcracker.yml
```

如果配置文件没有错误，则输出的信息如下：

```
nutcracker: configuration file 'conf/nutcracker.yml' syntax is ok
```

（8）启动 Twemproxy。

```
sbin/nutcracker -d -c conf/nutcracker.yml -o ./proxy.log
```

（9）使用 Redis 客户端通过 Twemproxy 连接 Redis Cluster 集群。

```
bin/redis-cli -c -p 22121
```

（10）通过 get 语句获取数据。

```
127.0.0.1:22121> get key1
-> Redirected to slot [9189] located at 127.0.0.1:6380
"aaa"
127.0.0.1:6380> get key2
-> Redirected to slot [4998] located at 127.0.0.1:6379
"bbb"
127.0.0.1:6379> get key3
"ccc"
127.0.0.1:6379> get key4
-> Redirected to slot [13120] located at 127.0.0.1:6381
"ddd"
```

通过输出的信息可以看到，get 操作被转发到 Redis Cluster 集群不同的主节点上了。

4.4　Codis 集群

Codis 集群是一个分布式系统的 Redis 解决方案。对于上层的应用来说，连接 Codis Proxy 和连接原生的 Redis Server 没有明显的区别。上层应用可以像使用单机的 Redis 那样使用 Codis 集群。而 Codis 集群底层会完成请求的转发、不停机的数据迁移等工作。所有后端的事情，对于客户端来说是透明的。可以简单地认为，后端连接的是一个内存容量无限大的 Redis 集群服务。

4.4.1 Codis 集群的体系架构

Codis 集群的体系架构如图 4-6 所示。

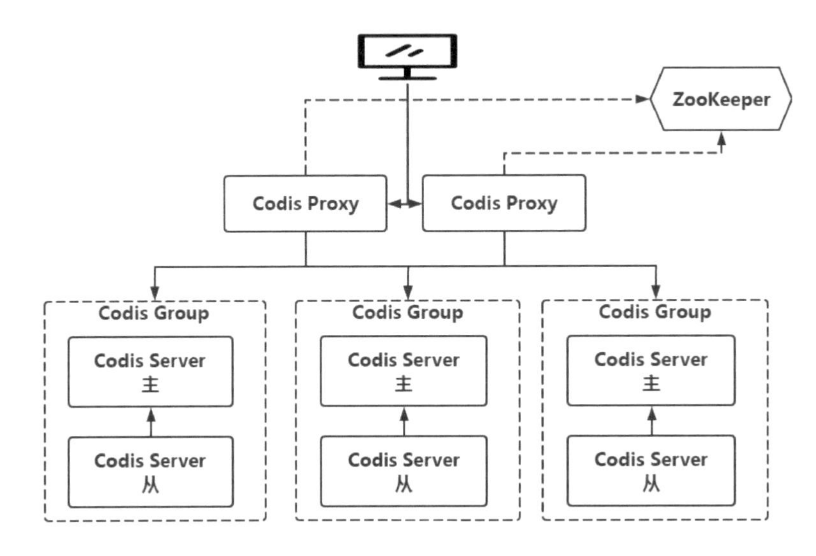

图 4-6

从图 4-6 可以看出，Codis 集群的体系架构包含 4 个组成部分，见表 4-3。

表 4-3

Codis 集群的组成部分	说　明
Codis Proxy	它是客户端连接 Codis 集群的代理。Codis Proxy 本身实现了 Redis 协议，表现得和一个原生的 Redis 没什么区别（就像 Twemproxy）。对于一个业务来说，可以部署多个 Codis Proxy。Codis Proxy 本身是没有状态的
Codis Server	它是 Codis 集群项目维护的一个 Redis 分支，基于 Redis 2.8.13 版本开发，加入了对 slot 的支持和原子的数据迁移指令。Codis 集群上层的 Codis Proxy 和 Codis Config 只能和 Redis 2.8.13 版本交互才能正常运行
ZooKeeper	它用来存放数据路由表和 Codis Proxy 节点的元数据，Codis Config 发起的命令都会通过 ZooKeeper 同步到各个存活的 Codis Proxy

在 Codis 集群内部有以下 3 个模块。

- Router 模块：负责将前端的请求转发给 Redis 实例。
- Model 模块：负责和 ZooKeeper 交互保持数据一致。在 ZooKeeper 中主要存储了 Group 配置、Proxy 配置、Slot 配置。
- Redis 模块：负责和 Redis 实例交互，将前端的命令转发给 Redis 实例并将结果返回。

4.4.2　部署 Codis 集群

下面演示如何部署 Codis 集群。

这里部署 Codis 集群所使用的介质如下：

codis-release3.2.zip

go1.8.4.linux-amd64.tar.gz

由于 Codis 集群依赖 Go 语言，因此需要先安装 Go 语言的运行环境。

（1）将 Go 语言的安装包解压缩到“/root/training”目录下。

```
tar -zxvf go1.8.4.linux-amd64.tar.gz -C /root/training/
```

（2）编辑“/root/.bash_profile”文件设置环境变量。

```
GOROOT=/root/training/go
export GOROOT
PATH=$GOROOT/bin:$PATH
export PATH
GOPATH=/root/go
export GOPATH
```

（3）生效环境变量。

```
source ~/.bash_profile
```

（4）开发 Go 语言程序测试 Go 语言环境——创建文件 hello.go 并输入以下代码。

```
package main

import "fmt"
func main(){
 fmt.Printf("hello,world\n")
}
```

（5）编译源码：

```
go build hello.go
```

（6）执行程序：

```
./hello
```

输出的信息如下：

```
hello,world
```

（7）创建 Codis 集群的解压缩目录。

```
mkdir -p $GOPATH/src/github.com/CodisLabs/codis
```

（8）解压缩 Codis 安装包，并将解压缩后的所有文件和目录复制到 Codis 的解压缩目录下。

```
unzip codis-release3.2.zip
cd codis-release3.2/
cp -r * $GOPATH/src/github.com/CodisLabs/codis
```

（9）编译 Codis。

```
cd $GOPATH/src/github.com/CodisLabs/codis
make
```

（10）在编译完成后，复制目录 bin、admin、config 到“/root/training/codis”目录下。

```
mkdir -p /root/training/codis
cp -r admin/ /root/training/codis
cp -r config/ /root/training/codis
cp -r bin/ /root/training/codis
```

（11）查看“/root/training/codis”目录的结构。

```
tree /root/training/codis
```

输出的信息如下：

```
/root/training/codis/
├── admin
│   ├── codis-dashboard-admin.sh
│   ├── codis-fe-admin.sh
│   ├── codis-proxy-admin.sh
│   └── codis-server-admin.sh
├── bin
│   ├── assets
│   ├── codis-admin
│   ├── codis-dashboard
│   ├── codis-fe
│   ├── codis-ha
│   ├── codis-proxy
│   ├── codis-server
│   ├── redis-benchmark
│   ├── redis-cli
│   ├── redis-sentinel
│   └── version
└── config
    ├── dashboard.toml
    ├── proxy.toml
    ├── redis.conf
    └── sentinel.conf
```

```
4 directories, 18 files
```

（12）启动 Codis Dashboard。

```
cd /root/training/codis/
admin/codis-dashboard-admin.sh start
```

（13）查看启动 Codis Dashboard 的日志。

```
tail log/codis-dashboard.log.2022-04-17
```

输出的信息如下：

```
...
sentinel_parallel_syncs = 1
sentinel_down_after = "30s"
sentinel_failover_timeout = "5m"
sentinel_notification_script = ""
sentinel_client_reconfig_script = ""
fsclient.go:195: [INFO] fsclient - create /codis3/codis-demo/topom OK
topom_sentinel.go:169: [WARN] rewatch sentinels = []
main.go:179: [WARN] [0xc420297200] dashboard is working ...
topom.go:429: [WARN] admin start service on [::]:18080
```

（14）启动 Codis Proxy。

```
admin/codis-proxy-admin.sh start
```

（15）查看启动 Codis Proxy 的日志。

```
tail log/codis-proxy.log.2022-04-17
```

输出的信息如下：

```
...
proxy.go:293: [WARN] [0xc42008b340] set sentinels = []
main.go:343: [WARN] rpc online proxy seems OK
main.go:233: [WARN] [0xc42008b340] proxy is working ...
```

（16）启动 Codis Server。

```
admin/codis-server-admin.sh start
```

（17）查看启动 Codis Server 的日志。

```
tail /tmp/redis_6379.log
```

输出的信息如下：

```
...
The server is now ready to accept connections on port 6379
```

（18）启动 Codis FE。

```
admin/codis-fe-admin.sh start
```

（19）查看启动 Codis FE 的日志。

```
tail log/codis-fe.log.2022-04-17
```

输出的信息如下：

```
main.go:101: [WARN] set ncpu = 1
main.go:104: [WARN] set listen = 0.0.0.0:9090
main.go:120: [WARN] set assets = /root/training/codis/bin/assets
main.go:162: [WARN] set --filesystem = /tmp/codis
```

（20）通过浏览器访问集群管理页面（默认端口号是 9090），选择刚搭建的集群 codis-demo，如图 4-7 所示。

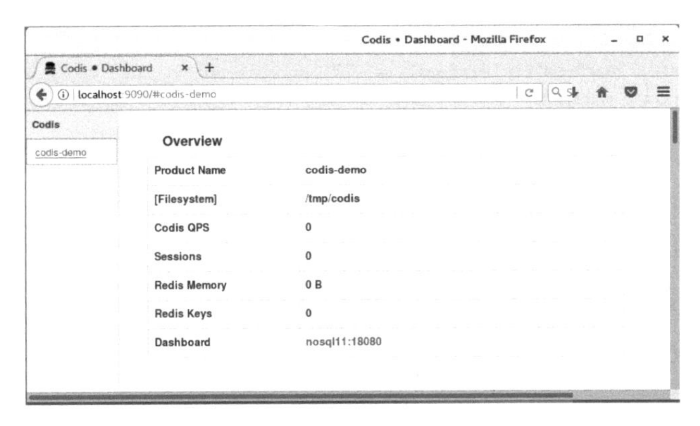

图 4-7

（21）往下滚动页面，在 Proxy 栏中可看到已经启动的 Proxy，如图 4-8 所示。

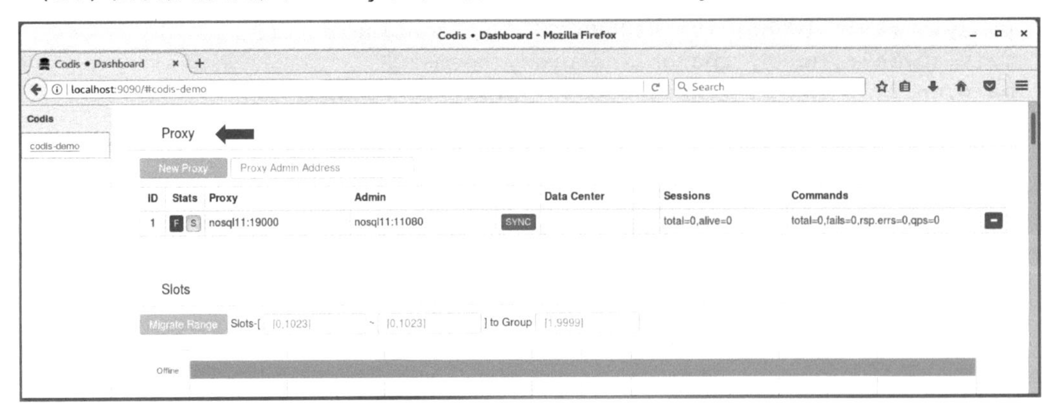

图 4-8

（22）往下滚动页面，查看 Codis 中的 Group 信息，此时会发现没有任何的 Group 信息，如图 4-9 所示。

图 4-9

4.4.3 【实战】基于 Codis 集群的主从复制

利用 Codis 提供的集群管理页面，可以非常方便地实现主从复制功能。下面来演示。

（1）在 Group 栏中的“New Group”对话框中输入 Group ID，例如输入 1，然后单击“New Group”按钮以添加新的组，如图 4-10 所示。

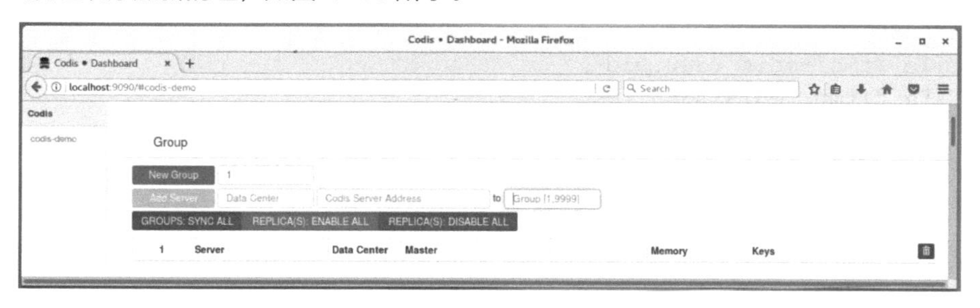

图 4-10

（2）在 Group 栏中的 Add Server 对话框中输入要添加的 Codis Server 地址，例如运行在 6379 上的 Codis Server 的地址，如图 4-11 所示。

（3）单击“Add Server”按钮将其加入 Codis Group 中，如图 4-12 所示。

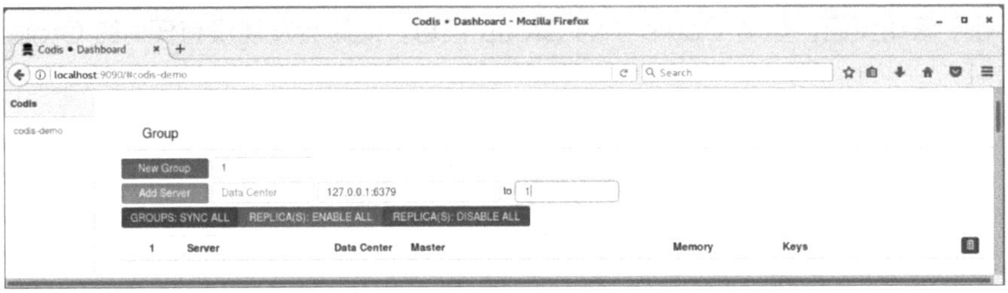

图 4-11

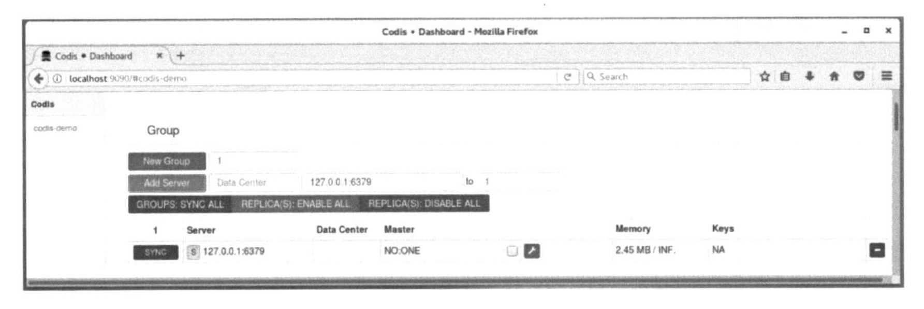

图 4-12

（4）为了实现主从复制，需要运行一个新的 Codis Server，因此创建一个新的配置文件。

```
cd /root/training/codis
cp config/redis.conf config/redis6380.conf
```

（5）编辑“/root/training/codis/config/redis6380.conf”文件修改以下参数。

```
port 6380
pidfile /tmp/redis_6380.pid
logfile "/tmp/redis_6380.log"
```

（6）启动新创建的 Codis Server。

```
bin/codis-server config/redis6380.conf
```

（7）将新启动的 Codis Server 加入 Group 1 中，如图 4-13 所示。

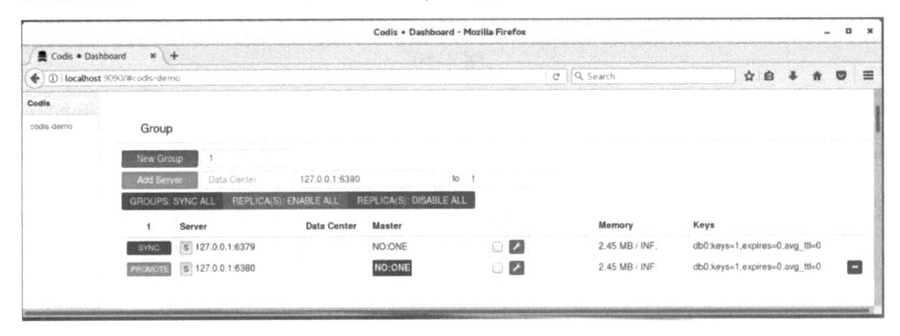

图 4-13

此时还没有指定主从复制中的主节点和从节点。

（8）将光标放到 6380 节点后面的上，此时会弹出一个提示框表示将其设置为 6379 节点的从节点，如图 4-14 所示。

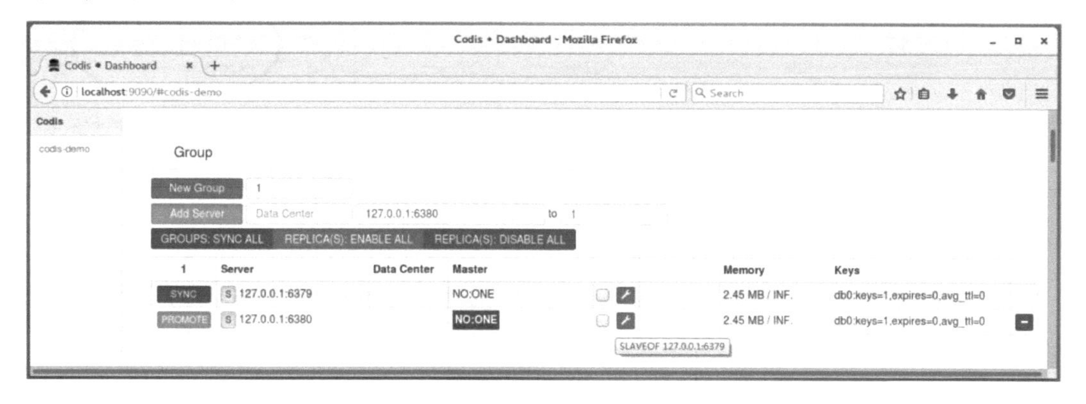

图 4-14

（9）单击图标完成主从复制的搭建，结果如图 4-15 所示。

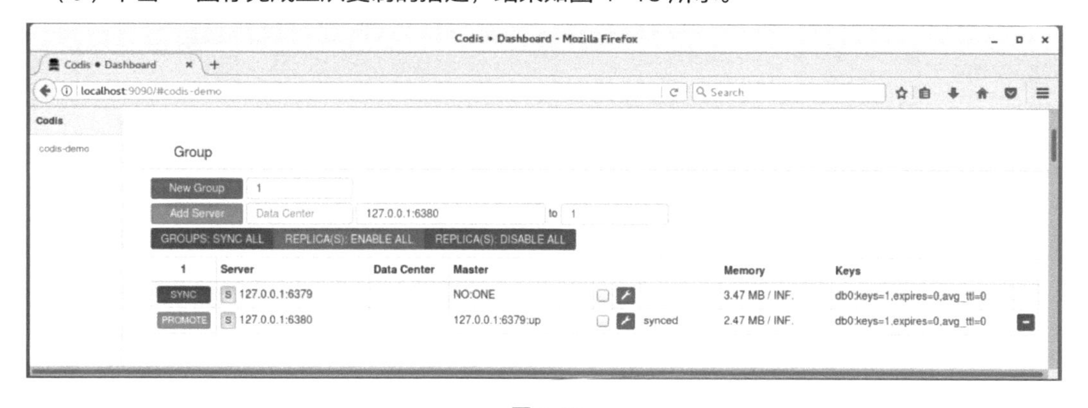

图 4-15

（10）使用 Codis 的命令行工具客户端连接 6379 主节点，并插入一些数据。

（11）刷新 Web 界面可以观察到数据已经自动进行了同步，如图 4-16 所示。

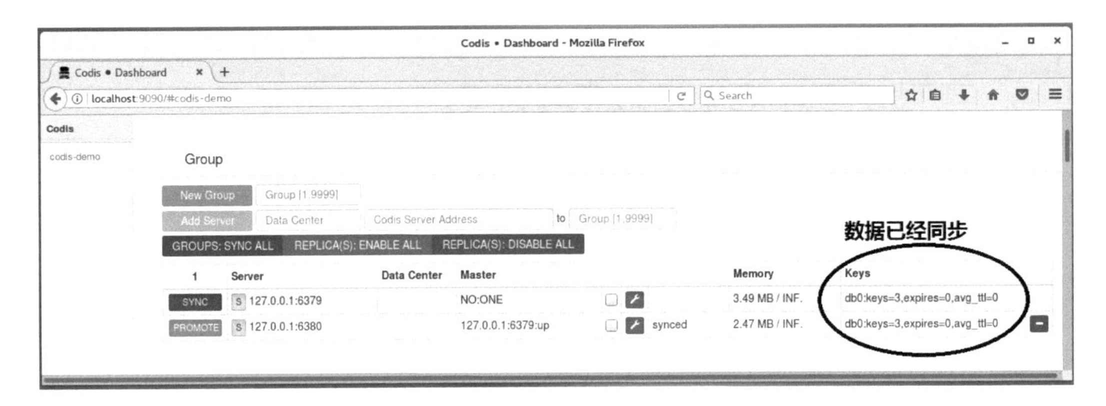

图 4-16

4.4.4 【实战】基于 Codis 集群的数据分布式存储

利用 Codis 提供的集群管理页面，可以非常方便地实现数据的分布式存储。为了实现数据的分布式存储，需要再添加一个新的 Codis Group。下面来演示。

（1）按照 4.3 节中的步骤创建一个 ID 为 2 的 Codis Group，并在其中添加两个 Codis Server，如图 4-17 所示。

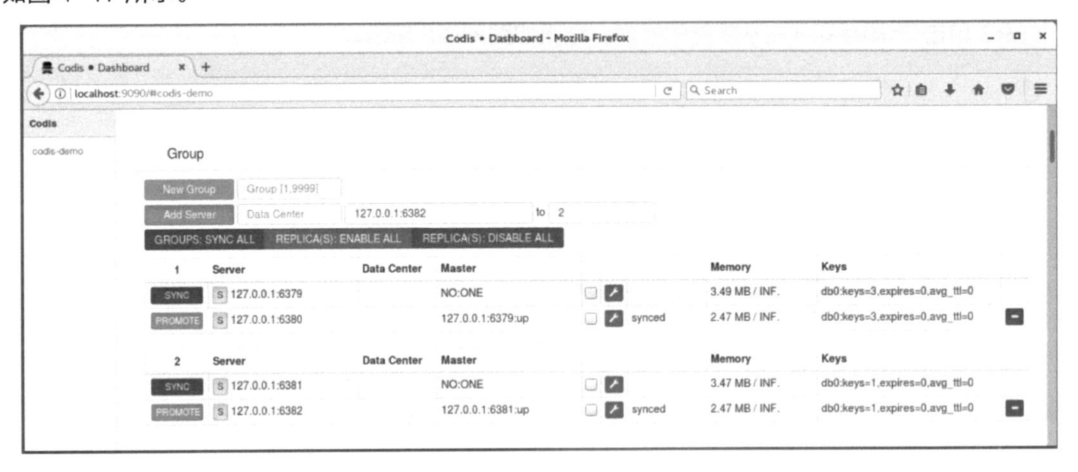

图 4-17

（2）在 Slots 栏中为 Group 1 和 Group 2 分配槽号（Slot），如图 4-18 所示。

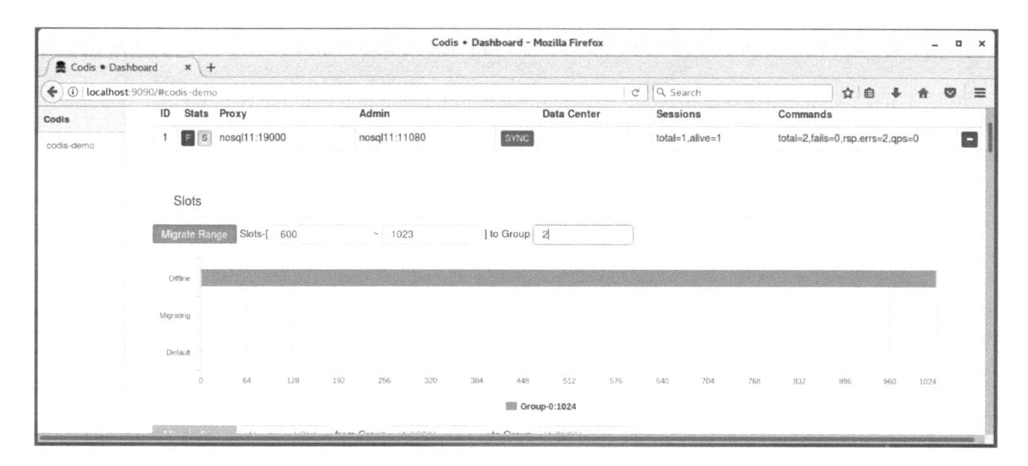

图 4-18

这里将 600～1023 槽号分配给了 Group 2，把 1～599 槽号分配给了 Group 1。

（3）单击“Migrate Range”按钮进行 Slot 的分配，如图 4-19 所示。完成后单击 OK 按钮。

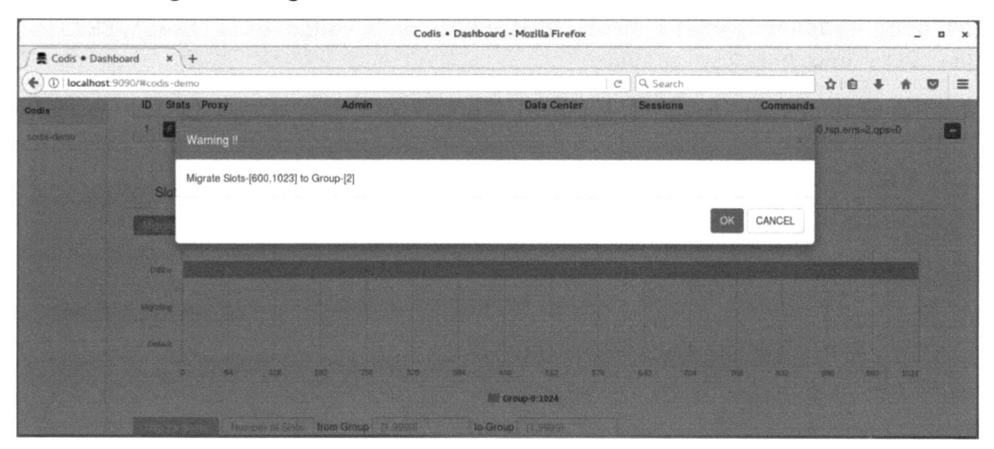

图 4-19

（4）分配完 Slot 后的页面如图 4-20 所示。

图 4-20

（5）使用 Codis 的命令行客户端连接 Codis Proxy。

```
bin/redis-cli -c -p 19000
```

（6）使用 Lus 脚本向 Codis 集群中插入数据。

```
127.0.0.1:19000> eval "for i=1,500 do redis.call('set',KEYS[1]..i, ARGV[1]..i); end;" 1 mykey myvalue
127.0.0.1:19000> eval "for i=1,500 do redis.call('set',KEYS[1]..i, ARGV[1]..i); end;" 1 key value
```

（7）刷新 Codis FE 的 Web 界面可以看到，数据被存储在不同的 Codis Group 中，如图 4-21 所示。

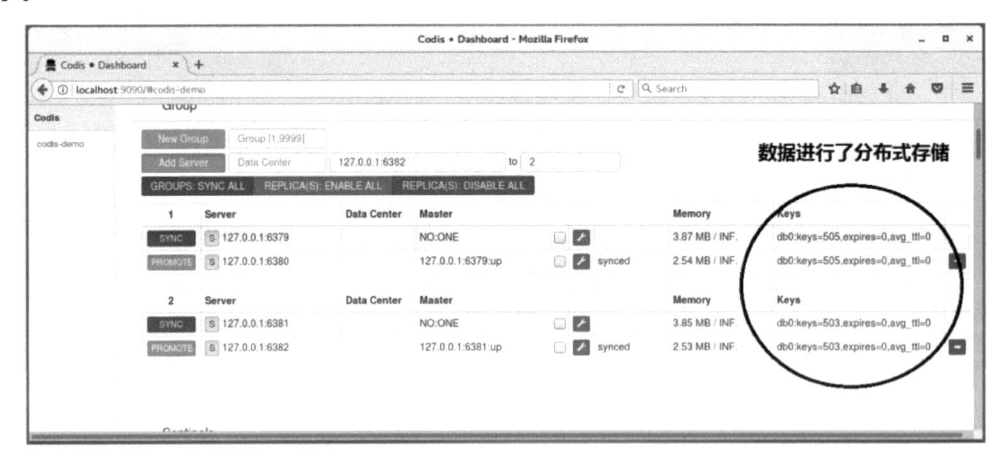

图 4-21

第 5 章 Redis 故障诊断与优化

任何服务和组件都需要一套完善、可靠的监控方案。尤其对 Redis 这类纯内存、高并发和低延时的服务来说，一套完善、可靠的监控方案是精细化运营的前提。当 Redis 在运行过程中出现问题时，需要及时对问题进行诊断和优化。

5.1 监控 Redis

对运行中的 Redis 实例进行监控，是运维管理中非常重要的内容，包括监控 Redis 的内存、Redis 的吞吐量、Redis 的运行时信息和 Redis 的延时。通过 Redis 提供的监控命令，能非常方便地监控各项指标。

5.1.1 监控 Redis 的内存

监控 Redis 的内存最直接的方法是，使用系统提供的 info 命令。只需要执行以下命令，即可获得 Redis 关于内存的状态报告。

```
bin/redis-cli info |grep mem
```

输出的信息如下：

```
used_memory:873720                    Redis 被分配的总内存量
used_memory_human:853.24K             以可读方式展示 Redis 被分配的总内存量
used_memory_rss:9809920               Redis 占用的总内存量
used_memory_rss_human:9.36M           以可读方式展示 Redis 占用的总内存量
used_memory_peak:931792               内存使用量的峰值
```

```
used_memory_peak_human:909.95K        以可读方式展示内存使用量的峰值
used_memory_peak_perc:93.77%          内存使用量峰值的百分比
used_memory_overhead:810000           缓冲区占用的内存量
used_memory_startup:809992            启动 Redis 实例时消耗的内存量
used_memory_dataset:63720             Redis 数据所占用的内存量
used_memory_dataset_perc:99.99%       Redis 数据所占用内存的百分比
total_system_memory:4126871552        操作系统总内存量
total_system_memory_human:3.84G       以可读方式展示操作系统的总内存量
used_memory_lua:37888                 Lua 脚本消耗的内存量
used_memory_lua_human:37.00K          以可读方式展示 Lua 脚本消耗的内存量
used_memory_scripts:0
used_memory_scripts_human:0B
maxmemory:0
maxmemory_human:0B
maxmemory_policy:noeviction
mem_fragmentation_ratio:12.11         内存的碎片率
mem_fragmentation_bytes:8999912       内存碎片的大小
mem_not_counted_for_evict:4
mem_replication_backlog:0
mem_clients_slaves:0
mem_clients_normal:0
mem_aof_buffer:8
mem_allocator:jemalloc-5.1.0          Redis 内存分配器的版本
```

5.1.2 监控 Redis 的吞吐量

通过以下命令可以监控 Redis 的吞吐量。

```
127.0.0.1:6379 > info stats
```

输出的信息如下：

```
# Stats
total_connections_received:1        总的连接请求数
total_commands_processed:1          从 Redis 启动以来总计处理的命令数
instantaneous_ops_per_sec:0         当前 Redis 实例的 OPS
total_net_input_bytes:42            网络总入量
total_net_output_bytes:20324        网络总出量
instantaneous_input_kbps:0.00       每秒输入量，单位是 KB/s
instantaneous_output_kbps:0.00      每秒输出量，单位是 KB/s
rejected_connections:0              被拒绝的连接数
...
```

5.1.3 监控 Redis 的运行时信息

Redis 提供的 info 命令，不仅能够查看实时的吞吐量，还能查看一些有用的运行时信息。

下面用 grep 命令过滤出一些比较重要的实时信息，比如已连接的/在阻塞的客户端、已用内存量、拒绝连接数、实时的 TPS 和数据流量等。

```
bin/redis-cli info | \
grep -e "connected_clients" \
-e "blocked_clients" \
-e "used_memory_human" \
-e "used_memory_peak_human" \
-e "rejected_connections" \
-e "evicted_keys" \
-e "instantaneous"
```

输出的信息如下：

```
connected_clients:2                  已连接的客户端数
blocked_clients:0                    已阻塞的客户端数
used_memory_human:2.41G              已使用的内存大小
used_memory_peak_human:2.41G         已使用内存大小的峰值
instantaneous_ops_per_sec:0          每秒处理的指令数
instantaneous_input_kbps:0.00        每秒读取的字节数
instantaneous_output_kbps:0.00       每秒写入的字节数
rejected_connections:0               被拒绝的连接数
evicted_keys:0                       自 Redis 实例启动以来被删除的键的数量
```

5.1.4　监控 Redis 的延时

Redis 中的延时，可以通过客户端进行手动监控，也可以由服务器进行自动监控。从客户端可以监控 Redis 的延迟，例如，不断 ping 服务端，记录服务端响应的时间。

下面打开两个终端，一个监控延迟，另一个监视服务端收到的命令。如果我们故意用 debug 命令制造延迟，则能看到一些输出上的变化。

监控服务端内部的延迟稍微麻烦一些，因为延迟记录的默认阈值是 0。尽管空间和时间耗费很小，但是 Redis 为了实现高性能默认关闭了它，所以我们要开启它并设置一个合理的阈值。

下面通过具体的示例进行演示。

（1）执行以下命令使用 Redis 客户端进行手动监控。

```
bin/redis-cli --latency
```

输出的信息如下：

```
min: 0, max: 1, avg: 0.22 (211 samples)
```

此时会发现，Redis 一直在执行延时的监控，并将结果输出到屏幕上。

（2）新开启一个 Redis 客户端，通过 debug 命令手动触发一个延时。

```
127.0.0.1:6379 > debug sleep 2
```

（3）观察第（1）步中输出的信息。

```
min: 0, max: 1991, avg: 0.40 (7557 samples)
```

这时可以看出，Redis 监控到目前产生的最大延时是 1991 ms，即约 2s。

（4）查看服务器内部的延迟监控阈值。

```
127.0.0.1:6379> config get latency-monitor-threshold
```

输出的信息如下：

```
1) "latency-monitor-threshold"
2) "0"
```

在默认情况下，Redis 关闭了服务器内部的延迟监控机制。

（5）设置服务器内部的延迟监控的阈值为 100 ms。

```
127.0.0.1:6379> config set latency-monitor-threshold 100
```

（6）手动触发一些延迟。

```
127.0.0.1:6379 > debug sleep 2
127.0.0.1:6379 > debug sleep .15
127.0.0.1:6379 > debug sleep .5
```

（7）使用 latency 命令查看产生的延迟信息。

```
# 查看最近一次产生的延迟
127.0.0.1:6379> latency latest
1) 1) "command"
2) (integer) 1650195297
3) (integer) 501
4) (integer) 2000

# 查看延迟的时间序列
127.0.0.1:6379 > latency history command
1) 1) (integer) 1650195290
2) (integer) 2000
2) 1) (integer) 1650195292
2) (integer) 152
```

```
3) 1) (integer) 1650195297
   2) (integer) 501

# 以图形化的方式显示延迟
127.0.0.1:6379 > latency graph command
command - high 2000 ms, low 152 ms (all time high 2000 ms)
----------------------------------------------------------
#
|
|
|_#
115
mm5
s
```

（8）使用 Redis 提供的优化延迟指导。

```
127.0.0.1:6379 > latency doctor
```

输出的信息如下：

```
Dave, I have observed latency spikes in this Redis instance. You don't mind
talking about it, do you Dave?
1. command: 3 latency spikes (average 884ms, mean deviation 743ms, period
92.67 sec). Worst all time event 2000ms.
I have a few advices for you:
- Check your Slow Log to understand what are the commands you are running
which are too slow to execute. Please check https://redis.io/commands/slowlog
for more information.
- Deleting, expiring or evicting (because of maxmemory policy) large objects
is a blocking operation. If you have very large objects that are often deleted,
expired, or evicted, try to fragment those objects into multiple smaller objects.
- I detected a non zero amount of anonymous huge pages used by your process.
This creates very serious latency events in different conditions, especially when
Redis is persisting on disk. To disable THP support use the command 'echo never >
/sys/kernel/mm/transparent_hugepage/enabled', make sure to also add it into
/etc/rc.local so that the command will be executed again after a reboot. Note
that even if you have already disabled THP, you still need to restart the Redis
process to get rid of the huge pages already created.
```

Redis 提供的优化延迟指导，可以帮助我们定位延迟产生的原因，并提供了一些解决方案。从上面的输出中可以看出，给出了 3 点优化建议。

（9）使用 Redis 延迟度量。

```
bin/redis-cli --intrinsic-latency 100
```

度量是指，一段时间内某个性能指标的累计值。延迟的一部分原因来自环境，比如操作系统内核、虚拟化环境等。Redis 提供了度量这部分延迟的方法。

输出的信息如下：

```
Max latency so far: 1 microseconds.
Max latency so far: 16 microseconds.
Max latency so far: 17 microseconds.
Max latency so far: 82 microseconds.
Max latency so far: 116 microseconds.
Max latency so far: 169 microseconds.
Max latency so far: 388 microseconds.
Max latency so far: 1488 microseconds.
Max latency so far: 6807 microseconds.
Max latency so far: 10914 microseconds.
Max latency so far: 13091 microseconds.
Max latency so far: 14162 microseconds.
1594254423 total runs (avg latency: 0.0627 microseconds / 62.73 nanoseconds
per run).

Worst run took 225778x longer than the average latency.
```

5.2 删除策略和淘汰策略

当一些数据不需要在内存中保存时，Redis 允许通过设定一些规则将这些数据设置为过期数据。当内存不足时，Redis 会先清除内存中的过期数据。

Redis 提供的数据过期策略是：在内存占用与 CPU 占用之间寻找一种平衡，从而避免影响 Redis 的性能，以及避免引发 Redis 服务器的宕机和内存的泄漏。

5.2.1 内存的删除策略

Redis 提供了 3 种内存删除策略：定时删除、惰性删除和定期删除。

1. 定时删除

定时删除是指，在设置键的过期时间的同时为该键创建一个定时器，让定时器在键的过期时间来临时对键进行删除。例如：

```
127.0.0.1:6379> set key1 HelloWorld EX 5    # 为 key1 设置 5s 的定时器
```

```
OK
127.0.0.1:6379> get key1                             # 5s 内可以查询数据
"HelloWorld"
127.0.0.1:6379> get key1                             # 5s 后将无法查询数据
(nil)
```

定时删除的优点是：可以保证内存被尽快释放。但缺点是：若过期键很多，那删除这些键会占用很多的 CPU 时间；定时删除会创建大量的定时器，从而影响 Redis 的整体性能。

2. 惰性删除

惰性删除是指，在键过期后并不将其删除，而是在下次从数据库获取键时检查其是否过期。如果键过期了，则删除对应的键和值，并返回 null。

- 惰性删除的优点是：删除操作只发生在从数据库取出键时，并且只删除当前键，所以其占用的 CPU 时间是比较少的。
- 惰性删除的缺点是：内存中会存在大量无用的数据从而造成内存空间的浪费，形成大量的垃圾数据。

3. 定期删除

定期删除是指，周期性轮询 Redis 内存中数据的时效性，并根据在 redis.conf 文件中设置的 hz 参数值来判断键是否过期。hz 参数的值及其说明如下：

```
# Not all tasks are performed with the same frequency, but Redis
# checks for tasks to perform according to the specified "hz" value.
# By default "hz" is set to 10. Raising the value will use more CPU when
# Redis is idle, but at the same time will make Redis more
# responsive when there are many keys expiring at the same time,
# and timeouts may be handled with more precision.
# The range is between 1 and 500, however a value over 100 is
# usually not a good idea. Most users should use the default of 10
# and raise this up to
# 100 only in environments where very low latency is required.
hz 10
```

定期删除通过限制删除操作的执行时长和执行频率，来减少删除操作对 CPU 时间的占用，从而把对系统的影响降到最低。

定期删除的缺点是：很难合理设置删除操作的执行时长和执行频率（即每次删除执行多长时间和每隔多长时间执行一次删除）。

5.2.2 内存的淘汰策略

在 Redis 3.0 之前，内存的淘汰策略默认是 volatile-lru；从 Redis 3.0 开始，内存的淘汰策略默认是 noeviction。下面对 8 种内存的淘汰策略进行说明。

第 1 种策略：noeviction

该策略是目前 Redis 的默认淘汰策略。

使用这种策略时，在内存超过阈值后，Redis 不做任何清理工作，对所有写请求返回错误，对所有读请求正常处理。

该策略适合数据量不大的业务场景：将关键数据存入 Redis 中，把 Redis 当作数据库来使用。

使用方法如下：

```
127.0.0.1:6379>config get maxmemory-policy
1)"maxmemory-policy"
2)"noeviction"
```

第 2 种策略：volatile-lru

该策略对带过期时间的 Key 采用最近最少访问算法来淘汰。

使用这种策略时，Redis 会先从内部的过期字典 expiredict 中随机选择 *N* 个 Key，计算这些 Key 的空闲时间；然后将 Key 插入 evictionPool 中；最后选择空闲时间最久的 Key 进行淘汰。

该策略适合的业务场景是：需要淘汰的 Key 带有过期时间，且数据有冷热区分。利用该策略可以淘汰最久没有被访问的 Key。

使用方法是，在 redis.conf 中设置以下参数：

```
maxmemory-policy volatile-lru
```

第 3 种策略：volatile-lfu

该策略对带过期时间的 Key 采用最近最不经常使用算法来淘汰。该策略的思路如下：

首先，从过期字典 expiredict 中随机选择 *N* 个 Key。

然后，根据其 value 的 lru 值计算 Key 在一段时间内的使用频率，然后将 Key 插入 evictionPool 中。

为了沿用 evictionPool 的 Idle 概念，Redis 在计算 lfu 的 Idle 时，采用“255 – 使用频率的相对值”的方法，从而确保 Idle 最大的 Key 是使用次数最小的 Key。

最后，选择 Idle 最大（即使用频率最小）的 Key 进行淘汰。

该策略适合的业务场景是：大多数 Key 带有过期时间，且数据有冷热区分。

使用方法是，在 redis.conf 中设置以下参数：

```
maxmemory-policy volatile-lfu
```

第 4 种策略：volatile-ttl

该策略是在带过期时间的 Key 中选择最早要过期的 Key 进行淘汰。

在使用该策略时，Redis 首先从内部的过期字典 expiredict 中随机选择 *N* 个 Key；然后，用“最大无符号 long 值减去 Key 的过期时间”的结果来作为 Idle 值，将其插入 evictionPool 中；最后，选择 Idle 最大（即最快就要过期）的 Key 进行淘汰。

这种策略适合的业务场景是：需要淘汰的 Key 带有过期时间，且数据有冷热区分。

使用方法是，在 redis.conf 中设置以下参数：

```
maxmemory-policy volatile-ttl
```

第 5 种策略：volatile-random

该策略是在带过期时间的 Key 中随机选择 Key 进行淘汰。

采用该这种策略时，Redis 从内部的过期字典 expiredict 中随机选择一个 Key 进行淘汰。

该策略适合的业务场景是：需要淘汰的 Key 带有过期时间，且没有明显的冷热区分。

使用方法是，在 redis.conf 中设置以下参数：

```
maxmemory-policy volatile-random
```

第 6 种策略：allkeys-lru

该策略是对所有 Key（而非仅有带过期时间的 Key）采用最近最久没有被使用算法进行淘汰。

该策略与 volatile-lru 类似，都是从随机选择的 Key 中选择最长时间没有被访问的 Key 进行淘汰。区别是，volatile-lru 是从内部的过期字典 expiredict 中选择 Key，而 allkey-lru 是从所有的 Key 中选择 Key。

该策略适合的业务场景是：需要对所有 Key 进行淘汰，且数据有冷热区分。

使用方法是，在 redis.conf 中设置以下参数：

```
maxmemory-policy allkeys-lru
```

第 7 种策略：allkeys-lfu

该策略也是针对所有 Key 采用最近最久没有被使用算法进行淘汰。

该策略与 volatile-lfu 类似，都是在随机选择的 Key 中选择被访问频率最小的 Key 进行淘汰。区别是，volatile-flu 从过期字典 expiredict 中选择 Key，而 allkeys-lfu 是从主 dict 中选择 Key。

该策略的使用场景是：需要从所有的 Key 中选择 Key 进行淘汰，但数据有冷热区分，且越热的数据被访问的频率越高。

使用方法是，在 redis.conf 中设置以下参数：

```
maxmemory-policy allkeys-lfu
```

第 8 种策略：allkeys-random

该策略是针对所有 Key 采用随机算法进行淘汰。它也是从主 dict 中随机选择 Key，然后进行删除回收。

该策略的使用场景是：需要从所有的 Key 中选择 Key 进行淘汰，且 Key 没有明显的冷热区分。

使用方法是，在 redis.conf 中设置以下参数：

```
maxmemory-policy allkeys-random
```

5.3 Hot Key

在使用 Redis 集群作为缓存时，在高并发场景中缓存中的数据会被频繁访问。如果大量请求访问 Redis 集群中的同一个节点，则会造成集群性能的不均衡。这个就是所谓的 Hot Key 问题。

5.3.1 监控 Hot Key

可以使用 redis-cli 的原生命令来监控 Redis 中产生的 Hot Key。

```
bin/redis-cli --hotkeys
```

这个命令使用取样方式进行监控，所以并不用太担心会阻塞 Redis。统计完的结果如下：

```
# Scanning the entire keyspace to find hot keys as well as
# average sizes per key type.  You can use -i 0.1 to sleep 0.1 sec
# per 100 SCAN commands (not usually needed).
[00.00%] Hot key 'counter:000000000002' found so far with counter 87
[00.00%] Hot key 'key:000000000001' found so far with counter 254
[00.00%] Hot key 'mylist' found so far with counter 107
[00.00%] Hot key 'key:000000000000' found so far with counter 254
[45.45%] Hot key 'counter:000000000001' found so far with counter 87
[45.45%] Hot key 'key:000000000002' found so far with counter 254
[45.45%] Hot key 'myset' found so far with counter 64
[45.45%] Hot key 'counter:000000000000' found so far with counter 93
```

```
-------- summary -------
Sampled 22 keys in the keyspace!
hot key found with counter: 254   keyname: key:000000000001
hot key found with counter: 254   keyname: key:000000000000
hot key found with counter: 254   keyname: key:000000000002
hot key found with counter: 107   keyname: mylist
hot key found with counter: 93   keyname: counter:000000000000
hot key found with counter: 87   keyname: counter:000000000002
hot key found with counter: 87   keyname: counter:000000000001
hot key found with counter: 64   keyname: myset
```

5.3.2　Hot Key 的常见处理办法

在监控到 Redis 集群中产生了 Hot Key 后，通常使用以下两种方式进行处理。

1. 在 Redis 集群中对 Hot Key 进行复制

在 Redis 集群中对 Hot Key 进行复制并迁移至其他节点，以解决单个节点的 Hot Key 压力。

该方案的缺点是：代码需要联动修改，Key 的变更可能会带来数据一致性挑战（由“更新一个 Key”演变为“同时更新多个 Key”）。

2. 使用读写分离架构

如果产生 Hot Key 是因为读请求，则读写分离是一个很好的解决方案。在使用读写分离架构时，可以通过不断增加从节点来降低每个 Redis 实例的读请求压力。

5.4　Big Key

在 Redis 中，一个字符串最多占 512MB，一个二级数据结构（例如 hash、list、set、zset）可以存储大约 40 亿个元素。如果存储的元素存在以下两种情况，则认为它是 Big Key。

- 字符串类型：它的“大”体现在单个 Value 的值很大，一般单个 value 的值超过 10KB 则认为它就是 Big Key。
- 非字符串类型：哈希、列表、集合和有序集合，它们的“大”体现在元素个数太多。

Big Key 的危害主要体现在以下几个方面：影响性能和带宽、产生数据倾斜、影响主从同步。

Big Key 的常见处理办法是对其进行拆分，具体的拆分方式如下：

- 对于字符串类型的 Key，通常在业务层面将 Value 的大小控制在 10KB 左右。如果 Value 确实很大，则可以考虑采用序列化算法和压缩算法来对其进行处理。常用的几种序列化算法是：Protostuff、Kryo 和 Fst。

- 对于集合类型的 Key，通常通过控制集合内的元素数量来避免 Big Key。通常的做法是：将一个大的集合类型的 Key 拆分成若干个小的集合类型的 Key。

5.5 缓存的更新策略

缓存中的数据有生命周期，所以需要定期更新和删除缓存中的数据，以保证缓存空间被合理使用，以及缓存中的数据与数据库中的数据保持一致。缓存更新策略有如下 3 种。

5.5.1 “maxmemory-policy 更新”策略

1. 策略说明

Redis 使用 maxmemory-policy 参数指定具体的更新策略，即当 Redis 中的数据占用的内存空间超过设定的最大内存空间时的操作策略。关于“maxmemory-policy 更新”策略的使用可参考 5.2.2 节的内容。

2. 适用业务场景

该策略通常用于当缓存使用量超过了预设的最大值时对现有的数据进行删除。

5.5.2 “超时更新”策略

1. 策略说明

对缓存中的数据设置过期时间，超过过期时间后自动删除缓存中的数据，然后再次进行缓存，保证缓存中的数据与数据库中的数据保持一致。

2. 适用业务场景

例如 Redis 提供的 expire 命令。如果业务可以容忍在一段时间内缓存中的数据和数据库中的数据不一致，则可以为其设置过期时间。在数据过期后，再从真实数据源获取数据放入缓存中并设置过期时间。

5.5.3 “主动更新”策略

1. 策略说明

当后端数据库中的 Key 发生更新时，会向 Redis 主动发送消息，Redis 在收到消息后对 Key 进行更新或删除。

2. 适用业务场景

应用方对于数据的一致性要求较高，需要在数据库中的数据更新之后立即更新缓存中的数据。可以利用消息系统或者其他方式通知缓存进行更新。

5.6　缓存与数据库的数据一致性

在高并发场景中，需要读取数据库中的数据并更新到缓存中。如果缓存的操作和数据库的操作不在一个事务中，则可能存在“一个操作成功，而另一个操作失败”的情况，从而导致两者数据的不一致。要实现缓存中的数据与数据库中的数据保持一致，可以采用 4 种数据同步策略。

（1）先更新缓存，再更新数据库；

（2）先更新数据库，再更新缓存；

（3）先删除缓存中的数据，再更新数据库；

（4）先更新数据库，再删除缓存中的数据。

在这 4 种同步策略中，需要注意的是：更新缓存与删除缓存中的数据哪种方式更合适？应该先操作数据库还是先操作缓存?

5.6.1　数据一致性案例分析

在高并发业务场景中，数据库在大多数情况下都是并发访问最薄弱的环节。所以，需要使用 Redis 作为缓冲地带，让请求先访问 Redis，而不是直接访问 MySQL 等数据库。图 5-1 展示了这个业务场景。

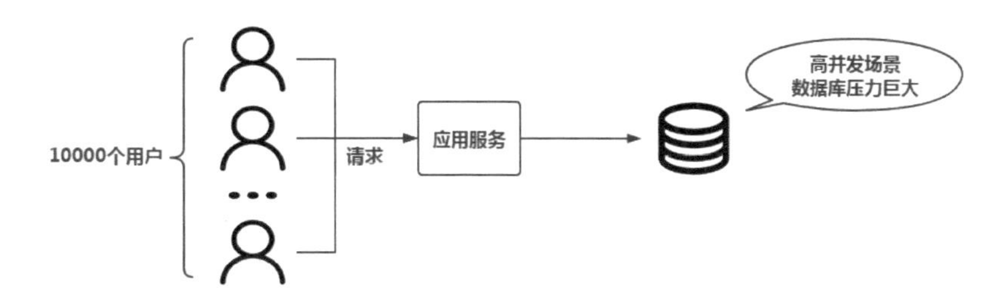

图 5-1

一般都是按照图 5-2 所示的流程来进行操作。

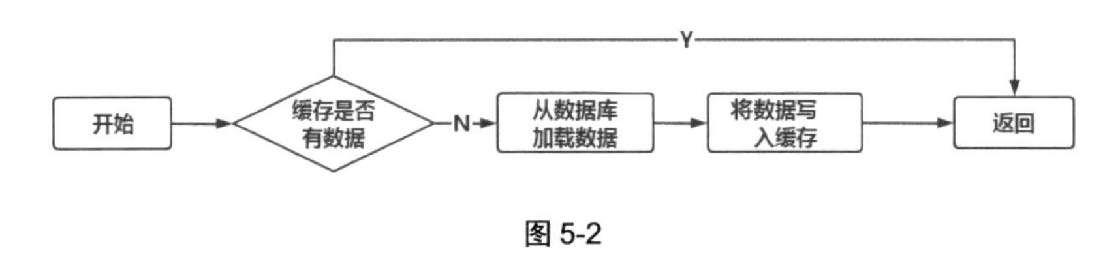

图 5-2

读取缓存的步骤一般没有什么问题，但是一旦涉及数据更新（数据库和缓存更新），则容易出现缓存（Redis）和数据库（MySQL）数据不一致的问题。

不管是“先更新数据库，再删除缓存中的数据”；还是“先删除缓存中的数据，再更新数据库”，都可能出现数据不一致的情况。举两个例子来进行说明：

（1）如果删除了缓存 Redis 中的数据，但还没有来得及更新 MySQL 数据库，这时另一个线程就来读取，发现缓存为空，则去数据库中读取数据写入缓存，此时缓存中为“脏数据”。

（2）如果先更新 MySQL 数据库，在删除缓存中的数据前，更新 MySQL 数据库的线程宕机了，没有删除缓存中的数据，则也会出现数据不一致的情况。

因为更新数据是并发的，所以，如果没法保证写数据的顺序，则会出现缓存和数据库中的数据不一致问题。那么如何解决这个问题呢？可以采用延时双删策略或者异步更新缓存策略。

5.6.2 延时双删策略

延时双删策略是指，在写库前后都进行 redis.del(key)操作，并且设定合理的超时时间。具体步骤是：（1）删除缓存中的数据；（2）写数据库；（3）休眠一段时间；（4）再次删除缓存中的数据。

伪代码如下：

```
public void write(String key,Object data){
 redis.delKey(key);
 db.updateData(data);
 Thread.sleep(休眠一段时间);
 redis.delKey(key);
}
```

这么做的目的是：确保读请求结束后，写请求可以删除读请求造成的缓存“脏数据”。当然，这种策略还要考虑 Redis 和数据库主从同步的耗时。

那么具体该休眠多久呢？需要评估自己项目的读数据业务逻辑的耗时。

从理论上来说，给缓存设置过期时间可以保证数据的最终一致性。所有的写操作以数据库为准，只要到达缓存过期时间，则后面的读请求自然会从数据库中读取值然后回填缓存。

该方案结合了“双删策略”和“缓存超时设置”，缺点是：在到达超时时间前，缓存中的数据与数据库中的数据可能不一致，增加了写请求的耗时。

5.6.3　异步更新缓存

以 MySQL 数据库为例，异步更新缓存的本质是基于订阅 MySQL Binlog 日志的同步机制。这种方案类似于 MySQL 的主从备份机制，因为 MySQL 的主从备份也是通过 Binlog 日志来实现数据一致性的。该方案的缺点是：由于更新过程是异步完成的，因此在异步更新的过程中，依然存在 Redis 缓存中的数据与 MySQL 中的数据不一致的问题。

图 5-3 展示了基于 MySQL 的异步更新缓存的架构。

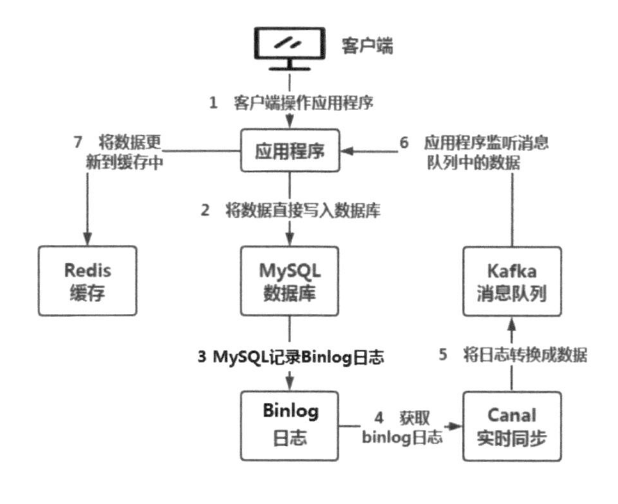

图 5-3

5.7　分布式锁

分布式锁用于解决单个服务线程同步的安全问题。分布式锁具有以下特性。

- 互斥性：锁的目的是获取资源的使用权，所以“只让一个竞争者持有锁”这一点要尽可能得到保证。
- 安全性：避免死锁情况发生。就算一个服务在持有锁期间由于意外崩溃而未能主动解锁，其持有的锁也能够被正常释放，并保证其他服务也能加锁。
- 对称性：对于同一个锁，加锁和解锁必须是同一个服务。一个服务持有的锁不能被另一个服务给释放了，这被称为“锁的可重入性”。

- 可靠性：分布式锁需要有一定的异常处理能力和容灾能力。

Redis 中的分布式锁主要可以通过以下几种方式来实现。

（1）使用 Redis 的 setnx 命令。

```
setnx key value
```

如果 Key 不存在，则将 Key 设置为 Value 并返回 1；如果 Key 存在，则不会有任何影响，返回 0。基于这个特性，可以用 setnx 命令来实现“加锁后其他服务无法加锁”。在服务使用完成之后，再通过 delete 命令删除 Key 以解锁。

例如以下操作：

```
127.0.0.1:6379> setnx key1 helloworld
(integer) 1
127.0.0.1:6379> setnx key1 helloworld
(integer) 0
127.0.0.1:6379> del key1
(integer) 1
127.0.0.1:6379> setnx key1 helloredis
(integer) 1
127.0.0.1:6379>
```

（2）使用过期时间。

setnx 命令有一个问题：如果获取锁的服务“挂掉”了，那么锁就一直得不到释放。因此 Redis 中有了 expire 命令，用来设置一个 Key 的超时时间。但是，setnx 和 expire 命令不具备原子性，因此，可以使用执行以下语句来解决这个问题。

```
set key value ex seconds
```

其中，ex 表示增加了过期时间，seconds 参数用于设置过期时间的值。

（3）使用 Lua 脚本。

Redis 使用单个 Lua 解释器去运行所有的脚本。当某个 Lua 脚本正在运行时，不会有其他脚本或 Redis 命令被执行。因此，Redis 在执行 Lua 脚本时具有原子性。利用这个特性可以很方便地实现分布式锁。

5.8 Redis 缓存的常见问题

Redis 是将数据缓存在内存中的，因此在实际情况中可能会存在一些问题。下面总结了常见问题的解决方案。

5.8.1 提高缓存命中率

缓存命中是指，直接通过缓存获取需要的数据。如果无法直接通过缓存获取想要的数据（即没有命中缓存），则再次查询数据库，或者执行其他的操作。

通常来讲，缓存的命中率越高，则使用缓存的收益越高，应用的性能越好，应用的抗并发能力越强。由此可见，在高并发的互联网系统中，缓存的命中率是至关重要的。

缓存命中率的计算公式如下：

```
缓存命中率 = keyspace_hits /(keyspace_hits + keyspace_misses)
```

其中的参数值可以通过 Redis 提供的 info 命令得到。

```
127.0.0.1:6379> info Stats
```

输出的信息如下：

```
...
keyspace_hits:501
keyspace_misses:45
...
```

提高缓存命中率主要有以下方法：

- 从架构师的角度，让应用尽可能直接通过缓存获取数据，并避免缓存失效。这是比较考验架构师能力的，需要在业务需求、缓存粒度、缓存策略、技术选型等多个方面去通盘考虑。一般通过缓存预加载、增加存储容量、调整缓存粒度、更新缓存等手段来提高缓存命中率。
- 对于时效性很高（或缓存空间有限）、内容跨度很大（或访问很随机）且访问量不高的应用来说，缓存命中率可能长期很低，可能预加载后的缓存还没来得及被访问就已经过期了。

5.8.2 缓存预热

在系统刚启动时，Redis 中并没有缓存任何数据。如果客户端发出的请求先查询数据库再将数据缓存，则会给数据库带来较大压力。这就是 Redis 缓存所面临的冷启动问题，甚至会出现缓存“穿透”的问题。解决方案是：通过缓存提前将数据库中的相关数据加载到 Redis 中，从而提高缓存的命中率。

图 5-4 是基于 Canal + Kafka 实现的 Redis 与 MySQL 数据预加载方案。

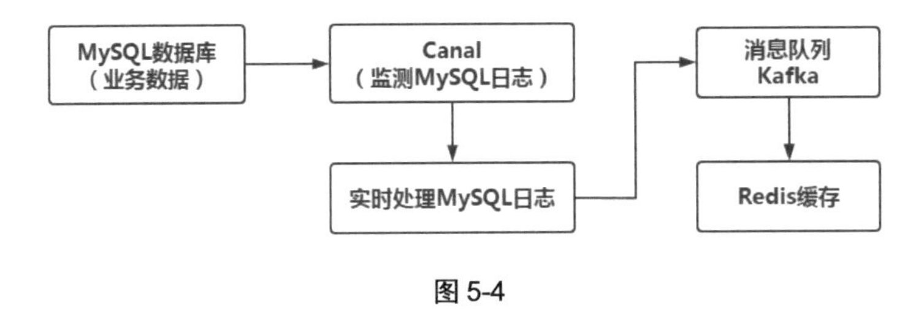

图 5-4

5.8.3 缓存穿透

在客户端发送请求查询数据时，先查询缓存，若缓存中没有该数据，再去查询数据库，查到数据后返给客户端，并且将该数据写入缓存。

如果有大量的请求查询不存在的数据，则会给数据库带来极大的压力，这就是缓存穿透。缓存穿透的解决方案有以下几种。

1. 对空结果进行缓存

如果一个查询返回的是空结果（null）（不管数据是否存在），我们仍把这个空结果（null）进行缓存，设置空结果的过期时间很短（最长不超过 5 分钟）。

2. 设置可访问的白名单

使用 bitmap（位图）类型定义一个可以访问的白名单，将名单 ID 作为 bitmap 的偏移量，每次访问时会将 ID 和 bitmap 中的 ID 进行比较。如果访问 ID 不在 bitmap 中，则进行拦截，不允许访问。

3. 采用布隆过滤器

布隆过滤器的内容将在 14.7 节中介绍。

4. 实时监控

当发现 Redis 的命中率开始急剧降低时，排查访问对象和访问的数据，并设置黑名单限制服务。

5.8.4 缓存雪崩

缓存雪崩是指，在极短的时间内查询的 Key 大量过期，导致不停访问数据库，从而加大服务器的压力，最终服务器崩溃。

缓存雪崩的解决方案有以下几种。

1. 构建多级缓存架构

如使用 Redis 缓存加上其他缓存组件（如 Ehcache 等）来实现多级缓存架构。

2. 使用锁或队列

用加锁或者队列的方式，可以保证不会有大量的线程对数据库进行读写，从而避免 Key 过期时大量的并发请求落到底层存储系统上。这种方式不适合高并发场景。

3. 设置过期标识更新缓存

判断缓存数据是否过期（设置提前量），如果过期，则触发通知，另外的线程在后台更新实际 Key 的缓存数据。

4. 将缓存失效时间分散开

在原有过期时间的基础上增加一个随机值，比如 1～5 分钟的随机值，这样就很难出现缓存集体失效的情况。

5.8.5　缓存击穿

缓存击穿是指，集中对缓存中的一个 Key 进行访问，从而使得该 Key 成为热点。在这个 Key 过期的瞬间，持续的高并发请求将穿破缓存直接请求数据库，就像在一个屏障上凿开了一个洞。

避免缓存击穿有以下几种方案。

1. 使用互斥锁

这种思路比较简单：让一个线程回写缓存，其他线程等待回写缓存的线程执行完后再重新读取缓存。

2. 热点数据永不过期

这种思路包括热点数据物理不过期和逻辑过期。

- 数据物理不过期是指，对于热点 Key 不设置过期时间。
- 通过设置逻辑过期，可以把过期时间存在 Key 对应的 Value 中。如果发现 Key 要过期了，则通过一个后台的异步线程重新设置过期时间。

第 2 篇

基于文档的 NoSQL 数据库

第 6 章 MongoDB 基础

随着 Web 2.0 的兴起，关系型数据库已经不能满足数据高并发读写、数据海量存储、高可扩展性和高可用性等要求了。MongoDB 能很好地解决这些问题。

6.1 MongoDB 简介

MongoDB 是一个基于分布式的、文档存储的 NoSQL 数据库，由 C++语言编写。MongoDB 旨在为 Web 应用程序提供可扩展的高性能数据存储解决方案。

MongoDB 是一个介于关系型数据库和非关系型数据库之间的产品，它是功能最丰富、最像关系型数据库的 NoSQL 数据库。它所支持的数据结构非常松散，其数据结构类似于 JSON 的 BSON 格式数据结构。因此，MongoDB 可以存储比较复杂的数据类型。

MongoDB 的最大特点是其支持的查询语言非常强大。其语法有点类似于面向对象的查询语言，几乎可以实现类似于关系型数据库单表查询的绝大部分功能，而且还支持对数据建立索引。目前 MongoDB 的最新版本是 5.0.6。

图 6-1 展示了 MongoDB 官方网站上提供的下载信息。

MongoDB Community Server

The Community version of our distributed database offers a flexible document data model along with support for ad-hoc queries, secondary indexing, and real-time aggregations to provide powerful ways to access and analyze your data.

The database is also offered as a fully-managed service with MongoDB Atlas. Get access to advanced functionality such as auto-scaling, serverless instances (in preview), full-text search, and data distribution across regions and clouds. Deploy in minutes on AWS, Google Cloud, and/or Azure, with no downloads necessary.

Give it a try with a free, highly-available 512 MB cluster.

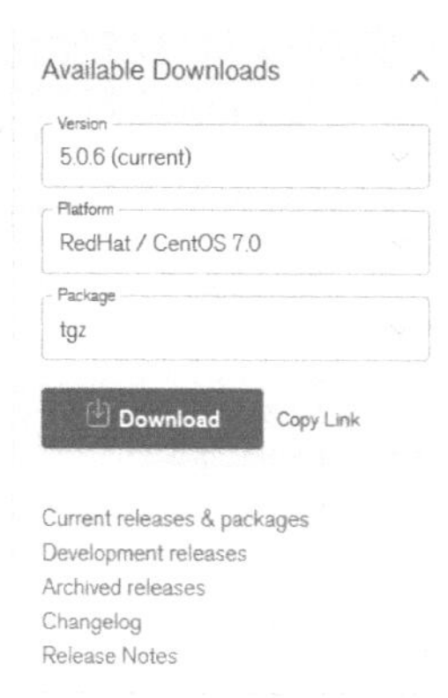

图 6-1

6.2　部署和使用 MongoDB

下面在 Linux 操作系统上部署 MongoDB。表 6-1 中列出了所使用的版本信息。

表 6-1

安装包文件	说　明
mongodb-linux-x86_64-rhel70-5.0.6.tgz	MongoDB 服务器端安装包文件
mongodb-database-tools-rhel70-x86_64-100.5.2.tgz	MongoDB Database Tools 安装包文件，其中包含一系列操作 MongoDB 服务器端的实用命令行工具

6.2.1　【实战】在 CentOS 上安装 MongoDB 5.0

以下步骤将在 CentOS 7 64 位的 Linux 操作系统上安装 MongoDB 5.0 版本。

（1）安装 MongoDB 所需要的依赖包。

```
yum install -y libcurl openssl xz-libs
```

（2）解压缩 MongoDB 服务器端的安装包文件，并重命名 MongoDB 安装包文件解压缩后的目录名。

```
tar -zxvf mongodb-linux-x86_64-rhel70-5.0.6.tgz -C /root/
mv /root/mongodb-linux-x86_64-rhel70-5.0.6/ /root/mongodb5
```

（3）解压缩 MongoDB Database Tools 安装包文件，并将 MongoDB 提供的工具复制到“/root/mongodb5/bin/”目录下。

```
tar -zxvf mongodb-database-tools-rhel70-x86_64-100.5.2.tgz
cp mongodb-database-tools-rhel70-x86_64-100.5.2/bin/* \
```

```
root/mongodb5/bin/
```

（4）查看“/root/mongodb5/bin/”目录下的文件。

```
tree /root/mongodb5/bin/
```

输出的信息如下：

```
/root/mongodb5/bin/
├── bsondump              将 BSON 格式文件转储为 JSON 格式文件
├── install_compass       MongoDB Compass 安装程序
├── mongo                 客户端程序
├── mongod                服务端程序
├── mongodump             MongoDB 数据备份程序
├── mongoexport           MongoDB 数据导出程序
├── mongofiles            GridFS 工具，它是 MongoDB 内置的分布式文件系统
├── mongoimport           MongoDB 数据导入程序
├── mongorestore          MongoDB 数据恢复程序
├── mongos                MongoDB 数据分片程序
├── mongostat             MongoDB 统计信息呈现
└── mongotop              MongoDB 监视程序
```

（5）编辑“/etc/profile”文件设置 MongoDB 的环境变量。

```
export MONGODB_HOME=/root/mongodb5/
export PATH=$MONGODB_HOME/bin:$PATH
```

（6）生效 MongoDB 的环境变量。

```
source /etc/profile
```

（7）启动 MongoDB 服务器。

```
mongod
```

出现以下错误信息：

```
"NonExistentPath: Data directory /data/db not found.
Create the missing directory or specify another path using
(1) the --dbpath command line option, or
(2) by adding the 'storage.dbPath' option in the configuration file."
```

在默认情况下，MongoDB 服务器使用“/data/db”目录来存储服务器端的数据。

（8）通过以下语句可以查看启动 MongoDB 服务器的帮助信息：

```
mongod --help
```

输出的信息如下：

```
...
Storage options:
  --storageEngine arg   What storage engine to use - defaults
                             to wiredTiger if no data files present
  --dbpath arg          Directory for datafiles - defaults to
                             /data/db
  --directoryperdb      Each database will be stored in a
                      separate directory
...
```

通过参数 dbpath 可以手动指定 MongoDB 服务器端数据存储的路径。例如：

mkdir /root/tempdata/

mongod --dbpath /root/tempdata/

（9）创建 MongoDB 数据存储的目录。

```
mkdir -p /data/db
```

（10）重新启动 MongoDB 服务器。

```
mongod
```

输出的信息如下：

```
"Waiting for connections","attr":{"port":27017,"ssl":"off"}}
```

从输出的信息可以看出，默认情况下 MongoDB 服务器将监听 27017 端口，也可以通过以下命令查看 MongoDB 服务器监听的端口。

netstat -ntulp | grep mongod

输出的信息如下：

tcp　0　0 127.0.0.1:27017　0.0.0.0:*　LISTEN　40166/mongod

6.2.2 【实战】使用配置文件启动 MongoDB 服务器

使用 6.2.1 节中的第（10）步可以直接启动 MongoDB 服务器，此时将采用 MongoDB 默认的服务器参数。但在很多情况下需要使用自定义的参数值来启动 MongoDB，如果直接将这些参数值都加到 mongod 命令中，会使得启动命令变得非常复杂。

在启动 MongoDB 服务器时，更常用的方式是将启动参数写到一个配置文件中。下面来演示。

（1）创建 MongoDB 服务器数据存储的目录。

```
mkdir -p /data/mydata
```

（2）编辑配置文件“/data/mydata/mydata.conf”，输入以下内容。

```
dbpath=/data/mydata/
port=27017
fork=true
logpath=/data/mydata/mydata.log
```

说明如下。

- dbpath：指定 MongoDB 服务器数据存储的目录。
- port：指定 MongoDB 服务器监听的端口。
- fork：采用后台方式运行 MongoDB 服务器，这样可以关闭当前命令行窗口。
- logpath：指定 MongoDB 服务器日志存储的位置。

（3）启动 MongoDB 服务器端。

```
mongod --config /data/mydata/mydata.conf
```

输出的信息如下：

```
about to fork child process, waiting until server is ready for connections.
forked process: 51947
child process started successfully, parent exiting
```

（4）查看 MongoDB 服务器端监听的端口信息。

```
netstat -ntulp | grep mongod
```

输出的信息如下：

```
tcp    0    0 127.0.0.1:27017   0.0.0.0:*   LISTEN     51947/mongod
```

（5）查看“/data/mydata/”目录下的内容。

```
tree /data/mydata/
```

输出的信息如下：

```
/data/mydata/
├── collection-0-7146041340505457256.wt
├── collection-2-7146041340505457256.wt
├── collection-4-7146041340505457256.wt
├── diagnostic.data
│    ├── metrics.2022-04-04T01-01-42Z-00000
│    └── metrics.interim
├── index-1-7146041340505457256.wt
├── index-3-7146041340505457256.wt
```

```
├── index-5-7146041340505457256.wt
├── index-6-7146041340505457256.wt
├── journal
│   ├── WiredTigerLog.0000000001
│   ├── WiredTigerPreplog.0000000001
│   └── WiredTigerPreplog.0000000002
├── _mdb_catalog.wt
├── mongod.lock
├── mydata.conf
├── mydata.log
├── sizeStorer.wt
├── storage.bson
├── WiredTiger
├── WiredTigerHS.wt
├── WiredTiger.lock
├── WiredTiger.turtle
└── WiredTiger.wt
```

在“/data/mydata/”目录下有很多后缀为“.wt”的文件，这是 MongoDB 存储引擎 WiredTiger 的数据文件。

从 3.2 版本开始，MongoDB 采用 WiredTiger 存储引擎来存储数据。在 6.5 节中将介绍 MongoDB 支持的各种存储引擎。

6.2.3 【实战】使用 JavaScript 命令行工具 mongoshell

mongoshell 是 MongoDB 自带的交互式 JavaScript 命令行工具。可以使用 mongoshell 查询和更新 MongoDB 的数据，以及执行 MongoDB 的管理操作。

下面演示如何使用 mongoshell。

（1）由于在 6.2.1 节的第（5）步中已经设置好了 MongoDB 环境变量，所以这里直接在命令行工具中执行以下命令：

```
mongo --help
```

输出的信息如下：

```
MongoDB shell version v5.0.6
usage: mongo [options] [db address] [file names (ending in .js)]
db address can be:
  foo                     foo database on local machine
  192.168.0.5/foo         foo database on 192.168.0.5 machine
  192.168.0.5:9999/foo    foo database on 192.168.0.5 machine on port 9999
```

```
  mongodb://192.168.0.5:9999/foo  connection string URI can also be used
Options:
  --ipv6                              enable IPv6 support (disabled by
                                      default)
  --host arg                          server to connect to
  --port arg                          port to connect to
...
```

如果不指定任何参数，则 mongoshell 将连接当前主机的 27017 端口。

（2）使用 mongoshell 连接 MongoDB 服务器。

```
mongo
```

输出的信息如下：

```
MongoDB shell version v5.0.6
connecting to:
mongodb://127.0.0.1:27017/?compressors=disabled&gssapiServiceName=mongodb
Implicit session:
session { "id" : UUID("f671c9fe-0786-40f4-b4d1-620efb76f1c0") }
MongoDB server version: 5.0.6
...
>
```

（3）查看已存在的 MongoDB 数据库信息。

```
> show dbs;
```

输出的信息如下：

```
admin   0.000GB
config  0.000GB
local   0.000GB
```

说明如下。

- admin：管理库，用于存储 MongoDB 的用户、角色等信息。
- config：配置库，用于存储相关的配置信息。
- local：本地库，用于存储副本集的元数据。

MongoDB 建议用户创建自己的数据库来存储业务数据。要查询 MongoDB 数据库信息，可以使用以下命令。

show databases;

（4）创建一个名为“scott”的数据库用于存储业务数据。

```
> use scott;
```

不需要预先创建 MongoDB 中的数据库，直接使用 use 语句即可创建并使用它。

（5）在 scott 数据库中创建一张员工集合 emp 用于保存员工数据。

```
    > db.emp.insert(
    [
    {_id:7369,ename:'SMITH' ,job:'CLERK'    ,mgr:7902,hiredate:'17-12-80',sal
:800,comm:0,deptno:20},
    {_id:7499,ename:'ALLEN' ,job:'SALESMAN' ,mgr:7698,hiredate:'20-02-81',sa
l:1600,comm:300 ,deptno:30},
    {_id:7521,ename:'WARD'  ,job:'SALESMAN' ,mgr:7698,hiredate:'22-02-81',sal
:1250,comm:500 ,deptno:30},
    {_id:7566,ename:'JONES' ,job:'MANAGER'  ,mgr:7839,hiredate:'02-04-81',sal
:2975,comm:0,deptno:20},
    {_id:7654,ename:'MARTIN',job:'SALESMAN'  ,mgr:7698,hiredate:'28-09-81',sa
l:1250,comm:1400,deptno:30},
    {_id:7698,ename:'BLAKE' ,job:'MANAGER'  ,mgr:7839,hiredate:'01-05-81',sal
:2850,comm:0,deptno:30},
    {_id:7782,ename:'CLARK' ,job:'MANAGER'  ,mgr:7839,hiredate:'09-06-81',sal
:2450,comm:0,deptno:10},
    {_id:7788,ename:'SCOTT' ,job:'ANALYST'  ,mgr:7566,hiredate:'19-04-87',sal
:3000,comm:0,deptno:20},
    {_id:7839,ename:'KING'  ,job:'PRESIDENT',mgr:0,hiredate:'17-11-81',sal:50
00,comm:0,deptno:10},
    {_id:7844,ename:'TURNER',job:'SALESMAN'  ,mgr:7698,hiredate:'08-09-81',sa
l:1500,comm:0,deptno:30},
    {_id:7876,ename:'ADAMS' ,job:'CLERK'    ,mgr:7788,hiredate:'23-05-87',sal
:1100,comm:0,deptno:20},
    {_id:7900,ename:'JAMES' ,job:'CLERK'    ,mgr:7698,hiredate:'03-12-81',sal
:950,comm:0,deptno:30},
    {_id:7902,ename:'FORD'  ,job:'ANALYST'  ,mgr:7566,hiredate:'03-12-81',sal
:3000,comm:0,deptno:20},
```

```
{_id:7934,ename:'MILLER',job:'CLERK'    ,mgr:7782,hiredate:'23-01-82',sal
:1300,comm:0,deptno:10}
]
);
```

输出的信息如下：

```
BulkWriteResult({
 "writeErrors" : [ ],
 "writeConcernErrors" : [ ],
 "nInserted" : 14,                --> 此处表示成功插入了 14 条数据
 "nUpserted" : 0,
 "nMatched" : 0,
 "nModified" : 0,
 "nRemoved" : 0,
 "upserted" : [ ]
})
```

与 MongoDB 数据库一样，我们也不需要预先创建 MongoDB 的集合，直接使用语句操作即可创建并使用它。可以看出，这里插入的员工数据采用的是 JSON 格式的字符串。

（6）查看当前数据库中的集合。

```
> show tables;
```

输出的信息如下：

```
emp
```

此处也可以使用 show collections; 语句。

（7）查看员工集合 emp 中的数据。

```
> db.emp.find();
```

（8）退出 mongoshell。

```
> exit;
```

（9）编辑 mongoshell 的启动配置文件。

```
vi .mongorc.js
```

在启动 mongoshell 时，mongoshell 会检查用户 HOME 目录下名为.mongorc.js 的 JavaScript 文件。如果该文件存在，则 mongoshell 会在首次显示提示信息前解析.mongorc.js 的内容。

这个功能特别有用：在 MongoDB 的分片环境中，可以帮助数据库操作人员确认当前操作的 MongoDB 实例信息。

（10）在.mongorc.js 的 JavaScript 文件中输入以下内容，并保存退出。

```
host = db.serverStatus().host;
cmdCount = 1;
prompt = function() {
        return db+"@"+host+" " + (cmdCount++) + "> ";
      }
```

（11）重新启动 mongoshell。

```
mongo
```

执行几个简单的操作，输出的信息如下：

```
test@nosql11 1> use scott
switched to db scott
scott@nosql11 2> show tables;
emp
scott@nosql11 3>
```

由于在.mongorc.js 文件中设置了主机名和行号信息，所以在 mongoshell 提示符后显示了当前操作的主机名、数据库和行号等信息。

6.2.4 【实战】使用 MongoDB 图形化工具 MongoDB Compass

MongoDB Compass 是 MongoDB 官方免费提供的一个图形化工具，它可以使用可视化的方式查询、聚合和分析 MongoDB 中的数据。MongoDB Compass 可以运行在 macOS、Windows 和 Linux 操作系统上。

下面演示如何安装并使用 MongoDB Compass。

（1）下载 MongoDB Compass。

```
wget https:// MongoDB 官网的下载页 /compass/mongodb-compass-1.31.0.x86_64.
rpm
```

（2）安装 MongoDB Compass。

```
yum install -y mongodb-compass-1.31.0.x86_64.rpm
```

（3）在 CentOS 图形界面中启动 MongoDB Compass。成功启动后的界面如图 6-2 所示。

```
mongodb-compass --no-sandbox
```

图 6-2

（4）单击 Connect 按钮，默认连接当前主机的 27017 端口。

（5）在弹出的 Choose password for new keyring 界面中设置一个密码，单击 Continue 按钮，如图 6-3 所示。

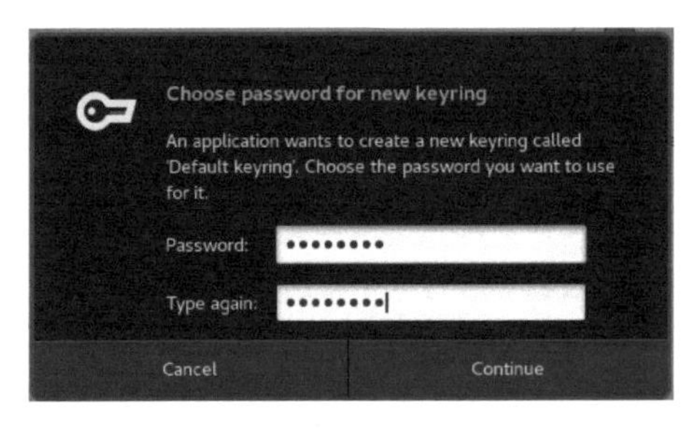

图 6-3

（6）进入 MongoDB Compass 的主界面，单击在 6.2.3 节第（4）步中创建的数据库 scott，如图 6-4 所示。

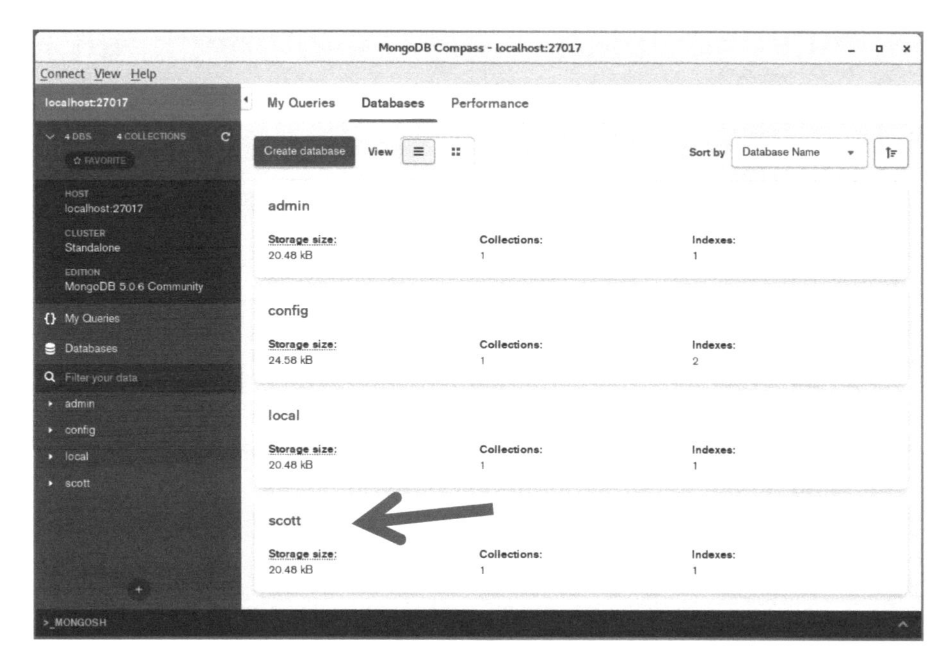

图 6-4

（7）可以看到 scott 数据库中的集合，单击 emp 查看员工集合中的数据，如图 6-5 所示。

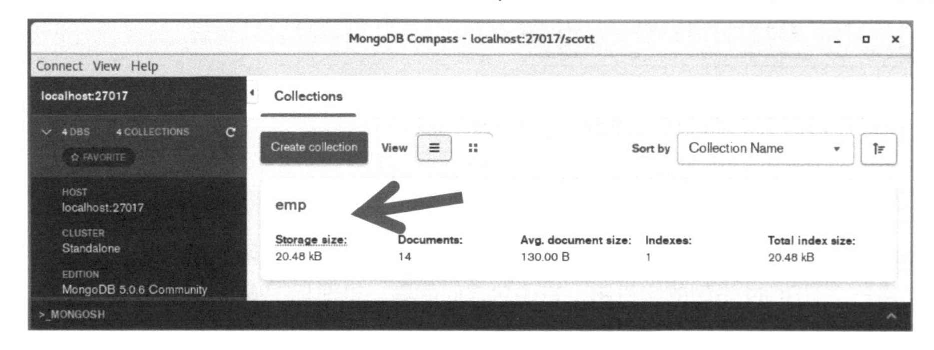

图 6-5

（8）员工集合中的数据如图 6-6 所示。

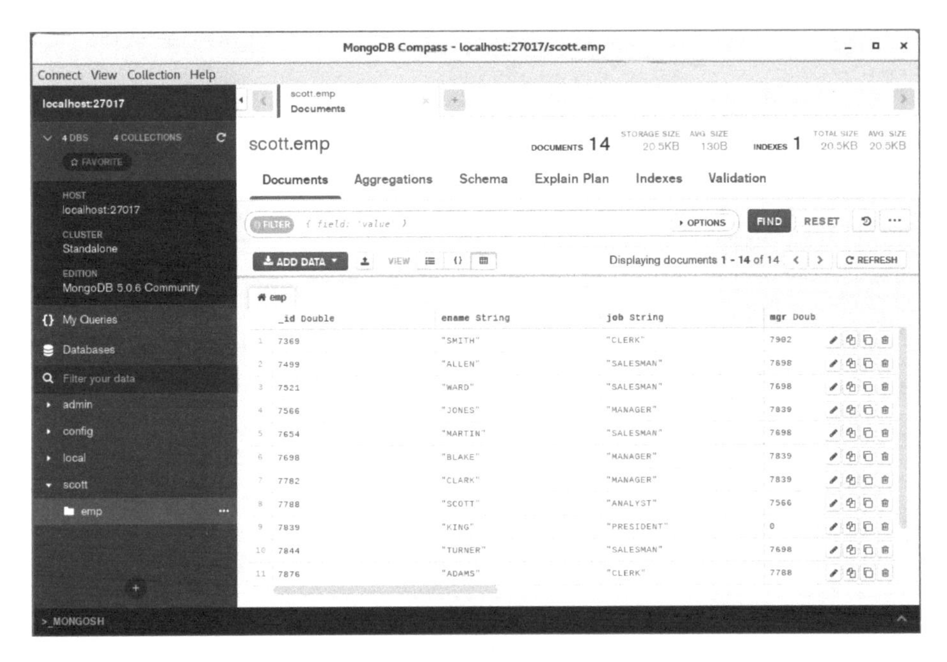

图 6-6

6.3 MongoDB 中的数据类型

MongoDB 提供了丰富的数据类型，下面分别介绍。

6.3.1 ObjectId 类型

ObjectId 类似关系型数据库中的主键，MongoDB 使用它可以唯一确定集合中的一个文档。ObjectId 是一个 BSON 类型的字符串，其中包含时间戳、机器标识码、进程 ID 和随机数。

在分布式环境下，使用 ObjectId 可以避免 MongoDB 主键的冲突。

在向 MongoDB 集合中插入文档时，可以通过字段_id 来指定 ObjectId；如果没有指定 ObjectId，则 MongoDB 会自动生成 ObjectId。

下面通过示例进行演示。

（1）使用 mongoshell 连接 MongoDB 服务器，并切换到 scott 数据库中。

```
mongo
test@nosql11 1> use scott
```

（2）创建一个名为 test1 的新集合，并向其中插入一个文档。

```
scott@nosql11 2> db.test1.insertOne({name:"Tom",age:25})
```

输出的信息如下：

```
{
 "acknowledged" : true,
 "insertedId" : ObjectId("624a559df22c930516afc4e2")
}
```

（3）查询 test1 集合中的数据。

```
scott@nosql11 3> db.test1.find()
```

输出的信息如下：

```
{ "_id" : ObjectId("624a559df22c930516afc4e2"), "name" : "Tom", "age" : 25 }
```

由于在第（2）步插入文档时没有指定_id，所以 MongoDB 会为插入的文档自动生成一个 ObjectId。

6.3.2　日期类型

在 MongoDB 中表示日期和时间，可以通过 Date 和 Timestamp 这两种方式，下面通过具体示例进行演示。

（1）使用 Date()插入一个字符串类型的时间数据。

```
scott@nosql11 5> Date()
Mon Apr 04 2022 10:37:19 GMT+0800 (CST)
```

（2）使用 new Date()插入一个 ISODate 类型的格林尼治标准时间数据。

```
scott@nosql11 6> new Date()
ISODate("2022-04-04T02:37:26.813Z")
```

（3）使用 ISODate()插入时间数据。

```
scott@nosql11 7> ISODate()
ISODate("2022-04-04T02:37:35.642Z")
```

6.3.3　数值类型

在 MongoDB 中表示数值类型的数据，可以使用不同的方式。例如，用 Double 表示浮点数；

用 Integer 表示整数。

以下语句将向 MongoDB 的表中各插入 Integer 类型和 Double 类型的数据。

```
scott@nosql11 12> db.test1.insertOne({x1:1,x2:3.14});
```

MongoDB 还支持使用 NumberLong、NumberInt 和 NumberDecimal 来表示数值类型的数据。表 6-2 中列出了它们之间的区别。

表 6-2

MongoDB 的数值类型	说　明
NumberLong	表示 64 位整型数据
NumberInt	表示 32 位整型数据
NumberDecimal	MongoDB 从 3.4 版本开始支持 NumberDecimal 类型的数据，它可以支持 34 位小数位。 NumberDecimal 与 Double 类型有所不同： • NumberDecimal 类型存储的是实际数据，无精度问题。 • Double 类型存储的是一个近似值。 以 9.99 为例，NumberDecimal("9.99") 的值是 9.99；而 Double 类型的 9.99 则是一个大概值——9.9900000000000002131628…

下面演示用 MongoDB 存储数值类型的数据。

（1）创建一个新集合 test2，并向该集合中插入以下测试数据。

```
scott@nosql11 7> db.test2.insert(
[
{_id:1,val:NumberDecimal('9.99'),Description:'Decimal'},
{_id:2,val:9.99,Description:'Double'},
{_id:3,val:10,Description:'Double'},
{_id:4,val:NumberLong(10),Description:'Long'},
{_id:5,val:NumberDecimal('10.0'),Description:'Decimal'}
]
);
```

（2）通过以下查询条件查询集合中的数据。

```
scott@nosql11 8> db.test2.find({'val':9.99});
```

输出的信息如下：

```
{ "_id" : 2, "val" : 9.99, "Description" : "Double" }
```

条件{'val':9.99}将匹配 Double 类型的 9.99；而不是 NumberDecimal 类型的 9.99。

（3）如果要匹配 NumberDecimal 类型的 9.99，则需要指定以下查询条件。

```
scott@nosql11 9> db.test2.find({'val':NumberDecimal('9.99')});
```

输出的信息如下：

```
{ "_id" : 1, "val" : NumberDecimal("9.99"), "Description" : "Decimal" }
```

（4）通过以下查询条件查询集合中的数据。

```
scott@nosql11 10> db.test2.find({'val':10});
```

输出的信息如下：

```
{ "_id" : 3, "val" : 10, "Description" : "Double" }
{ "_id" : 4, "val" : NumberLong(10), "Description" : "Long" }
{ "_id" : 5, "val" : NumberDecimal("10.0"), "Description" : "Decimal" }
```

整数 10 将匹配所有的数据类型。

（5）通过以下查询条件查询集合中的数据。

```
scott@nosql11 11> db.test2.find({'val':NumberDecimal('10')});
```

输出的信息如下：

```
{ "_id" : 3, "val" : 10, "Description" : "Double" }
{ "_id" : 4, "val" : NumberLong(10), "Description" : "Long" }
{ "_id" : 5, "val" : NumberDecimal("10.0"), "Description" : "Decimal" }
```

6.3.4 其他数据类型

下面演示 MongoDB 支持的其他几种数据类型：String、Boolean、Arrays、Object。

```
scott@nosql11 12>  db.test3.insertOne(
{
_id:'stu001',
name:'Jone',
married:false,
age:18,
courses:[{cname:'语文',credit:4},{cname:'英语',credit:3}]
});
```

说明如下。

- name：姓名，是一个字符串类型的数据。
- married：是否结婚，是一个布尔类型的数据。

- age：年龄，是一个数值类型的数据。
- courses：课程列表，是一个数组类型的数据。数组中的每一个元素是一个对象，包含课程的名称和学分。

6.4 MongoDB 的体系结构

MongoDB 是一个可移植的 NoSQL 数据库，它几乎可以运行在所有的操作系统之上，从而实现跨平台性。

从整体上来看，MongoDB 在不同操作系统平台上的体系架构（如数据逻辑结构和数据存储等）差不多，只存在少量的差别。

一个运行着的MongoDB数据库,可以被看成是一个MongoDB服务器,该服务器由MongoDB数据库实例和 MongoDB 数据库组成。一般情况下，一个 MongoDB 数据库实例可以对应多个 MongoDB 数据库，这一点与 MySQL 数据库类似，如图 6-7 所示。

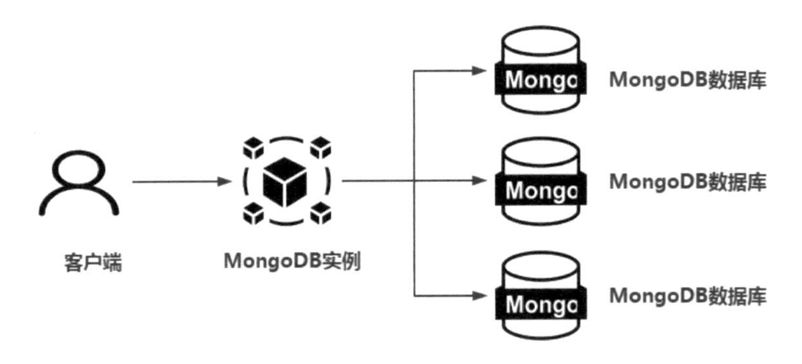

图 6-7

与 MySQL 和 Oracle 等关系型数据库类似，MongoDB 也通过逻辑存储结构来管理物理存储结构。

6.4.1 逻辑存储结构

MongoDB 的逻辑存储结构是一种层次结构，主要包括了 3 个部分：数据库（Database）、集合（Collection，也可以叫作“表”）和文档（Document，也可以叫作“记录”）。

MongoDB 的逻辑存储结构是面向用户使用的。使用 mongoshell 或者应用程序操作

MongoDB 时，主要操作的是 MongoDB 的逻辑存储结构。

数据库（Database）、集合（Collection）和文档（Document）的层次结构如图 6-8 所示。

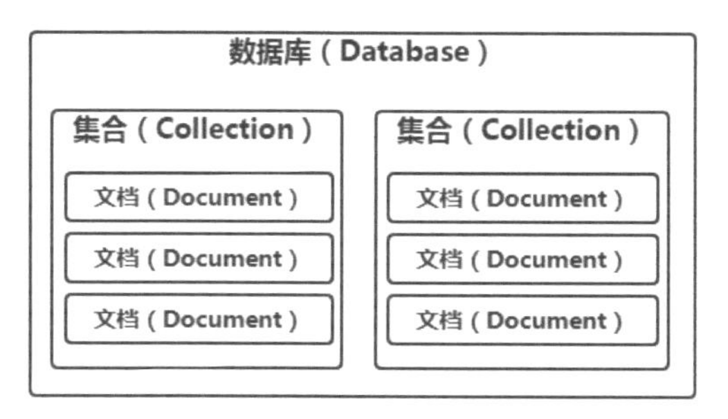

图 6-8

6.4.2　物理存储结构

MongoDB 的默认数据目录是“/daba/db”，它负责存储所有的 MongoDB 数据文件。在 MongoDB 内部，每个数据库都包含一个.ns 文件、多个数据文件和日志文件。这些文件会随着 MongoDB 数据量的增加变得越来越多，具体如下：

- 命名空间文件：后缀是 ns，默认大小是 16MB。
- 数据文件：后缀是 0、1、2 等，“.0”文件占用 16MB，“.1”文件占用 32MB，往后则翻倍，最大值为 2GB，这样可以让小数据库不占用太多的空间，大数据库能够使用磁盘上的连续空间（即通过牺牲空间来换取时间）。

由于从 3.2 版本开始 MongoDB 使用了 WiredTiger 存储引擎，因此无法直接在“/daba/db”目录下看到命名空间文件和数据文件。

- 日志文件：MongoDB 会将不同的日志存储在不同的位置。表 6-3 中列出了 MongoDB 存储日志的位置信息。

表 6-3

存储位置	日志的类型	说　明
操作系统中	系统日志	用于记录系统启动日志、警告信息等。例如，在 6.2.2 节的第（2）步中指定的“/data/mydata/mydata.log”文件
	Journal 日志	MongoDB 的重做日志文件，主要用于 MongoDB 数据的恢复
集合中	Oplog 日志	用于 MongoDB 主从复制的数据同步
	慢查询日志	记录 MongoDB 慢查询的操作信息

MongoDB 的日志将在 6.6 节中详细介绍。

6.5 MongoDB 的存储引擎

存储引擎（Storage Engine）是 MongoDB 的核心组件，负责管理数据如何存储在硬盘和内存中。从 3.2 版本开始，MongoDB 支持多种类型的存储引擎。

1. WiredTiger 存储引擎

WiredTiger 存储引擎提供文档级别的并发控制、检查点、数据压缩和本地数据加载等功能。从 MongoDB 3.2 版本开始，WiredTiger 成为 MongDB 默认的存储引擎。

2. MMAP v1 存储引擎

在 MongoDB 3.2 版本前，MMAP v1 是默认的存储引擎。MongoDB 从 4.x 版本开始不再支持该存储引擎。

3. In-Memory 存储引擎

In-Memory 存储引擎将数据存储在内存中。除少量的元数据和诊断日志外，In-Memory 存储引擎不会维护任何存储在硬盘上的数据，避免了硬盘的 I/O 操作，减少了数据查询的延迟。

以下的演示将基于 MongoDB 3.4.10 版本进行。

6.5.1 WiredTiger 存储引擎

WiredTiger 存储引擎将 MongoDB 的数据存储在硬盘上。WiredTiger 存储引擎比 MMAP v1 存储引擎功能更强大。

下面详细介绍 WiredTiger 存储引擎的功能特性。

1. 文档级别的并发控制

在 MongoDB 执行写操作时，WiredTiger 存储引擎会在文档级别进行并发控制。即在同一个时间点，多个写操作能够修改同一个集合中的不同文档；而当多个写操作修改同一个文档时，必须以序列化方式执行。这意味着，如果当前文档正在被修改，则其他写操作必须等待当前写操作完成之后才能进行。

对于大部分的文档读写操作，WiredTiger 引擎使用的是乐观锁；而在数据库和集合级别，

WiredTiger 使用的是意向锁。

> 如果 WiredTiger 存储引擎探测到两个操作发生了冲突，则会产生一个写冲突的锁。

在表 6-4 中列出了 MongoDB 的操作与产生的锁类型。

表 6-4

MongoDB 操作	锁的类型
查询文档	读
写入文档	写
删除文档	写
更新文档	写
MapReduce	读写
aggregate	读

下面演示如何监控 MongoDB 锁的信息。

（1）切换到 scott 数据库。

```
test@nosql11 1> use scott
```

（2）通过一个循环语句向 MongoDB 的集合中插入 100 百万个文档：

```
scott@nosql11 3> for(var i=1; i<=1000000;i++){
    db.test4.insert({"_id":i,
"action":"write simulations","iteration no:":i});
}
```

（3）使用 mongotop 监控 MongoDB 读写操作的统计信息。

```
mongotop
```

输出的信息如下：

```
2022-04-04T15:48:58+08:00
ns                          total     read    write
scott.test4                 114ms     0ms     114ms
admin.system.version        0ms       0ms     0ms
config.system.sessions      0ms       0ms     0ms
config.transactions         0ms       0ms     0ms
local.system.replset        0ms       0ms     0ms
```

（4）使用 db.serverStatus()方法监控锁的信息。

```
scott@nosql11 6> db.serverStatus().locks
```

输出的信息如下：

```
...
"Database" : {
    "acquireCount" : {
        "r" : NumberLong(10),
        "w" : NumberLong(119862),
        "R" : NumberLong(1),
        "W" : NumberLong(1)
    }
},
"Collection" : {
    "acquireCount" : {
        "r" : NumberLong(13),
        "w" : NumberLong(119860),
        "W" : NumberLong(2)
    }
},
...
```

可以看出，此时在数据库级别和集合级别产生了大量的写锁信息。

2. 预先日志与检查点

在更新 MongoDB 数据时，WiredTiger 存储引擎使用了预写日志的机制：先将数据写入 Journal 日志文件中；之后在创建检查点操作开始时，将日志文件中记录的操作刷新到数据文件中。这样可以保证将数据持久化到数据文件中，并实现数据的一致性。

在检查点操作开始时，WiredTiger 存储引擎将提供指定时间点的数据库快照，该快照反映的是 MongoDB 当前内存中的数据情况。当向磁盘写入数据时，WiredTiger 存储引擎将快照中的所有数据以一致性方式写入 MongoDB 的数据文件，并保证数据文件和内存是数据一致的。由于检查点是定期执行的，因此检查点操作能够缩短 MongoDB 从 Journal 日志文件恢复数据的时间。

在默认情况下，WiredTiger 存储引擎创建检查点的时间间隔是 60s 或每产生 2GB 的 Journal 日志文件。在 WiredTiger 存储引擎创建新的检查点期间，上一个检查点仍然是有效的。这意味着，即使 MongoDB 在创建新的检查点期间遇到错误而异常终止运行，只需要重启 MongoDB 即可从上一个有效的检查点开始恢复数据。

在新的检查点创建成功后，WiredTiger 存储引擎以原子方式更新元数据表使其引用新创建的检查点，同时会将老的检查点占用的磁盘空间释放。

图 6-9 说明了在 MongoDB 写入数据时，MongoDB 的预写日志机制与产生检查点操作的关系。

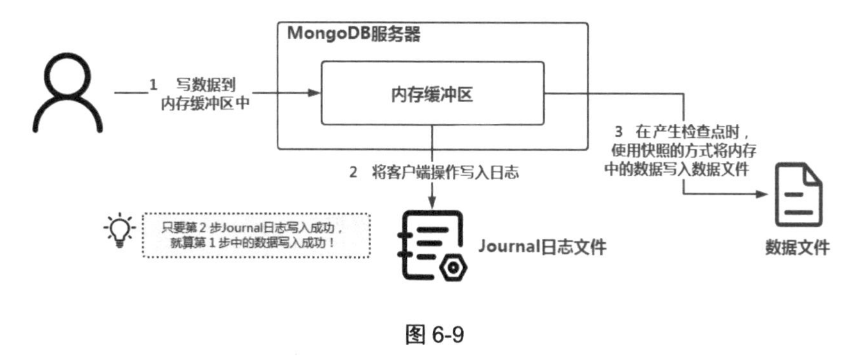

图 6-9

当第 2 步完成时，写入的数据依然在内存缓冲区中。如果此时 MongoDB 发生了故障导致数据丢失，则在重新启动时，WiredTiger 存储引擎会使用 Journal 日志文件来恢复内存缓冲区中的数据。

3. 有效的内存使用

WiredTiger 存储引擎利用系统内存缓存两部分数据：

- 内部缓存（Internal Cache）数据。
- 文件系统缓存（Filesystem Cache）数据。

在默认情况下，WiredTiger 存储引擎使用系统物理内存的一半来缓存数据。如果要修改这个设置，则可以通过参数 wiredTigerCacheSizeGB 进行修改。

要监控 MongoDB 的内存使用情况，可以使用 db.serverStatus().mem 命令。

```
scott@nosql11 2> db.serverStatus().mem
```

输出的信息如下：

```
{ "bits" : 64, "resident" : 68, "virtual" : 1561, "supported" : true }
```

说明如下。

- resident：物理内存的使用的情况，单位是 MB。
- virtual：虚拟内存的使用的情况，单位是 MB。

4. 数据压缩

WiredTiger 存储引擎支持对集合和索引进行压缩，以减少磁盘空间的消耗。WiredTiger 存储引擎为集合提供 3 个压缩选项。

- 无压缩。
- snappy：默认启用的压缩方式，能够有效地利用资源。
- zlib：类似 gzip 压缩，压缩比率高，但是需要占用更多的 CPU 资源。

WiredTiger 存储引擎为索引提供了两个压缩选项。

- 无压缩。
- 前缀：默认启用的压缩方式，能够有效地利用资源。

对于大多数工作负载情况，使用默认的压缩设置就能够均衡数据存储的效率和处理数据的需求，即压缩和解压缩的处理速度都非常快。以下示例将创建一个使用 zlib 压缩的集合：

```
db.createCollection("email",
{storageEngine:
{wiredTiger:
{configString: 'block_compressor=zlib'}}})
```

如果想进一步测量压缩前后的大小，则执行以下语句。该语句将以字节为单位返回 MongoDB 中集合与索引的大小。

```
db.stats(1024*1024).dataSize + db.stats(1024*1024).indexSize
```

5. 磁盘空间回收

当从 MongoDB 中删除文档或者集合时，MongoDB 不会立即将磁盘空间释放给操作系统。MongoDB 会在数据文件中维护 Empty Records 列表。当重新插入数据时，MongoDB 会从 Empty Records 列表中分配存储空间给新的文档，而不需要重新开辟空间，这样可以有效地重用磁盘空间。但这会带来一个问题——会产生大量的磁盘数据碎片。因此，WiredTiger 存储引擎也支持使用 compact 命令整理磁盘数据碎片，并释放没有使用的磁盘空间。该命令的语法格式如下：

```
db.runCommand ( { compact: '<collection>' } )
```

以下命令将释放 scott 数据库中员工集合没有使用的磁盘空间。

```
db.runCommand({compact:'emp'});
```

在执行 compact 命令时，WiredTiger 存储引擎会对当前数据库进行加锁，以阻塞其他操作。在 compact 命令执行完成后，WiredTiger 存储引擎会重建集合的所有索引。

6. 迁移到 WiredTiger 存储引擎

由于 MongoDB 推荐使用 WiredTiger 存储引擎来存储数据，因此 MongoDB 支持将数据从其他存储引擎迁移到 WiredTiger 存储引擎。

下面通过一个具体示例来演示。

（1）创建“/data/standalone”目录以使用 MMAP v1 存储引擎。

```
mkdir /data/standalone
```

（2）编辑“/data/standalone/standalone.conf”文件，并输入以下内容：

```
dbpath=/data/standalone
port=27017
fork=true
logpath=/data/standalone/standalone.log
storageEngine=mmapv1
```

MMAP v1 存储引擎将在 6.5.2 节中介绍。

（3）启动 MongoDB 服务器。

```
mongod --config /data/standalone/standalone.conf
```

（4）使用 mongoshell 登录 MongoDB 服务器并插入一些示例数据。

```
> use mydemo
> db.mydata.insert({"name":"Tom"})
```

（5）将数据导出。

```
mkdir /data/exportdata
mongodump --out /data/exportdata
```

（6）停止 MongoDB 服务器。

```
> use admin
> db.shutdownServer()
```

（7）将导出的数据迁移到 WiredTiger 存储引擎。

```
mkdir -p /data/wiredtiger
mongod --storageEngine wiredTiger --dbpath /data/wiredtiger/
mongorestore /data/exportdata/
```

（8）使用 mongoshell 登录 MongoDB，验证数据是否被成功迁移。

6.5.2　MMAP v1 存储引擎

在 MongoDB 3.2 版本以前，MongoDB 使用 MMAP v1 作为默认的存储引擎。MMAP v1 存

储引擎包含以下组成部分。

- Database：每个 Database 由一个.ns 命名空间文件，以及若干个数据文件组成。数据文件后缀名从 0 开始编号，依次为.0、.1、.2 等。数据文件大小从 64MB 起，依次倍增，最大为 2GB。
- NameSpace：每个 Database 可以包含多个命名空间文件，该命名空间对应 MongoDB 中的集合。命名空间文件实际上是一个 Hash 表，用于快速定位某个集合的起始位置。
- 数据文件：每个数据文件被划分成多个 Extent，每个 Extent 只包含一个命名空间的数据。同一个命名空间的所有 Extent 以双向链表形式组织。命名空间的元数据中包含指向第 1 个及最后一个 Extent 的位置指针。通过这些信息，可遍历一个命名空间中的所有 Extent 数据。图 6-10 说明了命名空间文件与数据文件的关系。

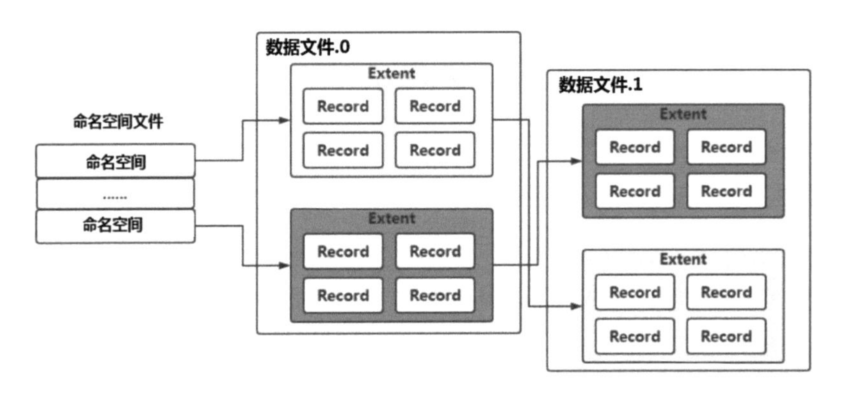

图 6-10

- Extent：包含多个 Record，该 Record 对应 MongoDB 集合中的 Document。同一个 Extent 下的所有 Record 以双向链表形式组织。
- Record：对应 MongoDB 里的一个文档。

下面演示 MMAP v1 存储引擎的使用。

（1）创建目录用于保存 MMAP v1 存储引擎的数据。

```
mkdir -p /data/mmapv1
```

（2）编辑配置文件“/data/mmapv1/mmapv1.conf”，输入以下内容。

```
dbpath=/data/mmapv1/
port=27018
fork=true
logpath=/data/mmapv1/mmapv1.log
storageEngine=mmapv1
```

（3）启动 MongoDB 服务器。

```
mongod --config /data/mmapv1/mmapv1.conf
```

（4）使用 mongoshell 连接 MongoDB 服务器。

```
mongo --port 27018
```

（5）在 MongoDB 中创建一个数据库和一个新的集合，并插入一条数据。

```
> use mmapv1
> db.test1.insert({name:'Tom',age:18});
```

（6）查看“/data/mmapv1”目录下的文件。

```
tree /data/mmapv1
```

输出的信息如下：

```
/data/mmapv1
├── admin.0
├── admin.ns
├── diagnostic.data
│   ├── metrics.2022-04-04T05-18-26Z-00000
│   └── metrics.interim
├── journal
│   └── j._0
├── local.0
├── local.ns
├── mmapv1.0          --> 数据库的第 1 个数据文件
├── mmapv1.conf
├── mmapv1.log
├── mmapv1.ns         --> 这是在第（5）步中创建的数据库的命名空间文件
├── mongod.lock
├── storage.bson
└── _tmp
```

6.5.3　In-Memory 存储引擎

In-Memory 存储引擎会把 MongoDB 的数据存储在内存中。除少量的元数据和诊断日志外，In-Memory 存储引擎不会维护任何存储在硬盘上的数据，从而避免了硬盘的读写操作，这样减少了数据查询的延迟，提高了性能。

> 虽然 In-Memory 存储引擎不会向文件系统写入数据，但它仍需要使用--dbpath 参数指定一个目录用于存储少量的元数据和诊断日志。
>
> 通过指定 inMemorySizeGB 参数可以设置 MongoDB 占用的内存空间，默认值为“内存空间的一半 －1GB”。

下面演示如何使用 MongoDB 的 In-Memory 存储引擎。

（1）创建目录，用于保存 In-Memory 存储引擎的元数据和诊断日志。

```
mkdir -p /data/memory
```

（2）编辑配置文件“/data/memory/memory.conf”，输入以下内容。

```
dbpath=/data/memory/
port=27019
fork=true
logpath=/data/memory/memory.log
storageEngine=inMemory
```

（3）启动 MongoDB 服务器。

```
mongod --config /data/memory/memory.conf
```

（4）使用 mongoshell 连接 MongoDB 服务器。

```
mongo --port 27019
```

（5）在 MongoDB 中创建一个数据库和一张新的集合，并插入一条数据。

```
> use demomemory
> db.test2.insert({name:'Tom',age:18});
```

（6）执行一个简单的查询。

```
> db.test2.find()
```

输出的信息如下：

```
{ "_id" : ObjectId("624a79c6bbaaee76910e3e09"), "name" : "Tom", "age" : 18 }
```

（7）切换到 admin 数据库，并关闭 MongoDB 服务器。

```
> use admin
> db.shutdownServer()
> exit
```

（8）重新启动 MongoDB 服务器，并使用 mongoshell 连接 MongoDB 服务器。

```
mongod --config /data/memory/memory.conf
mongo --port 27019
```

（9）查看当前 MongoDB 实例中的数据库。

```
> show dbs;
```

输出的信息如下：

```
admin  0.000GB
local  0.000GB
```

因为使用的是 In-Memory 存储引擎，所以 MongoDB 不会执行数据的持久化操作。一旦重启了 MongoDB 数据库服务器，则数据将从内存中消失。

6.6　MongoDB 的日志——Journal 日志

数据是 MongoDB 的核心，MongoDB 通过 Journal 日志保证数据的安全。Journal 日志用于记录在上一个检查点之后发生的数据更新，并将更新的信息顺序写入 Journal 日志文件。利用 Journal 日志文件，能够将数据库从系统异常终止状态还原到一个有效的状态。

通过 6.5.1 节中的内容了解到，MongoDB 使用预写日志机制实现数据的持久化。每个 Journal 日志文件的大小是 100MB，并存储在由参数 dbpath 指定的 journal 子目录下，如下所示：

```
tree /data/mydata/journal/
```

输出的信息如下：

```
/data/mydata/journal/
├── WiredTigerLog.0000000001
├── WiredTigerPreplog.0000000001
└── WiredTigerPreplog.0000000002
```

在默认情况下，MongoDB 已经启用了 Journal 日志记录。如果没有启用，则可以通过在启动 MongoDB 服务器时指定参数 journal 来启用。

当 MongoDB 发生数据丢失时，Journal 日志文件可以用于恢复数据。数据恢复的过程如下：

（1）从数据文件中查找上一个检查点的标识值。

（2）在 Journal 日志文件中匹配上一个检查点的标识值的日志记录。

（3）重新执行匹配到的所有 Journal 日志记录以恢复数据。

WiredTiger 存储引擎会使用内存缓冲区来存储 Journal 日志信息，该缓冲区默认大小是 128KB。当缓冲区中的日志信息超过 128KB 时，才会将内存缓冲区中的 Journal 日志信息写入磁盘上的 Journal 日志文件中。这就意味着，如果 MongoDB 发生异常关机，使用 WiredTiger 存储引擎最多会丢失 128KB 的更新数据。

7

第7章 操作 MongoDB 中的数据

MongoDB 支持数据的 CRUD 操作（即插入、读取、更新和删除操作）。但是，MongoDB 所支持的语法并不是 SQL 语法。

除最基本的数据操作方式外，MongoDB 还支持全文检索、地理空间查询和聚合操作。从 4.x 版本开始，MongoDB 有了事务特性。

7.1 使用 DML 语句操作数据

DML（Data Manipulation Language，数据操纵语言）用来插入、修改和删除数据库对象中的数据（例如 MongoDB 集合中的文档）。DML 语句主要包含以下操作。

- insert：向 MongoDB 的集合中插入文档。
- update：更新 MongoDB 的集合中已有的文档。
- delete：从 MongoDB 的集合中删除已有的文档。

7.1.1 使用 insert 语句插入文档

在 MongoDB 中，使用插入语句向集合中添加文档有以下 3 种方法。

- insertOne()：插入一个文档。
- insertMany()：插入一个文档数组。
- insert()：插入一个文档或者一个文档数组。

下面演示如何使用 insert 语句向 MongoDB 的集合中添加文档。

在使用 insert 语句将一个新的文档插入一个集合时，如果该集合还不存在，则 insert 语句会自动创建该集合。

（1）切换到 scott 数据库。

```
> use scott
```

（2）使用 insertOne()方法插入一条学生数据。

```
> db.student.insertOne({_id:'stu001',
name:'Mary',
age:25,
grade:{chinese:80,math:85}});
```

输出的信息如下：

```
{ "acknowledged" : true, "insertedId" : "stu001" }
```

（3）使用 insertMany()方法插入多条学生数据。

```
> db.student.insertMany([
{_id:'stu002',name:'Tom',age:21,grade:{chinese:81,math:85}},
{_id:'stu003',name:'Mike',age:26,grade:{chinese:83,math:85}},
{_id:'stu004',name:'Jone',age:22,grade:{chinese:82,math:85}},
]);
```

输出的信息如下：

```
{
"acknowledged" : true,
"insertedIds" : [
    "stu002",
    "stu003",
    "stu004"
]
}
```

（4）查询 student 集合中的数据。

```
> db.student.find();
```

输出的信息如下：

```
{"_id":"stu001","name":"Mary","age":25,"grade":{"chinese":80,"math":85}}
{"_id":"stu002","name":"Tom","age":21,"grade":{"chinese":81,"math":85}}
{"_id":"stu003","name":"Mike","age":26,"grade":{"chinese":83,"math":85}}
```

```
{"_id":"stu004","name":"Jone","age":22,"grade":{"chinese":82,"math":85}}
```

7.1.2 使用 update 语句更新文档

MongoDB 支持更新集合中的文档，可以使用以下方法：

- updateOne(<filter>, <update>, <options>)。
- updateMany(<filter>, <update>, <options>)。
- replaceOne(<filter>, <replacement>, <options>)。

下面演示如何使用 update 语句更新 MongoDB 集合中的文档。

这里使用 6.2.3 节中第（5）步创建的员工集合 emp 为例来进行演示。

（1）确定员工集合 emp 中的数据。

```
> db.emp.find().pretty()
```

输出的信息如下：

```
...
{
 "_id" : 7788,
 "ename" : "SCOTT",
 "job" : "ANALYST",
 "mgr" : 7566,
 "hiredate" : "19-04-87",
 "sal" : 3000,
 "comm" : 0,
 "deptno" : 20
}
{
 "_id" : 7839,
 "ename" : "KING",
 "job" : "PRESIDENT",
 "mgr" : 0,
 "hiredate" : "17-11-81",
 "sal" : 5000,
 "comm" : 0,
 "deptno" : 10
}
...
```

pretty()方法用于格式化输出查询的结果。

（2）使用 updateOne()方法更新单个文档，例如：更新员工号为 7839 的员工的薪水。

```
> db.emp.updateOne({"_id":7839},{$set:{"sal":8000}})
```

（3）使用 updateMany()方法更新多个文档，例如：为 10 号部门的员工加薪 100 元。

```
> db.emp.updateMany("deptno":{$eq:10}},{$set:{"sal":"sal"+100}})
```

（4）确认数据是否更新成功。

```
> db.emp.find().pretty()
```

输出的信息如下：

```
...
{
 "_id" : 7839,
 "ename" : "KING",
 "job" : "PRESIDENT",
 "mgr" : 0,
 "hiredate" : "17-11-81",
 "sal" : "sal100",
 "comm" : 0,
 "deptno" : 10
}
...
```

从输出结果可以看出，sal 表示员工薪水原来是一个数值类型的数据，在更新完成后变成了一个字符串类型的数据。因此，要在 MongoDB 中更新数值类型的数据，需要使用$inc 操作符，这样才不会出现数据类型的变更。

（5）使用$inc 操作符更新员工的薪水。

```
> db.emp.updateMany({"deptno":{$eq:10}},{$inc:{"sal":100}})
```

7.1.3 使用 delete 语句删除文档

MongoDB 支持删除集合中的文档。删除文档可以使用以下两种方法：

- deleteMany()。

- deleteOne()。

以下语句将从员工集合中删除员工号为 7839 的文档。

```
> db.emp.deleteOne({_id:7839})
```

输出的信息如下：

```
{ "acknowledged" : true, "deletedCount" : 1 }
```

7.1.4 批处理操作

MongoDB 支持批处理操作，以提高操作的效率。db.collection.bulkWrite()方法支持 insert、update、remove 操作。

以下批处理操作中包含两条插入语句和一条更新语句。

```
> db.mystudents.bulkWrite(
[
  {insertOne:{"document":{"_id":100,"name":"Tom","age":25}}},
  {insertOne:{"document":{"_id":101,"name":"Mary","age":24}}},
  {updateOne:{"filter":  {"_id":100},"update":{$set:{"name":"Emi"}}}}
]);
```

输出的信息如下：

```
{
 "acknowledged" : true,
 "deletedCount" : 0,
 "insertedCount" : 2,
 "matchedCount" : 1,
 "upsertedCount" : 0,
 "insertedIds" : {
     "0" : 100,
     "1" : 101
 },
 "upsertedIds" : {
 }
}
```

批处理完成后，通过一个简单的查询语句来确定批处理的结果。

```
> db.mystudents.find()
```

输出的信息如下：

```
{ "_id" : 100, "name" : "Emi", "age" : 25 }
{ "_id" : 101, "name" : "Mary", "age" : 24 }
```

7.2 使用 DQL 语句查询数据

DQL（Data Query Language，数据查询语言）用来查询数据库对象中的数据。

7.2.1 【实战】基本查询

利用 MongoDB 的 find()语句可以查询集合中的文档，包括：嵌套的文档、数组中的文档、数组中嵌套的文档和空值等。正因为 find()语句提供了丰富的查询方式，才使得 MongoDB 能够应用在不同的业务场景中。

下面通过具体的示例来进行演示。

> 这里使用 6.2.3 节中第（5）步创建的员工集合 emp 来进行演示，员工集合 emp 中共有 14 个文档。

（1）查询所有的员工数据。

```
> db.emp.find().pretty()
```

输出的信息如下：

```
...
{
"_id":7900,
"ename":"JAMES",
"job":"CLERK",
"mgr":7698,
"hiredate":"03-12-81",
"sal":950,
"comm":0,
"deptno":30
}
{
"_id":7902,
"ename":"FORD",
"job":"ANALYST",
"mgr":7566,
"hiredate":"03-12-81",
"sal":3000,
"comm":0,
"deptno":20
```

```
}
...
```

（2）指定相等的条件：查询职位是经理的员工。

```
> db.emp.find({job:"MANAGER"})
```

输出的信息如下：

```
{"_id":7566,"ename":"JONES","job":"MANAGER","mgr":7839,"hiredate":"02-04-81","sal":2975,"comm":0,"deptno":20}
{"_id":7698,"ename":"BLAKE","job":"MANAGER","mgr":7839,"hiredate":"01-05-81","sal":2850,"comm":0,"deptno":30}
{"_id":7782,"ename":"CLARK","job":"MANAGER","mgr":7839,"hiredate":"09-06-81","sal":2450,"comm":0,"deptno":10}
```

（3）使用查询操作符$in：查询职位是 MANAGER 或者 CLERK 的员工。

```
> db.emp.find({job:{$in:["MANAGER","CLERK"]}})
```

输出的信息如下

```
{"_id":7369,"ename":"SMITH","job":"CLERK","mgr":7902,"hiredate":"17-12-80","sal":800,"comm":0,"deptno":20}
{"_id":7566,"ename":"JONES","job":"MANAGER","mgr":7839,"hiredate":"02-04-81","sal":2975,"comm":0,"deptno":20}
{"_id":7698,"ename":"BLAKE","job":"MANAGER","mgr":7839,"hiredate":"01-05-81","sal":2850,"comm":0,"deptno":30}
{"_id":7782,"ename":"CLARK","job":"MANAGER","mgr":7839,"hiredate":"09-06-81","sal":2450,"comm":0,"deptno":10}
{"_id":7876,"ename":"ADAMS","job":"CLERK","mgr":7788,"hiredate":"23-05-87","sal":1100,"comm":0,"deptno":20}
{"_id":7900,"ename":"JAMES","job":"CLERK","mgr":7698,"hiredate":"03-12-81","sal":950,"comm":0,"deptno":30}
{"_id":7934,"ename":"MILLER","job":"CLERK","mgr":7782,"hiredate":"23-01-82","sal":1300,"comm":0,"deptno":10}
```

使用以下语句也可以实现同样的功能。

db.emp.find({$or:[{job:"MANAGER"},{job:"CLERK"}]})

（4）使用 and 条件：查询 10 号部门中工资大于 2000 的员工。

```
> db.emp.find({sal:{$gt:2000},deptno:10})
```

输出的信息如下：

```
{"_id":7782,"ename":"CLARK","job":"MANAGER","mgr":7839,"hiredate":"09-06-81","sal":2450,"comm":0,"deptno":10}
```

```
{"_id":7839,"ename":"KING","job":"PRESIDENT","mgr":0,"hiredate":"17-11-8
1","sal":5000,"comm":0,"deptno":10}
```

7.2.2 【实战】查询嵌套的文档

MongoDB 提供的 find()语句支持查询嵌套的文档。下面通过具体的示例来进行演示。

（1）创建学生集合 student，并插入文档。

```
> db.student.insertMany([
{_id:"stu0001",name:"Mary",age:25,grade:{chinese:80,math:85,english:90}},
{_id:"stu0002",name:"Tom",age:25,grade:{chinese:86,math:82,english:95}},
{_id:"stu0003",name:"Mike",age:25,grade:{chinese:81,math:90,english:88}},
{_id:"stu0004",name:"Jerry",age:25,grade:{chinese:95,math:87,english:89}}
]);
```

（2）查询语文成绩是 81 分、英语成绩是 88 分的文档。

```
> db.student.find({grade:{chinese:81,english:88}})
```

这条查询语句得不到任何结果，因为 MongoDB 在查询嵌套文档时需要保证所有的字段都匹配，而在 student 集合中不存在满足条件的文档。

（3）查询语文成绩是 81 分、数学成绩是 90 分、英语成绩是 88 分的文档。

```
> db.student.find(
{grade:{chinese:81,math:90,english:88}}).pretty()
```

输出的信息如下：

```
{
"_id" : "stu0003",
"name" : "Mike",
"age" : 25,
"grade" : {
    "chinese" : 81,
    "math" : 90,
    "english" : 88
}
}
```

（4）查询数学成绩是 90 分、语文成绩是 81 分、英语成绩是 88 分的文档。

```
> db.student.find({grade:{math:90,chinese:81,english:88}}).pretty()
```

在查询嵌套文档时，除需要保证所有的字段都匹配外，还需要保证顺序一致。因此这里的查询没有任何结果。

（5）查询嵌套文档中的一个字段：查询数学成绩是 82 分的文档。

```
> db.student.find({"grade.math":82}).pretty()
```

输出的信息如下：

```
{
 "_id" : "stu0002",
 "name" : "Tom",
 "age" : 25,
 "grade" : {
     "chinese" : 86,
     "math" : 82,
     "english" : 95
 }
}
```

（6）使用比较运算符：查询英语成绩大于 88 分的文档。

```
> db.student.find({"grade.english":{$gt:88}})
```

输出的信息如下：

```
{"_id":"stu0001","name":"Mary","age":25,"grade":{"chinese":80,"math":85,
"english":90}}
{"_id":"stu0002","name":"Tom","age":25,"grade":{"chinese":86,"math":82,
"english":95}}
{"_id":"stu0004","name":"Jerry","age":25,"grade":{"chinese":95,"math":87,
"english":89}}
```

（7）使用 AND 运算符：查询英语成绩大于 88 分、语文成绩大于 85 分的文档。

```
> db.student.find(
{"grade.english":{$gt:88},"grade.chinese":{$gt:85}}).pretty()
```

输出的信息如下：

```
{
 "_id" : "stu0002",
 "name" : "Tom",
 "age" : 25,
 "grade" : {
     "chinese" : 86,
     "math" : 82,
```

```
    "english" : 95
 }
 }
 {
 "_id" : "stu0004",
 "name" : "Jerry",
 "age" : 25,
 "grade" : {
    "chinese" : 95,
    "math" : 87,
    "english" : 89
 }
 }
```

7.2.3 【实战】查询数组中的文档

MongoDB 提供的 find()语句支持查询数组中的文档。下面进行演示。

（1）创建一个新的集合 studentbook 用于保存学生的书籍。

```
> db.studentbook.insert([
{_id:"stu001",name:"Tom",books:["Hadoop","Java","NoSQL"]},
{_id:"stu002",name:"Mary",books:["C++","Java","Oracle"]},
{_id:"stu003",name:"Mike",books:["Java","MySQL","PHP"]},
{_id:"stu004",name:"Jerry",books:["Hadoop","Spark","Java"]},
{_id:"stu005",name:"Jone",books:["C","Python"]}
])
```

（2）查询有 Hadoop、Java 书的文档。

```
> db.studentbook.find({books:{$all:["Hadoop","Java"]}})
```

输出的信息如下：

```
{"_id":"stu001","name":"Tom","books":["Hadoop","Java","NoSQL"]}
{"_id":"stu004","name":"Jerry","books":["Hadoop","Spark","Java"]}
```

这里的查询不能使用以下形式。

```
> db.studentbook.find({books:["Hadoop","Java"]})
```

（3）跟查询嵌套文档一样，查询数组需要匹配数组中的所有元素，并且顺序也要一致。例如：

```
> db.studentbook.find({books:["Hadoop","Java","NoSQL"]})
```

输出的信息如下：

```
{"_id":"stu001","name":"Tom","books":["Hadoop","Java","NoSQL"]}
```

7.2.4 【实战】查询数组中嵌套的文档

MongoDB 提供的 find()语句支持查询数组中嵌套的文档。下面进行演示。

（1）创建一个新的集合，并插入文档。

```
> db.studentbook1.insertMany([
{_id:"stu001",name:"Tome",books:[{"bookname":"Hadoop", quantity:2},
                               {"bookname":"Java", quantity:3},
                               {"bookname":"NoSQL", quantity:4}]},
{_id:"stu002",name:"Mary",books:[{"bookname":"C++", quantity:4},
                               {"bookname":"Java", quantity:3},
                               {"bookname":"Oracle", quantity:5}]},
{_id:"stu003",name:"Mike",books:[{"bookname":"Java", quantity:4},
                               {"bookname":"MySQL", quantity:1},
                               {"bookname":"PHP", quantity:1}]},
{_id:"stu004",name:"Jone",books:[{"bookname":"Hadoop", quantity:3},
                               {"bookname":"Spark", quantity:2},
                               {"bookname":"Java", quantity:4}]},
{_id:"stu005",name:"Jane",books:[{"bookname":"C", quantity:1},
                               {"bookname":"Python", quantity:5}]}])
```

（2）查询有 4 本 Java 书的文档。

```
> db.studentbook1.find({books:{"bookname":"Java","quantity":4}})
```

输出的信息如下：

```
{"_id":"stu003","name":"Mike","books":[
{"bookname":"Java","quantity":4},
{"bookname":"MySQL","quantity":1},
{"bookname":"PHP","quantity":1}]}
{"_id":"stu004","name":"Jone","books":[
{"bookname":"Hadoop","quantity":3},
{"bookname":"Spark","quantity":2},
{"bookname":"Java","quantity":4}]}
```

（3）指定查询的条件：在数组的第 1 个元素中查询大于或等于 3 本的文档。

```
> db.studentbook1.find({"books.0.quantity":{$gte:3}})
```

输出的信息如下：

```
{"_id":"stu002","name":"Mary","books":[
{"bookname":"C++","quantity":4},
{"bookname":"Java","quantity":3},
{"bookname":"Oracle","quantity":5}]}
{"_id":"stu003","name":"Mike","books":[
{"bookname":"Java","quantity":4},
```

```
{"bookname":"MySQL","quantity":1},
{"bookname":"PHP","quantity":1}]}
{"_id":"stu004","name":"Jone","books":[
{"bookname":"Hadoop","quantity":3},
{"bookname":"Spark","quantity":2},
{"bookname":"Java","quantity":4}]}
```

如果不知道字段的位置，则可以像下面这样（查询文档中至少有一个 quantiy 的值大于或等于 3）：

> db.studentbook1.find({"books.quantity":{$gte:3}})

（4）指定多个条件：查询 Java 书并且数量等于 4 本的文档。

```
> db.studentbook1.find({"books":
{$elemMatch:{"bookname":"Java","quantity":4}}})
```

输出的信息如下：

```
{"_id":"stu003","name":"Mike","books":[
{"bookname":"Java","quantity":4},
{"bookname":"MySQL","quantity":1},
{"bookname":"PHP","quantity":1}]}
{"_id":"stu004","name":"Jone","books":[
{"bookname":"Hadoop","quantity":3},
{"bookname":"Spark","quantity":2},
{"bookname":"Java","quantity":4}]}
```

7.2.5 【实战】查询空值和缺失的列

MongoDB 提供的 find()语句支持查询空值和含有缺失列的文档。下面进行演示。

（1）创建一个新的集合，并插入文档。

```
> db.student2.insertMany([
{_id:1,name:"Tom",age:null},
{_id:2,name:"Mary"}
])
```

（2）查询值为 null 的文档。

```
> db.student2.find({age:null})
```

输出的信息如下：

```
{"_id":1,"name":"Tom","age":null}
{"_id":2,"name":"Mary"}
```

（3）查询包含空值的文档。

```
> db.student2.find({age:{$type:10}})
```

在 BSON 格式中，用数字 10 表示空值。

输出的信息如下：

```
{"_id":1,"name":"Tom","age":null}
```

（4）检查有缺失列的文档。

```
> db.student2.find({age:{$exists:false}})
```

输出的信息如下：

```
{"_id":2,"name":"Mary"}
```

7.2.6 【实战】使用游标查询文档

与关系型数据库 MySQL 和 Oracle 类似，MongoDB 也支持使用游标访问数据。db.collection.find()方法将返回一个游标，如果要访问文档则需要使用带游标的迭代器。

在 mongoshell 中，如果没有给返回的游标指定变量，则游标将自动返回前 20 个文档。在使用完游标后需要将其关闭，在默认情况下，10 分钟内没有被使用的游标会自动关闭。

如果之前用 noCursorTimeout()方法关闭了游标的超时选项，则需要手动关闭游标。例如：

```
> var mycursor = db.emp.find().noCursorTimeout()
...
> mycursor.close()
```

（1）定义游标以代表员工集合中所有的文档。

```
> var mycursor = db.emp.find()
```

（2）通过游标访问数据。

```
> mycursor
```

输出的信息如下：

```
{"_id":7369,"ename":"SMITH","job":"CLERK","mgr":7902,"hiredate":"17-12-80","sal":800,"comm":0,"deptno":20}
{"_id":7499,"ename":"ALLEN","job":"SALESMAN","mgr":7698,"hiredate":"20-02-81","sal":1600,"comm":300,"deptno":30}
...
```

（3）在创建了 MongoDB 的游标后，可以在循环语句中使用它，例如：

```
> var mycursor = db.emp.find()
> while(mycursor.hasNext()){
printjson(mycursor.next())
}
```

通过 forEach()方法可以遍历游标中的文档，例如：

> mycursor.forEach(printjson)

（4）可以将游标转换成数组，例如：

```
> var mycursor = db.emp.find()
> var myarray  = mycursor.toArray()
> var myDocument = myarray[3]
> myDocument
```

输出的信息如下：

```
{
 "_id" : 7566,
 "ename" : "JONES",
 "job" : "MANAGER",
 "mgr" : 7839,
 "hiredate" : "02-04-81",
 "sal" : 2975,
 "comm" : 0,
 "deptno" : 20
}
```

7.3 全文检索

全文检索会对每一个词建立一个索引，指明该词在文档中出现的次数和位置。当用户查询文档时，检索程序会根据事先建立的索引进行查找，并将查找的结果反馈给用户。这个过程类似于通过字典中的检索字表查找字的过程。

MongoDB 从 2.4 版本开始支持全文检索。目前支持多种语言（包括中文）的全文索引。

执行以下语句创建测试需要的数据。

```
> db.stores.insert([
{_id:1,name:"Java Hut",description: "Coffee and cakes" },
{_id:2,name:"Burger Buns",description: "Gourmet hamburgers" },
```

```
{_id:3,name:"Coffee Shop",description: "Just coffee" },
{_id:4,name:"Clothes Clothes ",description:"Discount clothing"},
{_id:5, name: "Java Shopping", description: "Indonesian goods" },
{_id:6, name: "Java Club", description: "Coffee and cakes 蛋糕" }
])
```

集合 stores 中包含许多商店的信息，可以看到在插入的文档中也包含中文。

MongoDB 提供了全文索引，以支持从文档搜索字符串。

要进行全文检索，首先必须在集合上创建全文索引。一个集合只能有一个全文索引，但这个全文索引可以包含多个列值。例如，以下语句在“name”和“description”两个列上创建了全文索引。

```
> db.stores.createIndex({name:"text",description:"text"})
```

7.3.1 【实战】执行全文索引

下面演示如何使用 MongoDB 的$text 操作符来执行全文检索。

（1）查询任意列中包含“coffee”“shop”和“java”的文档。

```
> db.stores.find({$text:{$search:"java coffee shop"}})
```

输出的信息如下：

```
{"_id":3,"name":"Coffee Shop", "description" : "Just coffee" }
{"_id":1,"name":"Java Hut", "description" : "Coffee and cakes" }
{"_id":6,"name":"Java Club", "description" : "Coffee and cakes 蛋糕"}
{"_id":5,"name":"Java Shopping", "description" : "Indonesian goods"}
```

（2）查询包含“coffee shop”的文档。

```
> db.stores.find({$text:{$search:"\"coffee shop\""}})
```

输出的信息如下：

```
{ "_id" : 3, "name" : "Coffee Shop", "description" : "Just coffee" }
```

（3）查询包含“java”或者“shop”，但不包含“coffee”的文档。

```
> db.stores.find({$text:{$search:"java shop -coffee"}})
```

输出的信息如下：

```
{ "_id" : 5, "name" : "Java Shopping", "description" : "Indonesian goods" }
```

（4）在创建全文检索时，按照 score 字段进行排序。

```
> db.stores.find(
     { $text: { $search: "java coffee shop" } },
     { score: { $meta: "textScore" } }
 ).sort( { score: { $meta: "textScore" } } )
```

输出的信息如下：

```
{"_id":3,"name":"Coffee Shop","description":"Just coffee", "score" : 2.25 }
{"_id":1,"name":"Java Hut","description":"Coffee and cakes", "score" : 1.5 }
{"_id":5,"name":"Java Shopping","description":"Indonesian goods", "score" :
1.5 }
{"_id":6,"name":"Java Club","description":"Coffee and cakes 蛋糕", "score" :
1.4166666666666665 }
```

在默认情况下，MongoDB 返回的结果是没有排序的。但是，全文检索可以通过计算文本检索的相关性来进行排序。如果要计算全文检索的相关性，则需要使用$meta 操作符来计算 textScore 列的值。

（5）在全文检索中查询中文。

```
> db.stores.find( { $text: { $search: "java 蛋糕" } } )
```

输出的信息如下：

```
{"_id":6,"name": "Java Club", "description" : "Coffee and cakes 蛋糕" }
{"_id" : 5, "name" : "Java Shopping", "description" : "Indonesian goods" }
{"_id":1,"name" : "Java Hut", "description" : "Coffee and cakes" }
```

7.3.2 【实战】在全文检索中聚合数据

在聚合操作中，可以在$match 操作时使用$text 操作符进行全文检索。

以下的测试数据中包含每种图书的销售量。

```
> db.books.insert(
   [
     { _id: 1, subject: "Java Book",  quantity: 50 },
     { _id: 2, subject: "Hadoop Book", quantity: 5 },
     { _id: 3, subject: "Oracle Book", quantity: 90  },
     { _id: 4, subject: "Java Book",  quantity: 100 },
     { _id: 5, subject: "Java Book", quantity: 200 },
     { _id: 6, subject: "Hadoop Book", quantity: 80 },
     { _id: 7, subject: "PHP Book", quantity: 10 },
     { _id: 8, subject: "Spark Book",  quantity: 10 }
```

```
    ]
)
```

下面演示在全文检索中聚合数据。

（1）在 subject 字段上创建索引。

```
> db.books.createIndex( { subject: "text" } )
```

（2）查询 Java、Hadoop 和 PHP 图书的总销量。

```
> db.books.aggregate(
    [
      { $match: { $text: { $search: "Java Hadoop PHP" } } },
      { $group: { _id: "$subject", totals: { $sum: "$quantity" } } }
    ])
```

输出的信息如下：

```
{ "_id" : "Java Book", "totals" : 350 }
{ "_id" : "PHP Book", "totals" : 10 }
{ "_id" : "Hadoop Book", "totals" : 85 }
```

（3）还是查询 Java、Hadoop 和 PHP 图书的总销量，但是按照销量降序输出结果。

```
> db.books.aggregate([
{$match:{$text:{$search:"Java Hadoop PHP"}}},
{$group:{_id:"$subject",totals:{$sum:"$quantity"}}},
{$sort:{totals:{$meta:"textScore"}}}
    ])
```

输出的信息如下：

```
{ "_id" : "PHP Book", "totals" : 10 }
{ "_id" : "Hadoop Book", "totals" : 85 }
{ "_id" : "Java Book", "totals" : 350 }
```

（4）在 Java、Hadoop 和 PHP 图书销量中，查询总销量大于 85 的图书信息，并按照销量降序输出图书的名称和总销售量。

```
> db.books.aggregate([
{$match:{$text:{$search:"Java Hadoop PHP"}}},
{$group:{_id:"$subject",totals:{$sum:"$quantity"}}},
{$sort:{totals:{$meta:"textScore"}}},
{$match:{totals:{$gt:85}}}
])
```

输出的信息如下：

```
{ "_id" : "Java Book", "totals" : 350 }
```

MongoDB 的聚合操作将在 7.5 节中介绍。

7.4　地理空间查询

MongoDB 支持地理空间查询，可以将地理空间数据保存到 GeoJSON 格式中。GeoJSON 格式如下：

```
<field>: { type: <GeoJSON type> , coordinates: <coordinates> }
```

其中，coordinates 表示地理空间的坐标。表 7-1 中列出了“GeoJSON type”可能的类型。

表 7-1

“GeoJSON type”的类型	说　明
Point	点
LineString	线
Polygon	多边形
MultiPoint	多点
MultiLineString	多线
MultiPolygon	多面
GeometryCollection	混合数据类型

下面演示 MongoDB 的地理空间查询。

（1）创建测试数据，这里使用的是 GeoJSON 类型的点。

```
>db.myaddress.insert(
{"address":"南京禄口国际机场",
"loc":{"type":"Point","coordinates":[118.783799,31.979234]}})
>db.myaddress.insert(
{"address":"南京浦口公园",
"loc":{"type":"Point","coordinates":[118.639523,32.070078]}})
>db.myaddress.insert(
{"address":"南京火车站",
"loc":{"type":"Point","coordinates":[118.803032,32.09248]}})
>db.myaddress.insert(
{"address":"南京新街口",
"loc":{"type":"Point","coordinates":[118.790611,32.047616]}})
>db.myaddress.insert(
{"address":"南京张府园",
```

```
"loc":{"type":"Point","coordinates":[118.790427,32.03722]}})
>db.myaddress.insert(
{"address":"南京三山街",
"loc":{"type":"Point","coordinates":[118.788135,32.029064]}})
>db.myaddress.insert(
{"address":"南京中华门",
"loc":{"type":"Point","coordinates":[118.781161,32.013023]}})
>db.myaddress.insert(
{"address":"南京安德门",
"loc":{"type":"Point","coordinates":[118.768964,31.99646]}})
```

（2）要使用地理空间查询，则需要创建地理位置的索引。

```
>db.myaddress.createIndex({loc:"2dsphere"})
```

（3）查询距离南京禄口国际机场 5000 米以内的点。

```
>db.myaddress.find({loc:{$near:{$geometry:{type:"Point",coordinates:[118
.783799,31.979234]},$maxDistance:5000}}})
```

输出的信息如下：

```
{"_id":ObjectId("624af73e107dc888083d7b80"),
"address":"南京禄口国际机场",
"loc":{"type":"Point","coordinates":[118.783799,31.979234]}}
{"_id":ObjectId("624af73e107dc888083d7b87"),
"address":"南京安德门",
"loc":{"type":"Point","coordinates":[118.768964,31.99646]}}
{"_id":ObjectId("624af73e107dc888083d7b86"),
"address":"南京中华门",
"loc":{"type":"Point","coordinates":[118.781161,32.013023]}}
```

7.5 聚合操作

MongoDB 支持两种方式的聚合计算：Pipeline 和 MapReduce。Pipeline 的查询速度快于 MapReduce，但是，MapReduce 的强大之处是：它能够运行在多台 MongoDB 服务器上，并且可以执行并行的分布式计算，以实现复杂的聚合逻辑。

7.5.1 【实战】使用 Pipeline 方式聚合数据

Pipeline 方式的聚合计算是使用 db.collection.aggregate()函数进行的，运算速度快，操作简单。但是，使用这种方式有两个限制：

- 单个聚合计算消耗的内存不能超过 MongoDB 总内存的 20%。

- 聚合计算返回的结果集必须在 16MB 以内。

下面演示如何使用 Pipeline 方式进行聚合计算。

这里使用 6.2.3 节中第（5）步创建的员工集合 emp 来进行演示。

（1）查询员工集合中 10 号部门的员工姓名、薪水和部门号。

```
> db.emp.aggregate(
{$match:{"deptno":{$eq:10}}},
{$project:{"ename":1,"sal":1,"deptno":1}}
)
```

输出的信息如下：

```
{ "_id" : 7782, "ename" : "CLARK", "sal" : 2450, "deptno" : 10 }
{ "_id" : 7839, "ename" : "KING", "sal" : 5000, "deptno" : 10 }
{ "_id" : 7934, "ename" : "MILLER", "sal" : 1300, "deptno" : 10 }
```

$match 和$project 运算符能够减少聚合操作消耗的内存，提高聚合的效率。

- $match 运算符用于过滤进入 Pipeline 的数据。
- $project 运算符用于提取指定的列。1 表示提取该列，0 表示不提取该列。

（2）计算员工集合中各部门的工资总和。

```
> db.emp.aggregate(
{$project:{"sal":1,"deptno":1}},
{$group:{"_id":"$deptno",salTotal:{$sum:"$sal"}}}
)
```

输出的信息如下：

```
{ "_id" : 20, "salTotal" : 10875 }
{ "_id" : 30, "salTotal" : 9400 }
{ "_id" : 10, "salTotal" : 8750 }
```

（3）按各部门的不同职位求工资的总和。

```
> db.emp.aggregate(
{$project:{"job":1,"sal":1,"deptno":1}},
{$group:{"_id":{"deptno":"$deptno","job":"$job"},
salTotal:{$sum:"$sal"}}}
)
```

输出的信息如下：

```
{ "_id" : { "deptno" : 10, "job" : "MANAGER" }, "salTotal" : 2450 }
{ "_id" : { "deptno" : 20, "job" : "MANAGER" }, "salTotal" : 2975 }
{ "_id" : { "deptno" : 30, "job" : "CLERK" }, "salTotal" : 950 }
{ "_id" : { "deptno" : 10, "job" : "CLERK" }, "salTotal" : 1300 }
{ "_id" : { "deptno" : 20, "job" : "CLERK" }, "salTotal" : 1900 }
{ "_id" : { "deptno" : 20, "job" : "ANALYST" }, "salTotal" : 6000 }
{ "_id" : { "deptno" : 30, "job" : "SALESMAN" }, "salTotal" : 5600 }
{ "_id" : { "deptno" : 10, "job" : "PRESIDENT" }, "salTotal" : 5000 }
{ "_id" : { "deptno" : 30, "job" : "MANAGER" }, "salTotal" : 2850 }
```

7.5.2 【实战】使用 MapReduce 方式聚合数据

MapReduce 是一种大数据分布式计算模型，跟具体的编程语言无关。

在 MongoDB 和 Hadoop 体系中都实现了 MapReduce 计算模型，只是实现时所使用的编程语言有所不同：MongoDB 使用 JavaScript 语言来实现 MapReduce，Hadoop 使用 Java 语言来实现 MapReduce。MapReduce 能够实现非常复杂的聚合逻辑，且非常灵活。

MapReduce 在执行的过程中会将数据写到磁盘上，所以导致其执行效率非常低。因此，MapReduce 只适用于数据的离线计算，不适用于数据的实时计算。

1. MapReduce 的基本思想

要使用 MapReduce 计算模型进行数据处理，则需要了解它是如何处理数据的。由于 MapReduce 计算模型最早是 Google 为了解决 PageRank 问题而提出的，因此首先简单介绍一下什么是 PageRank 问题。

PageRank 问题即网页排名问题。Google 作为一个搜索引擎具有强大的搜索功能，它是如何解决网页排名问题的呢?

图 7-1 展示了 PageRank 的基本思想。

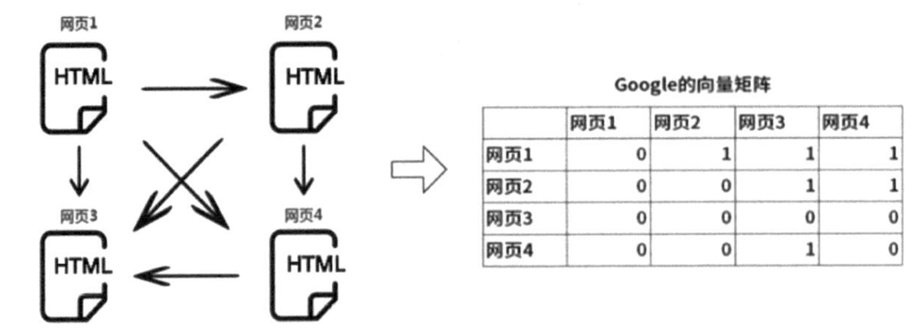

	网页1	网页2	网页3	网页4
网页1	0	1	1	1
网页2	0	0	1	1
网页3	0	0	0	0
网页4	0	0	1	0

图 7-1

这个例子中有 4 个 HTML 网页，可以通过<a>标签从一个网页跳转到另一个网页。

- 网页 1 链接跳转到网页 2、网页 3 和网页 4；
- 网页 2 链接跳转到网页 3 和网页 4；
- 网页 3 没有链接跳转到其他网页；
- 网页 4 链接跳转到网页 3。

假设，1 表示网页之间存在链接跳转关系，0 表示网页之间不存在链接跳转关系。这样即可建立一个向量矩阵，很明显是一个 4×4 的矩阵。

通过计算这个矩阵，即可得到每个网页的权重值，而这个权重值就是 Rank 值。根据 Rank 值的大小，即可进行网页搜索结果的排名。

但是，在实际情况下得到的这个矩阵是非常庞大的。例如，网络爬虫从全世界的网站爬取 1 亿个网页，那建立的将是 1 亿×1 亿的庞大矩阵。这样庞大的矩阵无法使用一台计算机来完成计算。解决大矩阵的计算问题，是解决 PageRank 问题的关键。Google 提出了 MapReduce 计算模型以计算这样的大矩阵。MapReduce 计算模型的核心思想只有 6 个字“**先拆分，再合并**”。通过这样的方式，不管得到矩阵有多大，都可以进行计算。

拆分的过程被叫作 Map；而合并的过程被叫作 Reduce。图 7-2 展示了 MapReduce 计算模型的处理过程。

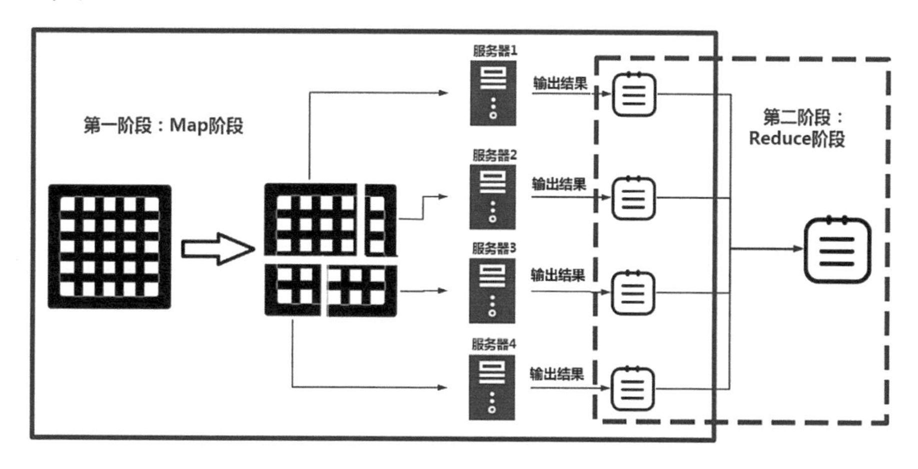

图 7-2

在这个示例中，有一个庞大的矩阵要进行计算，由于无法在一台计算机上完成，因此将矩阵进行拆分。这里将其拆分为 4 个小矩阵，以便一台计算机就能够完成计算。

- 每台计算机计算其中的一个小矩阵，得到部分的结果。这个过程被叫作 Map；
- 将 Map 阶段输出的结果二次聚合，从而得到大矩阵，这个过程被叫作 Reduce。

通过这两步，不管矩阵有多大都可以计算出最终的结果。

2. 在 MongoDB 中使用 MapReduce 计算模型

在 MongoDB 中使用 MapReduce 计算模型主要分为 3 个阶段：Map、Shuffle 和 Reduce。其中，Map 和 Reduce 需要使用 JavaScript 语言显式定义，而 Shuffle 由 MongoDB 来实现。各阶段的作用如下。

- Map：将操作映射到每个文档，并根据需要输出 Key 和 Value。
- Shuffle：按照 Key 进行分组，并将 Key 相同的 Value 组合成数组。
- Reduce：对 Value 数组中的数值进行聚合操作。

下面演示如何在 MongoDB 中使用 MapReduce 计算模型。

案例一　求员工表中每种职位的人数。

（1）开发 Map 阶段的函数。

```
> var map1=function(){emit(this.job,1)}
```

（2）开发 Reduce 阶段的函数。

```
> var reduce1=function(job,count){return Array.sum(count)}
```

（3）执行 MapReduce 阶段的计算。

```
> db.emp.mapReduce(map1,reduce1,{out:"mrdemo1"})
```

（4）查询聚合计算的结果。

```
> db.mrdemo1.find()
```

输出的信息如下：

```
{ "_id" : "CLERK", "value" : 4 }
{ "_id" : "ANALYST", "value" : 2 }
{ "_id" : "SALESMAN", "value" : 4 }
{ "_id" : "MANAGER", "value" : 3 }
{ "_id" : "PRESIDENT", "value" : 1 }
```

案例二　求员工表中各部门的工资总和

（1）开发 Map 阶段的函数。

```
> var map2=function(){emit(this.deptno,this.sal)}
```

（2）开发 Reduce 阶段的函数。

```
> var reduce2=function(deptno,sal){return Array.sum(sal)}
```

（3）执行 MapReduce 阶段的计算。

```
> db.emp.mapReduce(map2,reduce2,{out:"mrdemo2"})
```

（4）查询聚合计算的结果。

```
> db.mrdemo2.find()
```

输出的信息如下：

```
{ "_id" : 20, "value" : 10875 }
{ "_id" : 30, "value" : 9400 }
{ "_id" : 10, "value" : 8750 }
```

案例三　测试 Map 阶段的输出结果

（1）定义 emit()函数，用于调试 Map 阶段的输出结果。

```
> var emit = function(key, value) {
print("emit");
print("key: " + key + "  value: " + tojson(value));
}
```

（2）用一个文档进行测试。

```
> emp7839=db.emp.findOne({_id:7839})
> map2.apply(emp7839)
```

这里使用案例二中开发的 map2()函数进行测试。

输出以下结果：

```
emit
key: 10  value: 5000
```

（3）用多个文档进行测试。

```
> var myCursor=db.emp.find()
> while (myCursor.hasNext()) {
    var doc = myCursor.next();
    print ("document _id= " + tojson(doc._id));
    map2.apply(doc);
    print();
}
```

输出以下结果：

```
...
```

```
document _id= 7499
emit
key: 30  value: 1600

document _id= 7521
emit
key: 30  value: 1250

document _id= 7566
emit
key: 20  value: 2975
...
```

案例四　测试 Reduce 阶段输出的结果

（1）创建一个数组和一个 reduce1()函数，进行聚合操作测试。

```
> var myTestValues = [ 5, 5, 10 ];
> var reduce1=function(key,values){return Array.sum(values)}
> reduce1("mykey",myTestValues)
```

输出的信息如下：

```
20
```

（2）创建一个数组，数组中包含多个元素。

```
> var myTestObjects = [
                    { sal: 1000, comm: 5 },
                    { sal: 2000, comm: 10 },
                    { sal: 3000, comm: 15 }
                  ];
```

数组中的每个元素都包含员工的薪水和奖金。

（3）开发 Reduce 阶段的函数 reduce2()计算薪水总额和奖金总额。

```
> var reduce2=function(key,values) {
    reducedValue = { sal: 0, comm: 0 };
    for(var i=0;i<values.length;i++) {
        reducedValue.sal += values[i].sal;
        reducedValue.comm += values[i].comm;
    }
    return reducedValue;
}
```

（4）测试 reduce2()函数的输出。

```
> reduce2("total",myTestObjects)
```

输出的信息如下：

```
{ "sal" : 6000, "comm" : 30 }
```

7.6　MongoDB 中的事务

MongoDB 中的事务包含写操作事务和多文档事务。由于 MongoDB 的单文档操作支持原子性，也具备事务特性，因此，在 MongoDB 中谈论的事务通常是指多文档中的事务。MongoDB 从 4.x 版本开始支持多文档事务。

MongoDB 多文档事务支持不同的情况，包括复制集的多表和多行，以及分片的多表和多行。

MongoDB 事务需要在复制集环境中执行，具体示例将在 10.1.6 节中介绍。

第 8 章 MongoDB 的数据建模

MongoDB 是 NoSQL 数据库中最像关系型数据库的一个，因此，在 MongoDB 中创建集合时，可以借鉴关系型数据库的建表思想。

在 MongoDB 中也可以通过建立索引来加快查询的速度，其思想也类似于关系型数据库。

8.1 数据库建模基础

在设计数据库时，会对现实世界进行分析和抽象，从中找出内在联系，进而确定数据库的结构。这个过程被称为数据库建模。它主要包括两部分内容：确定数据结构和确定数据结构的关系。

8.1.1 MongoDB 的数据建模方式

MongoDB 的数据建模有两种方式：内嵌（Embedded）和引用（References）。

1. 内嵌（Embedded）

内嵌建模是把数据存储到一个独立文档中，以反映数据之间的关系。MongoDB 允许将一个文档嵌入另一个文档的字段或者数组中。内嵌建模的数据模型如图 8-1 所示。

{
_id:<ObjectId1>,
username : "123xyz",
contact: {
phone : "123-456-7890"
email : "xyz@example.com"
} ,
内嵌文档
access:{
level : 5 ,
group : "dev"
}
内嵌文档
}

图 8-1

2. 引用（References）

“引用”类似关系型数据库中的外键，它将多个文档的数据通过“引用”的关系进行关联。应用程序可以通过解析这些“引用”关系来访问相关数据。采用“引用”关系的模型一般被称为“规范的数据模型”。

引用文档的数据模型如图 8-2 所示。

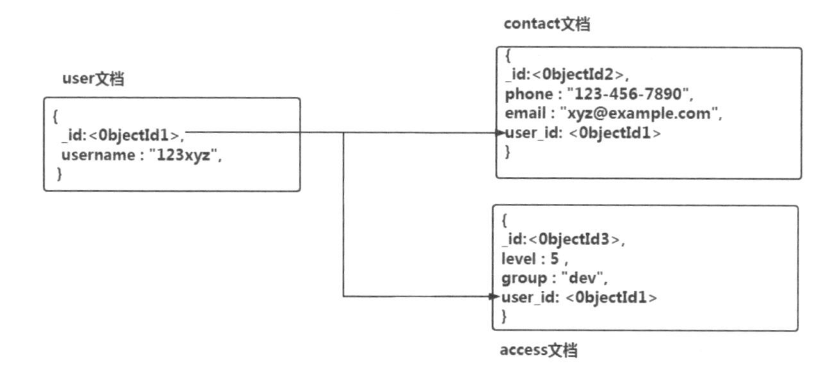

图 8-2

8.1.2　验证 MongoDB 的数据文档

在进行数据建模时，验证数据文档的合法性非常重要。MongoDB 支持在更新和插入操作期间验证数据文档的合法性，并使用 validator 选项在每个集合上指定验证规则。这里的验证规则通常是表达式的形式。

下面演示如何使用 validator 选项验证数据文档的合法性。

1. validator 选项的基本用法

（1）创建一个新的集合 people，用于保存人的相关信息。

```
> db.createCollection("people",
{validator:{$and:[
{name:{$type:"string"}},
{phone:{$type:"string"}},
{email:{$regex:/@126\.com$/}},
{gender:{$in:["Female","Male"]}}
]
}})
```

这里通过 validator 选项指定了集合 people 的 name 和 phone 字段中必须是字符串类型的数据;email 地址必须是包含“@126.com”的邮箱地址;gender 只能是 Female 或者 Male。

（2）插入一条正确的数据。

```
> db.people.insert(
{_id:1,name:'Tom',phone:'86-1234',
email:'tom@126.com',gender:'Male'})
```

（3）插入一条错误的数据，其中 email 地址不满足 validator 选项的要求。

```
> db.people.insert(
{_id:2,name:'Mary',phone:'86-5678',
email:'mary@sina.com',gender:'Female'})
```

输出的错误信息如下：

```
...
"details" : {
 "operatorName" : "$regex",
 "specifiedAs" : {
     "email" : {
         "$regex" : /@126\.com$/
     }
 },
 "reason" : "regular expression did not match",
 "consideredValue" : "mary@sina.com"
...
```

2. 给已存在的文档添加验证规则

MongoDB 使用 validationLevel 选项来处理已存在的文档。在默认情况下，validationLevel 的值为 strict，MongoDB 将验证规则应用到所有的插入和更新操作上。

如果将 validationLevel 设置为 moderate，则 MongoDB 将验证规则应用到插入操作和对已存在且满足验证标准的文档的更新操作上。在 moderate 级别下，对于不满足验证标准的已存在文档，MongoDB 不会验证其有效性。

使用 db.runCommand()语句，可以为已存在的集合添加验证规则，例如：

```
> db.runCommand({
collMod:"emp",
validator: {$and:[{ ename:{$type: "string"} },
{ sal: { $type:"number"} } ] }
})
```

下面演示 strict 选项和 moderate 选项的区别。

（1）创建一个新的集合，并插入测试数据。

```
> db.testvalidator1.insert(
{_id:1,"name":"Mike","email":"mike@126.com","deptno":10})
> db.testvalidator1.insert({_id:2,"name":"Mary","deptno":10})
```

（2）为集合 testvalidator1 使用 strict 选项添加验证规则。

```
> db.runCommand( {
   collMod: "testvalidator1",
   validator: {email:{$exists:true}},
   validationLevel: "strict"
 })
```

（3）执行以下 insert 操作，此时将验证所有插入的记录，但只有 Tom 可以被成功插入。

```
> db.testvalidator1.insert([
 {_id:3,"name":"Tom","email":"tom@126.com","deptno":10},
 {_id:4,"name":"Jerry","deptno":10}
 ])
```

输出的错误信息如下：

```
...
"errInfo" : {
 "failingDocumentId" : 4,
 "details" : {
     "operatorName" : "$exists",
     "specifiedAs" : {
         "email" : {
             "$exists" : true
         }
     },
     "reason" : "path does not exist"
 }
...
```

（4）创建一个新的集合，并插入测试数据。

```
> db.testvalidator2.insert(
```

```
{_id:1,"name":"Mike","email":"mike@126.com","deptno":10})
> db.testvalidator2.insert({_id:2,"name":"Mary","deptno":10})
```

（5）为集合 testvalidator2 使用 moderate 选项添加验证规则。

```
> db.runCommand( {
   collMod: "testvalidator2",
   validator: {email:{$exists:true}},
   validationLevel: "moderate"
 })
```

（6）执行以下更新操作，更新 10 号部门所有员工的 E-mail 地址，该操作只会更新 Mike 的 E-mail 地址，因为之前 Mary 没有 E-mail 地址。

```
> db.testvalidator2.update(
{"deptno":10},{$set:{"email":"aaa@sina.com"}})
```

输出的信息如下：

```
{ "_id" : 1, "name" : "Mike", "email" : "aaa@sina.com", "deptno" : 10 }
{ "_id" : 2, "name" : "Mary", "deptno" : 10 }
```

3. 接受或拒绝无效文档

在验证 MongoDB 文档时，可以使用 validationAction 选项来决定如何处理违反验证规则的文档。

默认情况下 validationAction 为 error，这时 MongoDB 将拒绝所有违反验证条件的插入或更新操作；当 validationAction 为 warn 时，MongoDB 将记录所有违反验证条件的信息到日志中，但允许执行插入或更新操作。

下面演示 validationAction 选项的用法。

（1）创建一个新的集合，并将 validationAction 选项设置为 warn。

```
> db.createCollection("testvalidator3",
{validator:{$and:[
{name:{$type:"string"}},
{gender:{$in:["Female","Male"]}}
]
},validationAction:"warn"})
```

（2）往集合中插入文档。

```
> db.testvalidator3.insert({ name:"Amanda", gender:"aaaaa"})
```

（3）查看集合中的文档。

```
> db.testvalidator3.find()
```

输出的信息如下：

```
{"_id":ObjectId("624babbbb6b9d9b4cdc8cefd"),"name":"Amanda","gender":"aa
aaa"}
```

（4）查看 MongoDB 的日志文件内容。

```
cat /data/mydata/mydata.log
```

输出的信息如下：

```
...
"Document would fail validation",
"name":"Amanda","gender":"aaaaa"},
"reason":"no matching value
found in array","consideredValue":"aaaaa"}}]}}}}
...
```

8.2　MongoDB 数据模型设计

前面介绍了 MongoDB 支持两种方式的数据模型设计，下面演示如何使用这两种方式进行数据模型设计。

8.2.1　文档的“一对一”关系模型

在“一对一”关系中，嵌入式文档比引用式文档具有优势。考虑如图 8-3 所示的场景，如果 Address 文档需要频繁获取 Person 文档中的信息，那在引用式数据模型中，应用程序需要进行多个查询。更好的数据模型会把 Address 文档嵌入 Person 文档中，这样应用程序在一次查询中即可获取全部信息。

“一对一”引用式文档
Person文档：
{
_id:"joe",
name:"Joe Bookreader"
}
Address文档：
{
patron_id:"joe",
street:"123 Fake street",
city:"Faketon",
state:"MA",
zip:"12345"
}
“一对一”嵌入式文档
Person文档：
{
_id:"joe",
name:"Joe Bookreader",
address:{
street:"123 Fake street",
city:"Faketon",
state:"MA",
zip:"12345"
}
}

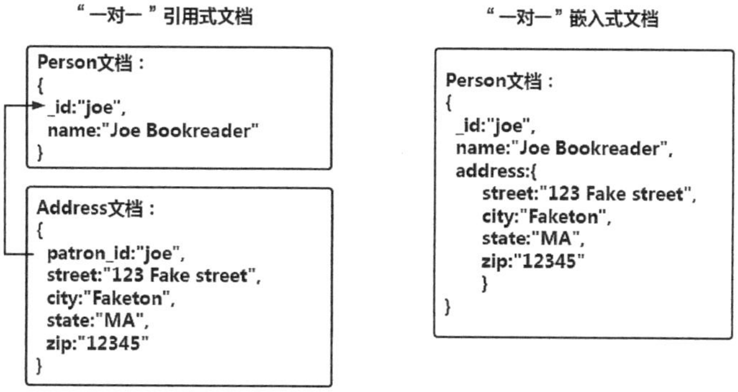

图 8-3

8.2.2 文档的“一对多”关系模型

图 8-4 展示的是“一对多”关系模型，一个 Person 文档包含多个文档中的数据。

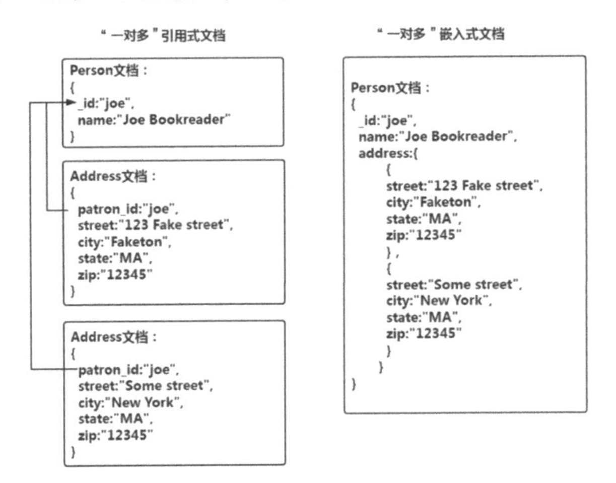
“一对多”引用式文档
Person文档：
{
_id:"joe",
name:"Joe Bookreader"
}
Address文档：
{
patron_id:"joe",
street:"123 Fake street",
city:"Faketon",
state:"MA",
zip:"12345"
}
Address文档：
{
patron_id:"joe",
street:"Some street",
city:"New York",
state:"MA",
zip:"12345"
}
“一对多”嵌入式文档
Person文档：
{
_id:"joe",
name:"Joe Bookreader",
address:[
{
street:"123 Fake street",
city:"Faketon",
state:"MA",
zip:"12345"
},
{
street:"Some street",
city:"New York",
state:"MA",
zip:"12345"
}
]
}

图 8-4

如果应用程序频繁地获取 Address 文档对应的 Person 文档信息，一个较优的方案是——将 Address 文档中的数据嵌入 Person 文档中。这样通过一次查询就能获取全部的数据。

8.2.3 文档的树型模型

在 MongoDB 中建模时，除使用关系模型外，还可以使用树型模型。下面分别介绍几种常见的树型模型。

1. 父引用模型

父引用模型是指，在子节点中包含对父节点的引用。图 8-5 展示了一个父引用模型的结构。

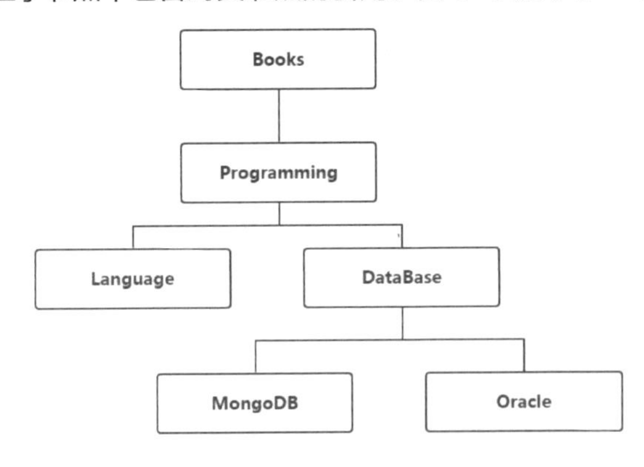
Books
Programming
Language
DataBase
MongoDB
Oracle

图 8-5

下面演示父引用模型。

（1）创建集合，并在子节点中添加对父节点的引用，从而建立整棵树。

```
> db.categories.insert( { _id: "MongoDB", parent: "Databases" } )
> db.categories.insert( { _id: "Oracle", parent: "Databases" } )
> db.categories.insert( { _id: "Databases", parent: "Programming" } )
> db.categories.insert( { _id: "Languages", parent: "Programming" } )
> db.categories.insert( { _id: "Programming", parent: "Books" } )
> db.categories.insert( { _id: "Books", parent: null } )
```

（2）通过子节点查询父节点。

```
> db.categories.findOne( { _id: "MongoDB" } ).parent
```

输出的信息如下：

```
Databases
```

（3）通过父节点查询子节点。

```
> db.categories.find( { parent: "Databases" } )
```

输出的信息如下：

```
{ "_id" : "MongoDB", "parent" : "Databases" }
{ "_id" : "Oracle", "parent" : "Databases" }
```

2. 子引用模型

子引用模型树结构与父引用的模型树结构类似，区别是，在父节点中包含对子节点的引用。下面演示子引用模型。

（1）创建一个新的集合并插入数据。

```
> db.categories1.insert({_id:"MongoDB", children:[]})
> db.categories1.insert({_id:"Oracle", children:[]})
> db.categories1.insert({_id:"Databases",
children:["MongoDB", "Oracle"]})
> db.categories1.insert({_id:"Languages",
children:[]})
> db.categories1.insert({_id:"Programming",
children:["Databases","Languages"]})
> db.categories1.insert({_id:"Books", children:[ "Programming"]})
```

这个数据模型描述了树形结构，该模型在父节点中存储了子节点的信息。

（2）通过父节点查询子节点。

```
> db.categories1.findOne({_id:"Databases"}).children
```

输出的信息如下：

```
[ "MongoDB", "Oracle" ]
```

（3）通过子节点查询父节点。

```
> db.categories1.find({children: "MongoDB"})
```

输出的信息如下：

```
{ "_id" : "Databases", "children" : [ "MongoDB", "Oracle" ] }
```

3. 祖先数组模型

祖先数组模型使用对父节点的引用和一个数组来存储所有的祖先节点。在祖先数组模式中，可以查询某个节点的后代节点，以及某节点的祖先节点。所以，在需要对子树节点进行操作时，这种模型是一个很好的选择。

下面演示祖先数组模型。

（1）创建一个新的集合并插入数据。

```
> db.categories2.insert({_id:"MongoDB",
ancestors:["Books","Programming","Databases"],
parent:"Databases"})
> db.categories2.insert({_id:"Oracle",
ancestors:["Books","Programming","Databases"],
parent:"Databases"})
> db.categories2.insert({_id:"Databases",
ancestors:["Books","Programming"],
parent:"Programming"})
> db.categories2.insert({_id:"Languages",
ancestors:["Books","Programming"],
parent:"Programming"})
> db.categories2.insert({_id:"Programming",
ancestors:["Books"],
parent:"Books"})
> db.categories2.insert({_id:"Books",ancestors:[],parent:null})
```

（2）执行一个查询语句。

```
> db.categories2.findOne({_id:"MongoDB"}).ancestors
```

输出的信息如下：

```
["Books","Programming","Databases"]
```

通过这里输出的信息可以看出，在获取一个节点的祖先节点或者路径时，使用祖先数组的模型树结构可以使查询快速且直观。

（3）通过 ancestors 字段查询所有的后代节点。

```
> db.categories2.find({ancestors:"Programming"})
```

输出的信息如下：

```
{"_id":"MongoDB","ancestors":["Books","Programming","Databases"],
"parent":"Databases"}
{"_id":"Oracle","ancestors":["Books","Programming","Databases"],
"parent":"Databases"}
{"_id":"Databases","ancestors":["Books","Programming"],
"parent":"Programming"}
{"_id":"Languages","ancestors":["Books","Programming"],
"parent":"Programming"}
```

4. 带具体路径的模型

在带具体路径的模型中，文档除存储树节点外，还存储节点的祖先节点 ID 或者路径。尽管带具体路径的模型要用额外的步骤来处理表示路径的字符串，但该模型也提供了非常灵活的路径处理方式，如通过部分路径查找节点。

下面演示带具体路径的模型。

（1）创建一个新的集合并插入数据。

```
> db.categories3.insert({_id:"Books",path:null})
> db.categories3.insert({_id:"Programming",path:",Books,"})
> db.categories3.insert({_id:"Databases",path:",Books,Programming,"})
> db.categories3.insert({_id:"Languages",path:",Books,Programming,"})
> db.categories3.insert({_id:"MongoDB",
path:",Books,Programming,Databases,"})
> db.categories3.insert({_id:"Oracle",
path:",Books,Programming,Databases,"})
```

（2）通过 path 字段查询所有的节点，并按 path 字段进行升序排序。

```
> db.categories3.find().sort({path:1})
```

输出的信息如下：

```
{ "_id" : "Books", "path" : null }
{ "_id" : "Programming", "path" : ",Books," }
{ "_id" : "Databases", "path" : ",Books,Programming," }
```

```
{ "_id" : "Languages", "path" : ",Books,Programming," }
{ "_id" : "MongoDB", "path" : ",Books,Programming,Databases," }
{ "_id" : "Oracle", "path" : ",Books,Programming,Databases," }
```

（3）对 path 字段使用正则表达式查找 Programming 的后代（路径中包含“,Programming,”的节点）。

```
> db.categories3.find({path:/,Programming,/})
```

输出的信息如下：

```
{ "_id" : "Databases", "path" : "Books,Programming," }
{ "_id" : "Languages", "path" : "Books,Programming," }
{ "_id" : "MongoDB", "path" : "Books,Programming,Databases," }
{ "_id" : "Oracle", "path" : "Books,Programming,Databases," }
```

（4）查找 Books 节点的后代。因为 Books 是根节点，所以正则表达式以“Books”开头。

```
> db.categories3.find({path:/^,Books/})
```

输出的信息如下：

```
{ "_id" : "Programming", "path" : ",Books," }
{ "_id" : "Databases", "path" : ",Books,Programming," }
{ "_id" : "Languages", "path" : ",Books,Programming," }
{ "_id" : "MongoDB", "path" : ",Books,Programming,Databases," }
{ "_id" : "Oracle", "path" : ",Books,Programming,Databases," }
```

5. 内嵌集模型

内嵌集模型优化了前面几种模型的结构，从而提高了查找子树的性能，但也会导致结构的易变性增加。

内嵌集模型会对“树”结构做一个往返遍历，并在遍历过程中标识每个节点为停留点。应用程序对每个节点访问两次，第 1 次为去往遍历，第 2 次为返回遍历。

内嵌集模型中的文档，除存储树节点外，还存储其父节点的 ID、去往停留点的 left 字段和返回停留点的 right 字段。

修改内嵌集模型的结构较为麻烦。故内嵌集模型常用于结构不会发生改变的静态树。

下面演示内嵌集模型。

（1）创建一个新的集合并插入数据。

```
> db.categories4.insert({_id:"Books",parent:0,left:1,right:12})
```

```
> db.categories4.insert({_id:"Programming",
parent:"Books",left:2,right:11})
> db.categories4.insert({_id:"Languages",
parent:"Programming",left:3,right:4})
> db.categories4.insert({_id:"Databases",
parent:"Programming",left:5,right:10})
> db.categories4.insert({_id:"MongoDB",
parent:"Databases",left:6,right:7})
> db.categories4.insert({_id:"Oracle",
parent:"Databases",left:8,right:9})
```

（2）获取 Databases 节点的后代。

```
> var databaseCategory=db.categories4.findOne({_id:"Databases"});
> db.categories4.find({left:{$gt:databaseCategory.left},
right:{$lt:databaseCategory.right}});
```

输出的信息如下：

```
{"_id":"MongoDB","parent":"Databases","left":6,"right":7}
{"_id":"Oracle","parent":"Databases","left":8,"right":9}
```

8.3　使用 MongoDB 的索引

索引是提高查询效率最有效的手段。索引是一种特殊的数据结构，以易于遍历的形式存储数据的部分内容（例如一个特定的字段或一组字段值）。

索引会按照一定的规则对存储的值进行排序，而且索引的存储位置在内存中，所以从索引中检索数据会非常快。

如果没有索引，那 MongoDB 必须扫描集合中的所有文档，这种扫描的效率非常低，尤其是在数据量较大时。

8.3.1　了解索引

为了更好地理解索引，下面以关系型数据库 Oracle 为例介绍索引的基本原理。

索引也可以被看成一张表（简称为索引表），而索引表中存储的就是表中行的地址信息，即 rowid，如图 8-6 所示。

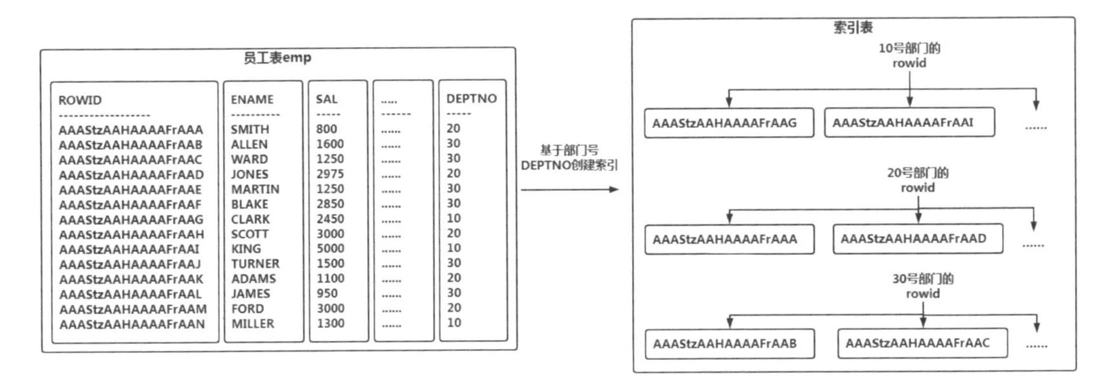

图 8-6

因此，可以把索引看成一本书的目录。这里的“书”相当于表，而“目录”相当于索引。通过目录查找书中的内容无疑是很快的。而在关系型数据库中，这个“目录”通常使用 B 树的数据结构来存储 rowid 信息。图 8-7 展示了一棵三阶 B 树，这里的 B 树“阶数”是指树中每个节点最多可以拥有的子树数量。B 树的设计思想来源于二叉查找树，它是为了实现高效的磁盘读写而设计的数据结构，多用于关系型数据库中。B 树与二叉查找树最大的区别是：B 树允许一个节点拥有 2 个以上的子树节点，并且 B 树中的每个节点都包含键和值。

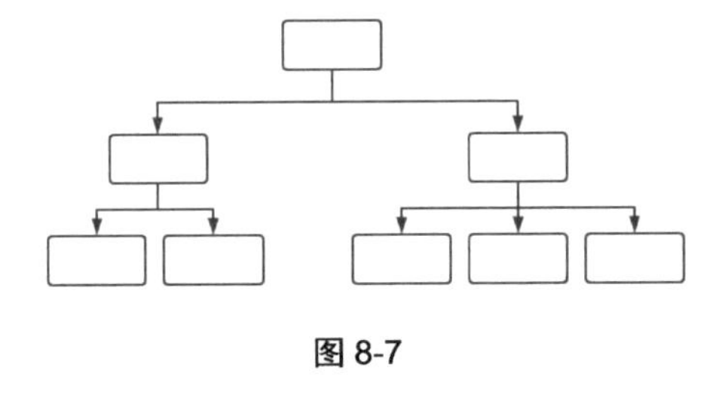

图 8-7

8.3.2 了解 MongoDB 中的索引

MongoDB 索引的工作机制与关系型数据库索引的工作机制类似。图 8-8 说明了 MongoDB 在查询和排序时索引是如何工作的。

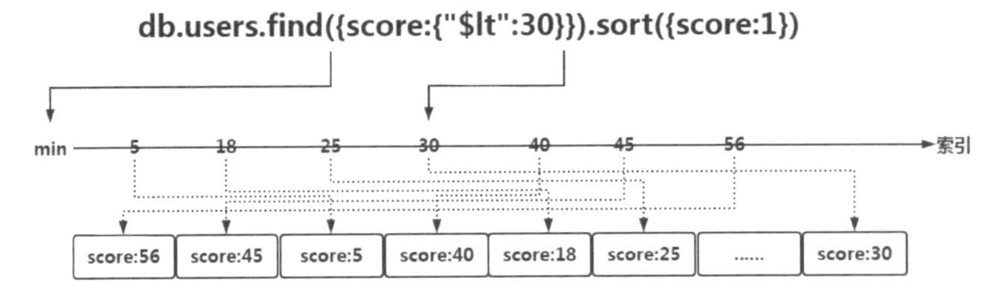

图 8-8

从图 8-8 中可以看到，MongoDB 索引存储的是一个特定字段，或者几个字段的集合，并且按照一定的规律排序。

MongoDB 在创建集合时，会自动在_id 上创建一个唯一性索引，从而防止将重复的_id 值插入集合。

案例一

通过以下语句可以查看在员工集合上创建的索引信息。

```
> db.emp.getIndexes()
```

输出的信息如下：

```
[ { "v" : 2, "key" : { "_id" : 1 }, "name" : "_id_" } ]
```

在早期版本的 MongoDB 中，getIndexes()方法输出的信息如下：

```
> db.emp.getIndexes()
[{"v" : 2,
    "key" : {
        "_id" : 1
    },
    "name" : "_id_",
    "ns" : "scott.emp"}]
```

通过 MongoDB 查询语句的执行计划，可以确定在获取数据的过程中是否使用索引进行文档的扫描。

案例二

以下语句将查询 10 号部门中工资小于 3000 元的员工数据文档，并通过 explain()方法输出相应的执行计划。

```
> db.emp.find({deptno:{$eq:10},sal:{$lt:3000}}).explain()
```

输出的执行计划如下：

```
...
"winningPlan" : {
 "stage" : "COLLSCAN",
 "filter" : {
```

```
        "$and" : [
            {
                "deptno" : {
                    "$eq" : 10
                }
            },
            {
                "sal" : {
                    "$lt" : 3000
                }
            }
        ]
    },
    "direction" : "forward"
    },
    ...
```

通过执行计划可以看出，在查找员工数据文档时，MongoDB 执行了 COLLSCAN 扫描方式，即 Collection Scan（全表扫描）。

在员工集合的 deptno 和 sal 字段上建立一个索引：

```
> db.emp.createIndex({"deptno":1,"sal":-1})
```

在 MongoDB 的集合中创建索引的语法如下：

db.collection.createIndex({ "filed": sort , "filed2": sort })

其中，sort 用于指定创建索引时的排序规则：1 为升序，-1 为降序。

重新执行语句查询 10 号部门中工资小于 3000 元的员工数据文档，并查看相应的执行计划。

```
> db.emp.find({deptno:{$eq:10},sal:{$lt:3000}}).explain()
```

输出的执行计划如下：

```
...
"winningPlan" : {
 "stage" : "FETCH",
 "inputStage" : {
     "stage" : "IXSCAN",
     "keyPattern" : {
         "deptno" : 1,
         "sal" : -1
     },
```

```
        "indexName" : "deptno_1_sal_-1",
        "isMultiKey" : false,
        "multiKeyPaths" : {
            "deptno" : [ ],
            "sal" : [ ]
        },
        "isUnique" : false,
        "isSparse" : false,
        "isPartial" : false,
        "indexVersion" : 2,
        "direction" : "forward",
        "indexBounds" : {
            "deptno" : [
                "[10.0, 10.0]"
            ],
            "sal" : [
                "(3000.0, -inf.0]"
            ]   }    }},
    ...
```

此时会发现，查询语句的获取方式由 COLLSCAN 变成了 FETCH，而 FETCH 表示通过索引的方式扫描集合中的文档。并且，通过执行计划中的 keyPattern 字段可以看到在索引扫描时使用到的字段信息。

MongoDB 支持创建不同的索引，如单键索引、多键索引、复合索引、过期索引、全文索引和地理位置索引。

下面演示如何使用这些索引。

8.3.3 【实战】在查询中使用单键索引

单键索引是 MongoDB 中最普通的索引。但与_id 上的索引不同的是，单键索引不会自动创建。图 8-9 说明了单键索引的工作机制。

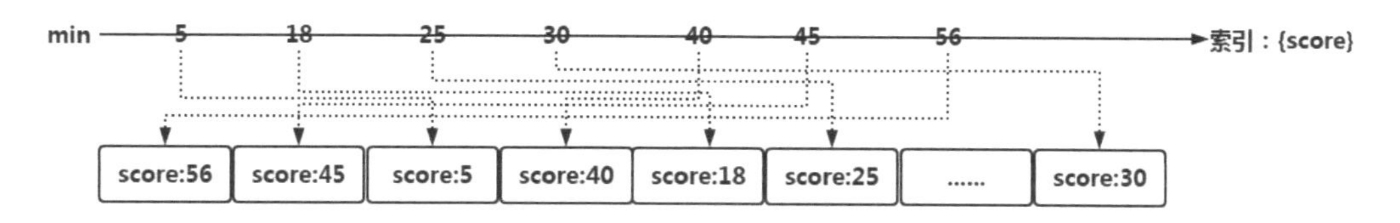

图 8-9

下面演示如何使用 MongoDB 的单键索引。

（1）创建一个新的集合，并插入文档数据。

```
> db.testindex1.insert({"_id":1,"zipcode":1034,
"location":{state:"NY",city:"New York"}})
```

（2）在单个列（zipcode 列）上创建单键索引，并按照索引字段进行升序排列。

```
> db.testindex1.createIndex({"zipcode":1})
```

（3）在嵌套的列（location:state 列）上创建单键索引，并按照索引字段进行升序排列。

```
> db.testindex1.createIndex({"location:state":1})
```

（4）在内嵌的文档（location 列）上创建单键索引，并按照索引进行降序排列。

```
> db.testindex1.createIndex({"location":-1})
```

由于 location 列中包含嵌套的文档，因此，在利用 location 列创建单键索引时，会将 location 列中包含的所有字段看成一个整体。

8.3.4 【实战】在查询中使用多键索引

多键索引与单键索引的创建形式相同，区别是用于创建索引的字段值不同。在创建多键索引时，多键索引的值具有多个记录，如数组。

图 8-10 说明了多键索引的工作机制。

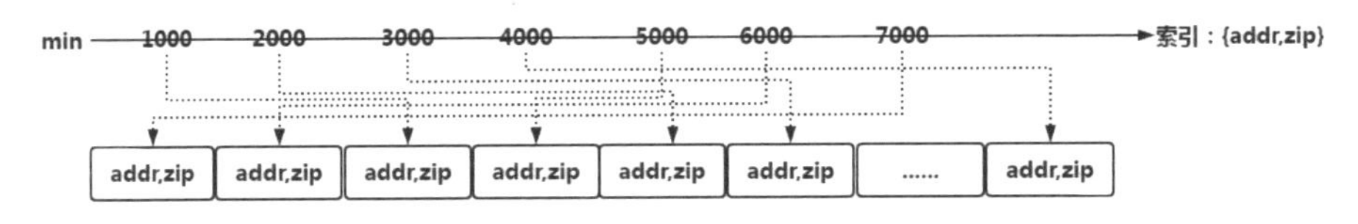

图 8-10

下面演示如何使用 MongoDB 的多键索引。

（1）创建一个新的集合，并插入文档数据。

```
> db.testindex2.insertMany([
{_id:5,type:"food",item:"aaa",ratings:[5,8,9]},
{_id:6,type:"food",item:"bbb",ratings:[5,9]},
{_id:7,type:"food",item:"ccc",ratings:[9,5,8]},
{_id:8,type:"food",item:"ddd",ratings:[9,5]},
{_id:9,type:"food",item:"eee",ratings:[5,9,5]}])
```

（2）基于 ratings 列创建一个多键索引。

```
> db.testindex2.createIndex({ratings:1})
```

（3）查询数组中包含 5 和 9 的所有文档并输出执行计划。

```
> db.testindex2.find({ratings:[5,9]}).explain()
```

输出的执行计划如下：

```
...
"winningPlan" : {
 "stage" : "FETCH",
 "filter" : {
     "ratings" : {
         "$eq" : [
             5,
             9
         ]
     }
 },
 "inputStage" : {
     "stage" : "IXSCAN",
     "keyPattern" : {
         "ratings" : 1
     },
     "indexName" : "ratings_1",
     "isMultiKey" : true,            --> 表示这是一个多键索引
     "multiKeyPaths" : {
         "ratings" : [
            "ratings"
         ]
     },
...
```

8.3.5 【实战】在查询中使用复合索引

MongoDB 支持复合索引（即将多个键组合到一起创建索引），该方式被称为“复合索引”或“组合索引”。

复合索引能够满足多键值查询的需求。在使用复合索引时，可以通过前缀来使用索引。MongoDB 中的复合索引，与关系型数据库中的复合索引基本一致。在关系型数据库中复合索引的一些使用原则同样适用于 MongoDB 中的复合索引。

图 8-11 说明了 MongoDB 复合索引的工作机制。

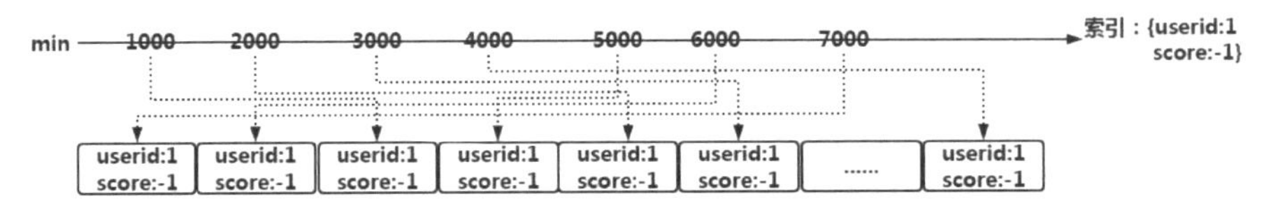

图 8-11

下面演示如何使用 MongoDB 的复合索引。

（1）在员工集合上创建了一个复合索引。

```
> db.emp.createIndex({"deptno":1,"sal":-1})
```

（2）仅使用部门号 deptno 作为过滤条件进行过滤，并查看相应的执行计划。

```
> db.emp.find({"deptno":10}).explain()
```

输出的执行计划如下：

```
...
"winningPlan" : {
 "stage" : "FETCH",
 "inputStage" : {
     "stage" : "IXSCAN",
     "keyPattern" : {
         "deptno" : 1,
         "sal" : -1
     },
     "indexName" : "deptno_1_sal_-1",      --> 使用了复合索引扫描文档
     "isMultiKey" : false,
...
```

（3）使用部门号 deptno、薪水 sal 作为过滤条件进行过滤，并查看相应的执行计划。

```
> db.emp.find({"deptno":10,"sal":3000}).explain()
```

输出的执行计划如下：

```
...
"winningPlan" : {
 "stage" : "FETCH",
 "inputStage" : {
     "stage" : "IXSCAN",
     "keyPattern" : {
         "deptno" : 1,
         "sal" : -1
     },
     "indexName" : "deptno_1_sal_-1",   --> 使用了复合索引扫描文档
     "isMultiKey" : false,
...
```

（4）还是使用部门号 deptno、薪水 sal 作为过滤条件进行过滤，但把 sal 放在前面，并查看相应的执行计划。

```
> db.emp.find({"sal":3000,"deptno":10}).explain()
```

输出的执行计划如下：

```
...
"winningPlan" : {
 "stage" : "FETCH",
 "inputStage" : {
     "stage" : "IXSCAN",
     "keyPattern" : {
         "deptno" : 1,
         "sal" : -1
     },
     "indexName" : "deptno_1_sal_-1",  --> 使用了复合索引扫描文档
     "isMultiKey" : false,
...
```

（5）仅使用薪水 sal 作为过滤条件进行过滤，并查看相应的执行计划。

```
> db.emp.find({"sal":3000}).explain()
```

输出的执行计划如下：

```
...
"winningPlan" : {
 "stage" : "COLLSCAN",                --> 使用了全表扫描
 "filter" : {
     "sal" : {
         "$eq" : 3000
     }
 },
 "direction" : "forward"
},
...
```

在创建复合索引时，可以指定按升序或降序来排列。对于单键索引，其顺序并不特别重要，因为 MongoDB 可以从任意一个方向遍历索引。但对于复合索引，按何种方式排序能够决定该索引在查询中能否被使用到。

以下语句已经在 deptno 上按照升序、在 sal 上按照降序建立复合索引。

```
db.emp.createIndex({"deptno":1,"sal":-1})
```

通过测试不同的排序条件，可以验证查询文档是否使用了索引。

- 使用了索引的情况如下：

```
db.emp.find().sort({"deptno":1,"sal":-1}).explain()
db.emp.find().sort({"deptno":-1,"sal":1}).explain()
```

- 没有使用索引的情况如下：

```
db.emp.find().sort({"deptno":1,"sal":1}).explain()
db.emp.find().sort({"deptno":-1,"sal":-1}).explain()
```

除复合索引中字段的顺序会影响执行计划是否使用索引外，索引的前缀也会影响执行计划是否使用索引。索引前缀指的是复合索引的子集，假设存在如下索引：

```
> db.emp.createIndex({"deptno":1,"sal":-1,"job":1})
```

那么，对于这个索引就存在以下的索引前缀：

```
{"deptno":1}
{"deptno":1,"sal":-1}
```

在 MongoDB 中，在使用下列索引前缀进行查询过滤时，索引才会被使用到。

```
> db.emp.find().sort({deptno:1,sal:-1,job:1}).explain()
> db.emp.find().sort({deptno:1,sal:-1}).explain()
> db.emp.find().sort({deptno:1}).explain()
```

在使用下列索引前缀进行查询过滤时，索引不会被使用到。

```
> db.emp.find().sort({deptno:1,job:1}).explain()
> db.emp.find().sort({sal:-1,job:1}).explain()
```

复合索引的小结：

（1）复合索引是基于多个键（列）创建的索引。

（2）在创建复合索引时，可以为其每个键（列）指定排序方式。

（3）索引键的排序方式会影响查询时的执行计划。

（4）复合索引与前缀索引通常在完全匹配的情形下才能被使用。

8.3.6 【实战】在查询中使用过期索引

过期索引是指，在一段时间后会过期的索引。在索引过期后，MongoDB 会删除相应的数据。因此，过期索引适合建立在存储一段时间后会失效的数据上，比如用户的登录信息、存储的日志等。

下面演示如何使用 MongoDB 的过期索引。

（1）创建一个新的集合，并插入一个文档。

```
> db.testindex3.insert({_id:1,"name":"Tom"})
```

（2）创建一个过期索引，并指定过期时间为 10s。

```
> db.testindex3.createIndex({"name":1},{expireAfterSeconds:10})
```

（3）执行一个简单的查询。

```
> db.testindex3.find()
```

输出的信息如下：

```
{ "_id" : 1, "name" : "Tom" }
```

（4）查看集合上创建的索引信息。

```
> db.testindex3.getIndexes()
```

输出的信息如下：

```
[
 {
     "v" : 2,
     "key" : {
         "_id" : 1
     },
     "name" : "_id_"
 },
 {
     "v" : 2,
     "key" : {
         "name" : 1
     },
     "name" : "name_1",
     "expireAfterSeconds" : 10          --> 索引过期时间为 10s
 }
]
```

（5）等待 10s 后再次查询集合中的数据。

```
> db.testindex3.find()
```

此时发现数据依然存在。存储在过期索引字段中的值必须是指定的时间类型，且必须是 ISODate 或者 ISODate 数组，否则该过期索引无效。

（6）创建一个新的集合，并插入一个文档。

```
> db.testindex4.insert({_id:1,"currentTime":new Date()})
```

（7）创建一个过期索引，并指定过期时间为 10s。

```
> db.testindex4.createIndex({"currentTime":1},
{expireAfterSeconds:10})
```

10s 后集合中的文档会被自动删除。

8.3.7 【实战】在查询中使用全文索引

在 7.3 节中介绍了 MongoDB 的全文检索。下面演示如何使用它。

（1）创建一个新的集合并插入一些文档。

```
> db.messages.insert({
"subject":"Joe owns a dog",
"content":"Dogs are man's best friend",
"likes": 60, "year":2015,
"language":"english"})
 > db.messages.insert({
"subject":"Dogs eat cats and dog eats pigeons too",
"content":"Cats are not evil",
"likes": 30, "year":2015, "language":"english"})
 > db.messages.insert({
"subject":"Cats eat rats",
"content":"Rats do not cook food",
"likes": 55, "year":2014, "language":"english"})
 > db.messages.insert({
"subject":"Rats eat Joe",
"content":"Joe ate a rat",
"likes": 75, "year":2014, "language":"english"})
```

（2）在集合上创建全文索引。

```
> db.messages.createIndex({"subject":"text"})
```

（3）执行全文检索查询。

```
> db.messages.find({$text: {$search: "dogs"}},
{score: {$meta: "textScore"}})
.sort({score:{$meta:"textScore"}})
```

输出的信息如下：

```
{ "_id" : ObjectId("624bda402fb015c63387d161"),
"subject" : "Dogs eat cats and dog eats pigeons too",
 "content" : "Cats are not evil", "likes" : 30,
"year" : 2015, "language" : "english", "score" : 1 }
{ "_id" : ObjectId("624bda402fb015c63387d160"),
"subject" : "Joe owns a dog",
"content" : "Dogs are man's best friend", "likes" : 60,
"year" : 2015, "language" : "english", "score" : 0.6666666666666666 }
```

该全文检索将获取在 subject 字段中包含关键字“dogs”的文档。

8.3.8 【实战】在查询中使用地理空间索引

在 7.4 节中介绍了 MongoDB 的地理空间查询。在将一些点的位置存储在 MongoDB 中并创建地理位置索引后，就可以按照地理位置来查找这些点。地理位置索引分为以下两类。

- 2D 索引：用于存储和查找平面上的点。
- 2Dsphere 索引：用于存储和查找球面上的点。

以下语句将使用 7.4 节中创建的 myaddress 集合，来查看在执行地理位置查询时所使用的执行计划。

```
> db.myaddress.find({loc:{$near:{$geometry:
{type:"Point",
coordinates:[118.783799,31.979234]},
$maxDistance:5000}}}).explain()
```

输出的完整执行计划如下：

```
{
 "explainVersion" : "1",
 "queryPlanner" : {
     "namespace" : "scott.myaddress",
     "indexFilterSet" : false,
     "parsedQuery" : {
         "loc" : {
             "$near" : {
                 "$geometry" : {
                     "type" : "Point",
                     "coordinates" : [
                         118.783799,
                         31.979234
                     ]
                 },
                 "$maxDistance" : 5000
             }
         }
     },
     "queryHash" : "7515A255",
     "planCacheKey" : "7A693AF9",
```

```
        "maxIndexedOrSolutionsReached" : false,
        "maxIndexedAndSolutionsReached" : false,
        "maxScansToExplodeReached" : false,
        "winningPlan" : {
            "stage" : "GEO_NEAR_2DSPHERE",
            "keyPattern" : {
                "loc" : "2dsphere"
            },
            "indexName" : "loc_2dsphere",          --> 使用了地理位置索引
            "indexVersion" : 2
        },
        "rejectedPlans" : [ ]
    },
    "command" : {
        "find" : "myaddress",
        "filter" : {
            "loc" : {
                "$near" : {
                    "$geometry" : {
                        "type" : "Point",
                        "coordinates" : [
                            118.783799,
                            31.979234
                        ]
                    },
                    "$maxDistance" : 5000
                }
            }
        },
        "$db" : "scott"
    },
    "serverInfo" : {
        "host" : "nosql11",
        "port" : 27017,
        "version" : "5.0.6",
        "gitVersion" : "212a8dbb47f07427dae194a9c75baec1d81d9259"
    },
    "serverParameters" : {
        "internalQueryFacetBufferSizeBytes" : 104857600,
        "internalQueryFacetMaxOutputDocSizeBytes" : 104857600,
        "internalLookupStageIntermediateDocumentMaxSizeBytes" : 104857600,
        "internalDocumentSourceGroupMaxMemoryBytes" : 104857600,
        "internalQueryMaxBlockingSortMemoryUsageBytes" : 104857600,
```

```
        "internalQueryProhibitBlockingMergeOnMongoS" : 0,
        "internalQueryMaxAddToSetBytes" : 104857600,
        "internalDocumentSourceSetWindowFieldsMaxMemoryBytes" : 104857600
    },
    "ok" : 1
}
```

第 9 章 MongoDB 的管理

MongoDB 的管理是一项很烦琐的工作，但借助 MongoDB 提供的命令工具，可以非常方便地管理和维护 MongoDB 数据库。

9.1 管理 MongoDB 的运行

MongoDB 提供了 mongod 命令，用于启动 MongoDB 服务器。在 6.2.1 节中已经演示了该命令基本的用法；而停止 MongoDB 服务器则可以通过几种方式来实现。

9.1.1 【实战】启动 MongoDB 服务器

本节复习一下启动 MongoDB 服务器的方法。通过以下语句查看 mongod 命令的帮助信息：

```
mongod --help
```

输出的信息如下：

```
...
Storage options:
  --storageEngine arg    What storage engine to use - defaults
                           to wiredTiger if no data files present
  --dbpath arg           Directory for datafiles - defaults to
                           /data/db
  --directoryperdb       Each database will be stored in a
                     separate directory
...
```

除可以将启动 MongoDB 的配置参数写入配置文件外，还可以将其直接写到启动命令 mongod 中。下面进行演示。

（1）创建一个新的“/data/db2”目录，用于存放 MongoDB 的数据文件。

```
mkdir -p /data/db2
```

（2）使用 mongod 命令启动 MongoDB 服务器。

```
mongod --dbpath /data/db2/ --port 1234 --fork \
--logpath /data/db2/db2.log --directoryperdb
```

说明如下。

- --port：指定 MongoDB 监听的端口。
- --fork：指定 MongoDB 服务器在后台运行。
- --logpath：指定 MongoDB 日志文件的输出目录。
- --directoryperdb：将不同的数据库存放在单独的目录下，以方便管理。

输出的信息如下：

```
about to fork child process, waiting until server is ready for connections.
forked process: 28215
child process started successfully, parent exiting
```

（3）使用 mongoshell 登录 MongoDB，并创建一个新的数据库和一个新的集合。

```
mongo --port 1234
> use demo
> db.test1.insert({_id:'user001',name:'Tom'})
```

（4）查看“/data/db2”目录下的目录和文件。

```
tree /data/db2
```

输出的信息如下：

```
/data/db2
├── admin
│   ├── collection-0--1928158110699126729.wt
│   └── index-1--1928158110699126729.wt
├── config
│   ├── collection-4--1928158110699126729.wt
│   ├── index-5--1928158110699126729.wt
│   └── index-6--1928158110699126729.wt
├── db2.log
├── demo
│   ├── collection-7--1928158110699126729.wt
│   └── index-8--1928158110699126729.wt
```

```
├── diagnostic.data
│   ├─── metrics.2022-04-05T07-48-58Z-00000
│   └─── metrics.interim
├── journal
│   ├─── WiredTigerLog.0000000001
│   ├─── WiredTigerPreplog.0000000001
│   └─── WiredTigerPreplog.0000000002
├── local
│   ├─── collection-2--1928158110699126729.wt
│   └─── index-3--1928158110699126729.wt
├── _mdb_catalog.wt
...
```

由于在启动 MongoDB 服务器时使用了--directoryperdb 参数，因此在第（3）步中创建的 demo 数据库将被单独存放在一个目录下。

9.1.2 【实战】停止 MongoDB 服务器

停止 MongoDB 服务器，可以通过 3 种方式来实现。

方式 1　在 MongoDB 服务器上执行 db.shutdownServer()命令

```
> use admin
> db.shutdownServer()
```

在使用 db.shutdownServer()命令关闭数据库服务器时，MongoDB 会在关闭前等待 MongoDB 集群中的从节点与主节点完成同步，这会将数据回滚的可能性降到最低。

方式 2　使用 db.adminCommand()命令强制关闭主节点

```
> db.adminCommand({"shutdown":1,"force":true})
```

这时会打印以下错误信息，表示数据库已经停止。

```
uncaught exception: Error: error doing query: failed: network error while attempting to run command 'shutdown' on host '127.0.0.1:1234'  :
DB.prototype.runCommand@src/mongo/shell/db.js:188:19
DB.prototype.adminCommand@src/mongo/shell/db.js:200:12
@(shell):1:1
```

方式 3　使用操作系统的 kill 命令关闭 MongoDB 服务器

```
kill -2 PID
```

其中，PID 是 MongoDB 的服务器进程号。

9.2　MongoDB 的安全机制

MongoDB 是一个多用户数据库，可以为不同用户分配不同的权限。MongoDB 通过权限来控制用户对数据库的访问。MongoDB 引入了角色，以方便对用户权限进行管理。

为了保护数据库中数据的安全，MongoDB 提供了审计功能，让系统管理员能够实施保护数据库的措施，可以及时发现可疑活动，并采取相应的应对措施。

9.2.1　了解 MongoDB 的用户认证机制

用户管理一直是数据库系统中不可缺少的部分。不同用户对数据库的需求是不同的，出于安全等方面的考虑，需要根据不同用户的需求对用户设置权限：关键的、重要的功能只允许部分用户使用。

用户在使用 MongoDB 时，需要添加一个用户账号到 MongoDB 以完成用户认证。在 MongoDB 中，用户认证大致包含以下几个方面。

1. 使用用户管理接口创建用户

使用 db.createUser()方法可以创建一个用户，在创建完用户后，可以分配角色和权限给用户。创建的第 1 个用户必须是 MongoDB 管理员，该用户用于管理其他用户。

MongoDB 也支持更新存在的用户，例如修改用户的密码和权限。

2. 为用户添加认证数据库

在创建一个用户后，可以在某个指定的数据库中添加该用户，这样这个数据库对于该用户来说就是用户认证的数据库。

一个用户可以访问多个数据库，这是通过分配角色权限来实现的。

3. 在用户登录时进行身份认证

在启用 MongoDB 用户认证机制后，可以通过 db.author()方法进行用户身份的认证。

9.2.2 【实战】启用 MongoDB 的用户认证机制

默认情况下 MongoDB 没有启用用户认证机制。下面演示如何启用用户认证机制。

（1）启动 MongoDB 服务器。

```
mongod --config /data/mydata/mydata.conf
```

（2）使用 mongoshell 登录 MongoDB。

```
mongo
```

（3）在 admin 数据库中创建一个超级用户用于管理其他的用户。

```
> use admin
> db.createUser({"user":"myadmin","pwd":"password","roles":["root"]})
```

（4）退出当前会话，重新登录数据库后执行以下命令。

```
> show dbs
```

输出的信息如下：

```
admin   0.000GB
config  0.000GB
local   0.000GB
scott   0.005GB
```

此时发现不需要认证仍可以访问。要启用 MongoDB 的用户认证机制，则需要先修改启动配置文件。

（5）停止 MongoDB 服务器。

```
> use admin
> db.shutdownServer()
```

（6）在启动配置文件“/data/mydata/mydata.conf”中添加以下参数。

```
auth=true
```

（7）重新启动 MongoDB 服务器。

```
mongod --config /data/mydata/mydata.conf
```

（8）使用 mongoshell 登录 MongoDB 服务器。

```
mongo
```

此时会发现少了很多输出信息。

（9）执行以下命令查看 MongoDB 服务器中的数据库信息，此时没有任何输出信息。

```
> show dbs
```

（10）使用在第（3）步中创建的 myadmin 用户进行用户认证。

```
> use admin
> db.auth("myadmin","password")
```

此时将输出 1，表示用户认证成功。

```
1
```

（11）查看当前用户的信息。

```
> show users
```

输出的信息如下：

```
{
"_id" : "admin.myadmin",
"userId" : UUID("50f3bf37-3173-4d88-8b0c-2c2a0eb46e04"),
"user" : "myadmin",
"db" : "admin",
"roles" : [
    {
        "role" : "root",
        "db" : "admin"
    }
],
"mechanisms" : [
    "SCRAM-SHA-1",
    "SCRAM-SHA-256"
]
}
```

从输出信息中的 roles 中可以看出， myadmin 用户是当前 MongoDB 数据库的管理员用户。

（12）重新执行第（9）步的操作则可以正常输出数据库的相关信息。

9.2.3 【实战】在 MongoDB 中进行用户管理

在启用了 MongoDB 的用户认证机制，并成功创建第 1 个管理员用户后，就可以进一步创建其他用户，以提供给应用程序来访问 MongoDB 中的数据。

下面演示如何在 MongoDB 中进行用户管理。

（1）在 scott 数据库中创建一个新的用户：user1。

```
> use scott
> db.createUser({"user":"user1","pwd":"password","roles":["read"]})
```

输出的信息如下：

```
Successfully added user: { "user" : "user1", "roles" : [ "read" ] }
```

用户 user1 只是读取文档的角色。

（2）切换至用户 user1。

```
> db.auth("user1","password")
```

（3）执行一个简单的查询。

```
> db.emp.findOne()
```

输出的信息如下：

```
{
 "_id" : 7369,
 "ename" : "SMITH",
 "job" : "CLERK",
 "mgr" : 7902,
 "hiredate" : "17-12-80",
 "sal" : 800,
 "comm" : 0,
 "deptno" : 20
}
```

因为用户 user1 在 scott 数据库中是读取文档的角色，因此可以查询员工集合中的文档数据。

（5）在员工集合中插入一个新的文档。

```
> db.emp.insert({_id:1234,ename:'Tom'})
```

返回的错误信息如下：

```
WriteCommandError({
 "ok" : 0,
 "errmsg" : "not authorized on scott to execute command
            { insert: \"emp\", ordered: true, lsid:
            { id: UUID(\"9297317a-f651-4a28-8ec3-c9ca327e70aa\") },
            $db: \"scott\" }",
 "code" : 13,
 "codeName" : "Unauthorized"
})
```

9.3 基于角色的访问控制

在 MongoDB 数据库中，有了用户和权限即可执行正常的数据库操作。如果将必需的权限一个个地授予每一个用户那会很耗时，而且很有可能出现错误。引入角色后，可以方便地对用户权限进行管理。

在 MongoDB 数据库中，通过角色可以实现简单且受控的权限管理。角色可以被授予用户，角色中包含用户需要的权限。

角色设计的目的是：简化数据库中的权限管理，从而提高数据库的安全性。

9.3.1 了解 MongoDB 中的角色

MongoDB 中的角色分为两种：内建角色和自定义角色。

MongoDB 提供了许多内建角色，用于访问不同的数据库资源。表 9-1 中列出了 MongoDB 中的内建角色。

表 9-1

角色分类	角色名称	说　明
数据库用户角色	read	提供读权限
	readWrite	提供读写权限
数据库管理员角色	dbAdmin	提供与数据库集合相关的操作、创建索引、收集统计信息等权限
	dbOwner	包括 readWrite、dbAdmin、userAdmin 角色的权限
	userAdmin	提供修改和创建角色和用户的权限。由于该角色能够分配权限（包括他们自己），所以间接地提供超级用户的权限
集群管理角色	clusterAdmin	提供集群管理的最高权限，包括 clusterManager、clusterMonitor、hostManager 角色的权限。此外还有删除数据库的权限
	clusterManager	提供访问 config 和 local 数据库的权限
	clusterMonitor	对于监控工具提供只读权限
	hostManager	提供监控和管理主机的权限
备份和恢复角色	backup	该角色提供足够的权限来使用 MongoDB Cloud Manager、Ops Manager、mongodump 等工具对所有集合进行备份
	restore	提供恢复数据的权限
所有数据库权限	readAnyDatabase	提供读所有数据库的权限
	readWriteAnyDatabase	同 readWrite，范围是所有数据库
	userAdminAnyDatabase	同 userAdmin，范围是所有数据库
	dbAdminAnyDatabase	同 dbAdmin，范围是所有数据库

续表

角色分类	角色名称	说　明
超级角色	root	提供所有权限
内部角色	system	提供维护数据库对象的权限，一般不会被分配给用户

当 MongoDB 提供的内建角色不能满足应用程序需要时，MongoDB 也允许用户自定义角色。

使用 db.createRole()方法可以自定义角色，新定义的角色被存储在 admin 库的 system.roles 集合中。

9.3.2 【实战】基于角色控制用户的访问

下面演示如何在 MongoDB 中基于角色控制用户的访问。

（1）创建两个数据库（demo1 和 demo2）。在 demo1 数据库中创建员工集合 emp 和学生集合 students，在 demo2 数据库中创建部门集合 dept。

```
> use demo1
> db.students.insert({name:'Tom'})
> db.emp.insert([
{_id:7369,ename:'SMITH',job:'CLERK',sal:800,comm:0,deptno:20},
{_id:7499,ename:'ALLEN',job:'SALESMAN',sal:1600,comm:300,deptno:30},
{_id:7521,ename:'WARD',job:'SALESMAN',sal:1250,comm:500,deptno:30},
{_id:7566,ename:'JONES',job:'MANAGER',sal:2975,comm:0,deptno:20},
{_id:7654,ename:'MARN',job:'SALESMAN',sal:1250,comm:1400,deptno:30},
{_id:7698,ename:'BLAKE',job:'MANAGER',sal:2850,comm:0,deptno:30},
{_id:7782,ename:'CLARK',job:'MANAGER',sal:2450,comm:0,deptno:10},
{_id:7788,ename:'SCOTT',job:'ANALYST',sal:3000,comm:0,deptno:20},
{_id:7839,ename:'KING',job:'PRESIDENT',sal:5000,comm:0,deptno:10},
{_id:7844,ename:'TURNER',job:'SALESMAN',sal:1500,comm:0,deptno:30},
{_id:7876,ename:'ADAMS',job:'CLERK',sal:1100,comm:0,deptno:20},
{_id:7900,ename:'JAMES',job:'CLERK',sal:950,comm:0,deptno:30},
{_id:7902,ename:'FORD',job:'ANALYST',sal:3000,comm:0,deptno:20},
{_id:7934,ename:'MILLER',job:'CLERK',sal:1300,comm:0,deptno:10}
])
> use demo2
> db.dept.insert([
{_id:10,dname:'SALES' ,location:'Beijing'},
{_id:20,dname:'HR' ,location:'Shanghai'},
{_id:30,dname:'Operation' ,location:'Guangzhou'},
{_id:40,dname:'ACCOUNT' ,location:'Nanjing'},
])
```

（2）使用管理员用户自定义一个角色 myrole1。

```
> use admin
> db.createRole({
role:"myrole1",
privileges:[{resource:{db:"demo1",collection:"emp"},
actions:["find"]},
                {resource:{db:"demo2",collection:"dept"},
actions:["find"]}
         ],
roles:[{role:"read",db:"admin"}]
})
```

myrole1 角色具有以下两个作用：

（1）具有 demo1 数据库的 emp 集合、demo2 数据库的 dept 集合的查询权限。

（2）查看 admin 数据库。

（3）使用 db.getRole()方法查看角色的详细信息。

```
> db.getRole("myrole1",{showPrivileges: true});
```

输出的信息如下：

```
{
"_id" : "admin.myrole1",
"role" : "myrole1",
"db" : "admin",
"privileges" : [
    {
        "resource" : {
            "db" : "demo1",
            "collection" : "emp"
        },
        "actions" : [
            "find"
        ]
    },
    {
        "resource" : {
            "db" : "demo2",
            "collection" : "dept"
        },
        "actions" : [
            "find"
        ]
```

```
    }
],
"roles" : [
    {
        "role" : "read",
        "db" : "admin"
    }
],
...
```

（4）创建一个拥有角色 myrole1 的用户 user2。

```
> db.createUser({
    user: "user2",
    pwd: "password",
    roles:[{role:"myrole1",db:"admin"}]
  })
```

（5）使用 user2 用户登录。

```
> use admin
> db.auth("user2","password")
```

（6）切换到 demo1 数据库，查看数据库中的集合信息。

```
> use demo1
> show tables
```

输出的信息如下：

```
emp
```

在 demo1 数据库中还有一个 students 集合，但是 user2 用户无权查看它。

（7）切换到 demo2 数据库，查看其中的集合。

```
> use demo2
> show tables
```

输出的信息如下：

```
dept
```

9.4　MongoDB 的审计功能

审计功能用来记录用户对数据库的所有操作。这些记录可以让系统管理员在需要时分析数据库在什么时段发生了什么事情。

在执行数据库审计时，将捕获并存储数据库系统中所发生的特定事件。因此，开启数据库的审计功能会增加数据库的工作量。审计必须有重点——只捕获有意义的事件。

- 如果审计重点设置得当，则会最大限度减少对系统性能的影响。
- 如果审计重点设置不当，则会对系统性能产生明显的影响。

审计功能是 MongoDB 企业版的一个功能，在社区版中不支持此功能。

MongoDB 的审计日志可以被写入命令行控制台、Syslog 文件、JSON 文件或者 BSON 文件中。

9.4.1　与审计相关的参数

下面的命令将展示在启动 MongoDB 服务器时与审计相关的参数：

```
mongod --help | grep audit
```

输出的信息如下：

```
--auditDestination arg       Destination of audit log output.
--auditFormat arg            Format of the audit log, if logging to
--auditPath arg              full filespec for audit log file
--auditFilter arg            filter spec to screen audit records
```

使用参数 auditDestination 可以配置 MongoDB 的审计信息的输出路径，例如把审计信息输出到命令行和文件中。

9.4.2　【实战】审计功能举例

下面演示 MongoDB 的审计功能。

（1）使用以下语句启动 MongoDB 服务器，并将审计信息输出到屏幕上。

```
mongod --dbpath /data/db --auditDestination console
```

（2）使用 mongoshell 登录 MongoDB，并创建一个集合。

```
> use demo
> db.testaudit.insert({message:'Test Audit'})
```

（3）查看 MongoDB 命令行中输出的信息，图 9-1 方框中的内容就是产生的审计信息。

```
2022-04-05T19:14:07.352+0800 I NETWORK  [conn1] received client metadata from 127
.0.0.1:9417 conn1: { application: { name: "MongoDB Shell" }, driver: { name: "Mon
goDB Internal Client", version: "3.4.10" }, os: { type: "Linux", name: "CentOS Li
nux release 7.4.1708 (Core) ", architecture: "x86_64", version: "Kernel 3.10.0-69
3.el7.x86_64" } }
{ "atype" : "createDatabase", "ts" : { "$date" : "2022-04-05T19:14:38.372+0800" }
, "local" : { "ip" : "127.0.0.1", "port" : 27017 }, "remote" : { "ip" : "127.0.0.
1", "port" : 9417 }, "users" : [], "roles" : [], "param" : { "ns" : "demo" }, "re
sult" : 0 }
{ "atype" : "createCollection", "ts" : { "$date" : "2022-04-05T19:14:38.372+0800"
 }, "local" : { "ip" : "127.0.0.1", "port" : 27017 }, "remote" : { "ip" : "127.0.
0.1", "port" : 9417 }, "users" : [], "roles" : [], "param" : { "ns" : "demo.testa
udit" }, "result" : 0 }
```

图 9-1

（4）使用以下语句启动 MongoDB 服务器，将审计信息输出到指定的 JSON 文件中。

```
mongod --dbpath /data/db --auditDestination file --auditFormat JSON \
--auditPath /data/db/auditLog.json
```

（5）使用 mongoshell 登录 MongoDB，并创建一个集合。

```
> use demo
> db.testaudit1.insert({message:'Test Audit'})
```

（6）查看 JSON 文件中生成的创建集合的审计信息。

```
tail /data/db/auditLog.json
```

输出的信息如下：

```
{ "atype" : "createCollection", "ts" : { "$date" : "2022-04-05T19:20:43.
94+0800" }, "local" : { "ip" : "127.0.0.1", "port" : 27017 }, "remote" : { "ip" :
"127.0.0.1", "port" : 9419 }, "users" : [], "roles" : [], "param" : { "ns" :
"demo.testaudit1" }, "result" : 0 }
```

MongoDB 的审计信息也可以被输出到 Syslog 和 BSON 文件中，例如：

```
mongod --dbpath /data/db --auditDestination syslog
mongod --dbpath /data/db --auditDestination file --auditFormat BSON \
    --auditPath /data/db/auditLog.bson
```

（7）使用 auditFilter 参数可以进行审计信息的过滤，例如以下语句只会审计“createCollection”

的操作。

```
mongod --dbpath /data/db --auditDestination file  --auditFormat JSON \
--auditPath /data/db1auditLog.json \
--auditFilter '{ atype: "createCollection"}'
```

9.5　监控 MongoDB 的运行

监控MongoDB的运行状态,主要是为了确认MongoDB服务器是否在运行过程中产生了异常。MongoDB 也提供了相应的监控工具以对 MongoDB 的统计信息进行监控。

9.5.1　【实战】通过命令行工具监控 MongoDB

MongoDB 将一部分日志信息保存在集合中，将另一部分日志信息保存在 MongoDB 的系统日志中。因此，可以通过查询相关的集合或者查看系统日志来获取 MongoDB 的运行状态。

MongoDB 还提供了 mongotop 和 mongostat 命令，用于监控 MongoDB 的运行。

（1）查看 MongoDB 的启动日志。

```
> use local
> db.startup_log.findOne()
```

输出的信息如下：

```
{
"_id" : "nosql11-1649034101278",
"hostname" : "nosql11",
"startTime" : ISODate("2022-04-04T01:01:41Z"),
"startTimeLocal" : "Mon Apr  4 09:01:41.278",
"cmdLine" : {
 "config" : "/data/mydata/mydata.conf",
 "net" : {
     "port" : 27017
 },
 "processManagement" : {
     "fork" : true
 },
 "storage" : {
     "dbPath" : "/data/mydata/"
 },
 "systemLog" : {
     "destination" : "file",
     "path" : "/data/mydata/mydata.log"
```

```
    }
  },
  "pid" : NumberLong(51947),
  "buildinfo" : {
   "version" : "5.0.6",
   "gitVersion" : "212a8dbb47f07427dae194a9c75baec1d81d9259",
   "modules" : [ ],
   "allocator" : "tcmalloc",
   "javascriptEngine" : "mozjs",
   "sysInfo" : "deprecated",
  ...
```

在启动数据库时，MongoDB 会将与启动相关的信息写入 local.startup_log 集合中。

（2）查看数据库实例的状态信息。

```
> db.serverStatus()
```

直接使用 db.serverStatus()命令输出的实例状态信息非常多，不利于查看。可以在 db.serverStatus()命令的基础上指定要查看的具体状态信息。例如：

```
> db.serverStatus().connections
```

该命令只输出与 MongoDB 连接相关的状态信息，如下：

```
{
 "current" : 1,
 "available" : 818,
 "totalCreated" : 14,
 "active" : 1,
 "threaded" : 1,
 "exhaustIsMaster" : 0,
 "exhaustHello" : 0,
 "awaitingTopologyChanges" : 0
}
```

（3）查看当前数据库的统计信息。

```
> db.stats()
```

输出的信息如下：

```
{
"db" : "local",
"collections" : 1,
"views" : 0,
"objects" : 9,
"avgObjSize" : 2252.6666666666665,
"dataSize" : 20274,
"storageSize" : 36864,
"indexes" : 1,
"indexSize" : 36864,
"totalSize" : 73728,
"scaleFactor" : 1,
"fsUsedSize" : 7345729536,
"fsTotalSize" : 48420556800,
"ok" : 1
}
```

（4）查看员工集合的统计信息。

```
> use scott
> db.emp.stats()
```

输出的信息如下：

```
{
"ns" : "scott.emp",
"size" : 1832,
"count" : 14,
"avgObjSize" : 130,
"storageSize" : 20480,
"freeStorageSize" : 0,
"capped" : false,
"wiredTiger" : {
    "metadata" : {
        "formatVersion" : 1
    },
...
```

（5）查看集合的大小。

```
> use scott
> db.emp.dataSize()
```

输出的信息如下：

```
1832
```

9.5.2 【实战】通过可视化工具 Compass 监控 MongoDB

在6.2.4节中已经成功安装了MongoDB的可视化工具MongoDB Compass。利用MongoDB Compass 可以非常直观地监控 MongoDB 的状态。下面来演示。

（1）通过一个循环语句向集合中插入 100 万个文档。

```
> for(var i = 1; i <= 1000000; i++){
db.test_collection.insert(
{"_id":i,
"action":"write transaction simulations","iteration no:":i});
}
```

（2）通过 MongoDB Compass 监控 MongoDB 服务器的性能，如图 9-2 所示。

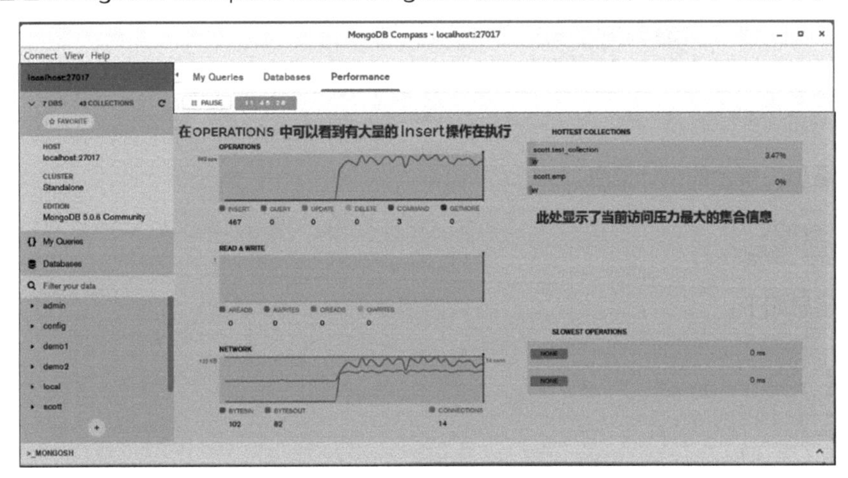

图 9-2

9.6 MongoDB 的数据安全

在数据库运行过程中会出现各种故障，因此对数据库进行必要的备份是非常重要的。有了数据库的备份文件，可以在数据库出现错误时保证数据的安全。MongoDB 数据库提供了多种方式以实现数据库的备份/恢复。

9.6.1 【实战】导入/导出 MongoDB 的数据

MongoDB 数据的导入/导出是一种逻辑备份和逻辑恢复，主要是通过 mongoimport 命令和 mongoexport 命令将集合中的数据导出，以达到备份的目的。当丢失数据时，可以将导出的数据重新导入以实现数据的恢复。

下面演示如何使用这两个命令。

（1）查看 mongoexport 命令的帮助信息。

```
mongoexport --help
```

输出的信息如下：

```
Usage:
  mongoexport <options> <connection-string>

Export data from MongoDB in CSV or JSON format.

Connection strings must begin with mongodb:// or mongodb+srv://.

See http://docs.mongodb.com/database-tools/mongoexport/
for more information.

general options:
      --help          print usage
      --version       print the tool version and exit
      --config=       path to a configuration file
...
```

其中主要的参数说明如下。

- -h：数据库宿主机的 IP 地址。
- -u：数据库的用户名。
- -p：数据库的密码。
- -d：数据库的名称。
- -c：集合的名称。
- -o：导出的文件名。
- -q：导出数据的过滤条件。
- --csv：导出格式为 CSV（默认为 JSON）。

（2）导出 scott 数据库中员工集合的数据。

```
mongoexport -d scott -c emp -o ./emp.json
```

输出的信息如下：

```
2022-04-05T20:00:18.106+0800    connected to: mongodb://localhost/
2022-04-05T20:00:18.117+0800    exported 14 records
```

（3）导出 scott 数据库中员工集合中 10 号部门员工的数据。

```
mongoexport -d scott -c emp \
```

```
-f _id,ename,job,mgr,hiredate,sal,comm,deptno \
--type=csv -o ./emp10.csv --query='{"deptno":10}'
```

输出的信息如下：

```
2022-04-05T20:02:54.165+0800    connected to: mongodb://localhost/
2022-04-05T20:02:54.174+0800    exported 3 records
```

（4）查看生成的 emp10.csv 文件，内容如下：

```
_id,ename,job,mgr,hiredate,sal,comm,deptno
7839,KING,PRESIDENT,0,17-11-81,5000,0,10
7782,CLARK,MANAGER,7839,09-06-81,2450,0,10
7934,MILLER,CLERK,7782,23-01-82,1300,0,10
```

（5）查看 mongoimport 命令的帮助信息。

```
mongoimport --help
```

输出的信息如下：

```
Usage:
  mongoimport <options> <connection-string> <file>

Import CSV, TSV or JSON data into MongoDB.
If no file is provided, mongoimport reads from stdin.

Connection strings must begin with mongodb:// or mongodb+srv://.

See http://docs.mongodb.com/database-tools/mongoimport/
for more information.
general options:
     --help      print usage
     --version   print the tool version and exit
     --config=   path to a configuration file
...
```

其中主要的参数说明如下。

- -h：数据库宿主机的 IP 地址。
- -u：数据库的用户名。
- -p：数据库的密码。
- -d：数据库的名称。
- -c：集合的名称。
- -f：指明导入的列。
- --type：导入文件的类型。

（6）使用 mongoimport 命令导入第（3）步生成的 emp10.csv 文件。

```
mongoimport -d scottnew -c emp10 \
--fields _id,ename,job,mgr,hiredate,sal,comm,deptno \
--type=csv --file ./emp10.csv
```

在成功导入后，将自动创建 scottnew 数据库和 emp10 集合。

（7）登录 MongoDB 验证导入的结果。

```
test@nosql11 1> use scottnew
scottnew@nosql11 3> db.emp10.find()
```

输出的信息如下：

```
    { "_id" : "_id", "ename" : "ename", "job" : "job", "mgr" : "mgr", "hiredate" :
"hiredate", "sal" : "sal", "comm" : "comm", "deptno" : "deptno" }
    { "_id" : 7839, "ename" : "KING", "job" : "PRESIDENT", "mgr" : 0, "hiredate" :
"17-11-81", "sal" : 5000, "comm" : 0, "deptno" : 10 }
    { "_id" : 7782, "ename" : "CLARK", "job" : "MANAGER", "mgr" : 7839, "hiredate" :
"09-06-81", "sal" : 2450, "comm" : 0, "deptno" : 10 }
    { "_id" : 7934, "ename" : "MILLER", "job" : "CLERK", "mgr" : 7782, "hiredate" :
"23-01-82", "sal" : 1300, "comm" : 0, "deptno" : 10 }
```

9.6.2 【实战】备份/恢复 MongoDB 的数据

MongoDB 的备份/恢复主要通过 mongodump 和 mongorestore 命令来实现。下面演示如何使用这两个命令。

（1）创建 MongoDB 数据备份的目录。

```
mkdir -p /data/backup
```

（2）执行数据库的备份。

```
mongodump -d scott -o /data/backup
```

mongodump 命令的格式如下：

mongodump -h dbhost -d dbname -o dbdirectory

说明如下。

- -h：MongDB 所在服务器的 IP 地址。
- -d：需要备份的数据库实例。
- -o：备份数据存放的位置。

输出的信息如下：

```
    2022-04-05T20:20:05.327+0800    writing scott.emp to /data/backup/scott/emp.bson
    2022-04-05T20:20:05.327+0800    writing scott.books to /data/backup/scott/books.bson
    2022-04-05T20:20:05.328+0800    writing scott.test_collection to /data/backup/scott/test_collection.bson
    2022-04-05T20:20:05.330+0800    writing scott.test4 to /data/backup/scott/test4.bson
    2022-04-05T20:20:05.334+0800    done dumping scott.books (8 documents)
    2022-04-05T20:20:05.335+0800    done dumping scott.emp (14 documents)
    2022-04-05T20:20:05.346+0800    writing scott.myaddress to /data/backup/scott/myaddress.bson
    2022-04-05T20:20:05.349+0800    writing scott.articles to /data/backup/scott/articles.bson
    2022-04-05T20:20:05.362+0800    done dumping scott.myaddress (8 documents)
    ...
```

（3）查看“/data/backup”目录下生成的备份信息。

```
tree /data/backup
```

输出的信息如下：

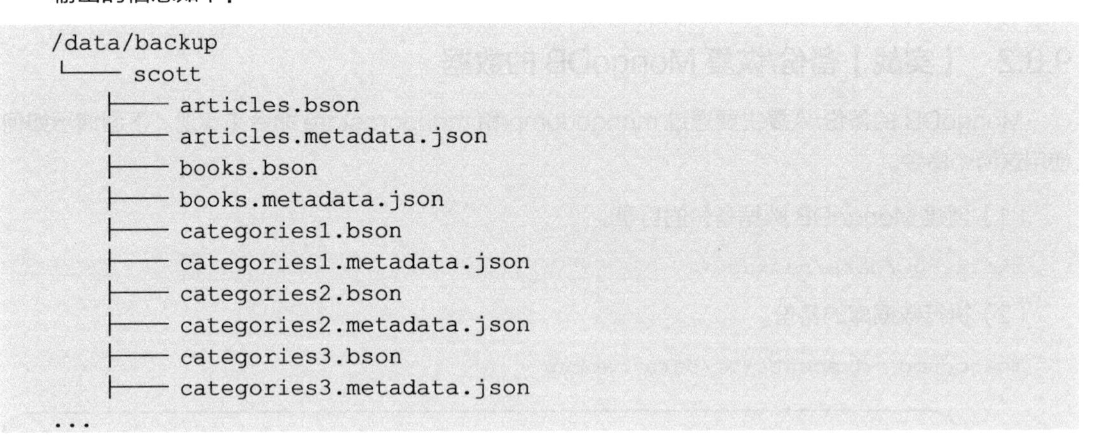

```
/data/backup
└── scott
    ├── articles.bson
    ├── articles.metadata.json
    ├── books.bson
    ├── books.metadata.json
    ├── categories1.bson
    ├── categories1.metadata.json
    ├── categories2.bson
    ├── categories2.metadata.json
    ├── categories3.bson
    ├── categories3.metadata.json
...
```

从备份信息中可以看出，mongodump 命令在执行备份时将数据库中集合的数据导出成 BSON 格式的文件。

（4）执行 mongorestore 命令恢复数据库。

```
mongorestore -d scott_restore --dir /data/backup/scott/
```

mongorestore 命令的格式如下：

mongorestore -h dbhost -d dbname --directoryperdb dbdirectory --drop

说明如下。

- -h：MongoDB 所在服务器的 IP 地址。
- -d：需要恢复的数据库实例。
- --directoryperdb：备份数据所在的位置。
- --drop：在恢复时会先删除当前数据，然后恢复备份的数据。

第 10 章 MongoDB 的集群

之前章中讨论的都是单实例的 MongoDB 数据库，即只存在一个节点的情况。MongoDB 支持强大的集群功能，集群有着两种不同的实现方式：复制集和分片。

10.1 基于 MongoDB 复制集实现主从同步

复制集可以提供数据冗余及可用性，其本质是：在不同的数据库服务器上使用数据的多个副本。复制集技术可以防止出现因为单个数据库服务器发生故障而导致数据丢失的情况。复制集通过设置主库和从库的方式来实现灾难切换、数据备份和报表服务等。使用复制集还可以实现读写分离，即将客户端的读请求和写请求分发到不同的服务器上。

10.1.1 MongoDB 复制集基础

MongoDB 的复制是指，数据文档在多个 MongoDB 服务器节点之间进行数据同步。因此 MongoDB 复制集是一种集群技术。

1. MongoDB 复制集的体系架构

MongoDB 复制集由一组 MongoDB 实例组成，其中包含一个 Primary 节点和多个 Secondary 节点。

- MongoDB 客户端应用程序通过 Primary 节点来读取和写入数据。
- Secondary 节点会自动从 Primary 节点同步写入的数据，以保持复制集内的所有成员存储相同的数据，从而实现系统整体数据的高可用。

图 10-1 是一个典型的 MongoDB 复制集，包含 1 个 Primary 节点和 2 个 Secondary 节点。

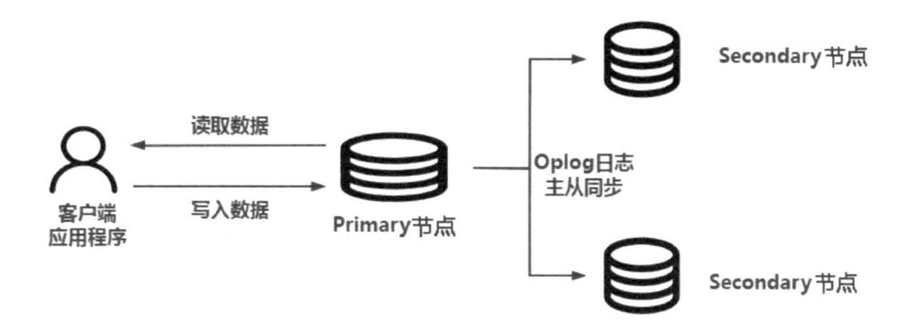

图 10-1

在 MongoDB 复制集中，只能有一个主库用于接收客户端的写请求。主库在收到写入数据的请求后会进行数据操作，并将这些操作记录到操作日志中，该操作日志被称为 Oplog 日志。

从库从主库复制 Oplog 日志并应用 Oplog 日志，以保证其数据与主库的数据一致。当主库出现故障不可用时，MongoDB 复制集中的一个从库可以通过选举的方式成为新的主库。

2. 复制集中的成员

MongoDB 的复制集中主要包括 3 个成员：主库、从库和仲裁者。

一般情况下，MongoDB 复制集集群中有 1 个主库和 2 个从库。数据库管理员可以在复制集中添加一个 MongoDB 实例来作为复制集的仲裁者，但仲裁者不是必需的。

（1）主库。

在一个 MongoDB 复制集中，只能存在一个主库用于接收所有的写操作请求。MongoDB 复制集中的所有成员都能接收读操作请求。

当主库出现不可用时，MongoDB 复制集会触发选举从从库中选择一个作为新主库。

（2）从库。

MongoDB 复制集中的从库采用异步的方式从主库同步 Oplog 日志，并应用 Oplog 日志中的操作到从库的数据集中。在 MongoDB 复制集中可以存在多个从库。

客户端不能往从库中写数据，但是可以从从库中读数据。在往 MongoDB 复制集中添加从库时，可以为从库设置不同的优先级别。

当主库出现问题时，优先级别最高的从库会被选举为主库。

优先级为 0 的从库不能被选举为主库。

在某些情景下，在选举过程中可能会在某个瞬间存在多个主库，例如当网络出现问题时，MongoDB 复制集会将其中一个主库降级为从库。而客户端应用程序会察觉到主库降级所造成的数据过期，从而进行回滚操作。

当某个从库出现问题时，MongoDB 复制集还可以对客户端应用程序隐藏该从库，从而使得客户端无法访问该从库。

（3）仲裁者。

MongoDB 复制集中的仲裁者不存储任何数据集合，并且不能被选举成为主库。仲裁者不是必需的，它的存在可以保证 MongoDB 复制集中成员的个数为奇数，因为它有一个投票权。

仲裁者节点对硬件要求不高。仲裁者还可以用于接收复制集中其他成员发送的心跳检测信息。

10.1.2 部署 MongoDB 复制集

下面演示如何搭建单个节点的 MongoDB 复制集。表 10-1 中列出了 MongoDB 复制集的配置信息。

表 10-1

主　机	端　口	角　色
192.168.79.11	27017	主库
192.168.79.11	27018	从库
192.168.79.11	27019	从库

表 10-1 在一台主机上通过监听不同的端口来搭建 MongoDB 复制集环境，也可以使用 3 台主机来搭建 MongoDB 复制集环境。

（1）创建 MongoDB 复制集各个节点的数据存储目录。

```
mkdir -p /data/primary/
mkdir -p /data/slave01/
mkdir -p /data/slave02/
```

（2）编辑主库的配置文件“/data/primary/mongo_primary.conf”，如下所示。

```
dbpath=/data/primary/
port=27017
fork=true
logpath=/data/primary/primary.log
replSet=mycluster
```

在搭建 MongoDB 复制集环境时，最重要的参数是 replSet。该参数将用于标识该节点从属于哪个复制集。

（3）编辑第 1 个从库的配置文件“/data/slave01/mongo_slave01.conf”，如下所示。

```
dbpath=/data/slave01/
port=27018
fork=true
logpath=/data/slave01/slave01.log
replSet=mycluster
```

（4）编辑第 2 个从库的配置文件“/data/slave02/mongo_slave02.conf”，如下所示。

```
dbpath=/data/slave02/
port=27019
fork=true
logpath=/data/slave02/slave02.log
replSet=mycluster
```

（5）使用 mongod 命令启动 3 个节点。

```
mongod --config /data/primary/mongo_primary.conf
mongod --config /data/slave01/mongo_slave01.conf
mongod --config /data/slave02/mongo_slave02.conf
```

（6）确定 MongoDB 实例监听的地址信息。

```
netstat -ntulp | grep mongod
```

输出的信息如下：

```
tcp 0 0 127.0.0.1:27019  0.0.0.0:*  LISTEN     46922/mongod
tcp 0 0 127.0.0.1:27017  0.0.0.0:*  LISTEN     46804/mongod
tcp 0 0 127.0.0.1:27018  0.0.0.0:*  LISTEN     46868/mongod
```

（7）使用 mongoshell 登录其中的一个 MongoDB 数据库实例。

```
mongo
```

（8）查看复制集的状态。

```
> rs.status()
```

输出的信息如下：

```
{
"ok" : 0,
"errmsg" : "no replset config has been received",
"code" : 94,
"codeName" : "NotYetInitialized"
}
```

在使用 MongoDB 复制集前需要先将其初始化。

（9）创建复制集的配置信息，将各个节点添加到复制集的配置信息中。

```
> cfg = {"_id":"mycluster",
   "members":[{"_id":0,"host":"127.0.0.1:27017"},
              {"_id":1,"host":"127.0.0.1:27018"},
              {"_id":2,"host":"127.0.0.1:27019"}]}
```

（10）执行复制集的初始化。

```
> rs.initiate(cfg)
```

（11）查看副本集的状态。

```
> rs.status()
```

输出的信息如下：

```
{
"set" : "mycluster",
"date" : ISODate("2022-04-06T04:03:05.729Z"),
"myState" : 2,
"term" : NumberLong(0),
"syncSourceHost" : "",
"syncSourceId" : -1,
"heartbeatIntervalMillis" : NumberLong(2000),
"majorityVoteCount" : 2,
"writeMajorityCount" : 2,
"votingMembersCount" : 3,
```

```
    "writableVotingMembersCount" : 3,
    ...
    "members" : [
        {
            "_id" : 0,
            "name" : "127.0.0.1:27017",
            "health" : 1,
            "state" : 2,
            "stateStr" : "SECONDARY",
            "uptime" : 603,
            "optime" : {
                "ts" : Timestamp(1649217783, 1),
                "t" : NumberLong(-1)
            },
        ...
        },
        {
            "_id" : 1,
            "name" : "127.0.0.1:27018",
            "health" : 1,
            "state" : 2,
            "stateStr" : "SECONDARY",
            "uptime" : 2,
            "optime" : {
                "ts" : Timestamp(1649217783, 1),
                "t" : NumberLong(-1)
            },
            "optimeDurable" : {
                "ts" : Timestamp(1649217783, 1),
                "t" : NumberLong(-1)
            },
        ...
        },
        {
            "_id" : 2,
            "name" : "127.0.0.1:27019",
            "health" : 1,
            "state" : 2,
            "stateStr" : "SECONDARY",
            "uptime" : 2,
            "optime" : {
                "ts" : Timestamp(1649217783, 1),
                "t" : NumberLong(-1)
            },
            "optimeDurable" : {
```

```
                "ts" : Timestamp(1649217783, 1),
                "t" : NumberLong(-1)
            },
        ...
        }
],
"ok" : 1,
...
}
```

输出的 3 个节点信息包含以下的字段信息：

"stateStr" : "SECONDARY",

这说明 MongoDB 复制集正在执行选举操作，此时的 3 个节点都是从库。

（12）等待一段时间，再次查看副本集的状态。

```
> rs.status()
```

输出的信息如下：

```
...
"members" : [
 {
     "_id" : 0,
     "name" : "127.0.0.1:27017",
     "health" : 1,
     "state" : 1,
     "stateStr" : "PRIMARY",
     "uptime" : 961,
     ...
 },
 {
     "_id" : 1,
     "name" : "127.0.0.1:27018",
     "health" : 1,
     "state" : 2,
     "stateStr" : "SECONDARY",
     "uptime" : 360,
     ...
 },
 {
     "_id" : 2,
     "name" : "127.0.0.1:27019",
     "health" : 1,
```

```
        "state" : 2,
        "stateStr" : "SECONDARY",
        "uptime" : 360,
        ...
    }
  ],
  ...
```

经过选举后，27017 节点被选举为主库，而 27018 和 27019 节点还是从库。

（13）在主库上创建一个集合并插入一个文档。

```
> use demo
> db.test1.insert({name:'Tom'})
```

（14）在主库上查询文档。

```
> db.test1.find()
```

输出的信息如下：

```
{ "_id" : ObjectId("624d13bc587b73632da622ce"), "name" : "Tom" }
```

（15）使用 mongoshell 登录其中一个从库，并查看数据库信息。

```
mongo --port 27018
> show dbs
```

输出的错误信息如下：

```
...
uncaught exception: Error: listDatabases failed:{
 "topologyVersion" : {
     "processId" : ObjectId("624d0ea30b93b269b4c404d6"),
     "counter" : NumberLong(4)
 },
 "ok" : 0,
 "errmsg" : "not master and slaveOk=false",
 "code" : 13435,
 "codeName" : "NotPrimaryNoSecondaryOk",
 "$clusterTime" : {
     "clusterTime" : Timestamp(1649218594, 1),
     "signature" : {
         "hash" : BinData(0,"AAAAAAAAAAAAAAAAAAAAAAAAAAA="),
         "keyId" : NumberLong(0)
     }
```

```
 },
 "operationTime" : Timestamp(1649218594, 1)
} :
...
```

在默认情况下，MongoDB 复制集的从库是不可用的，需要手动启用它。

（16）启用从库并查看数据库信息。

```
> rs.slaveOk()
> show dbs
```

输出的信息如下：

```
admin   0.000GB
config  0.000GB
demo    0.000GB
local   0.000GB
```

（17）查看 demo 数据库中的集合。

```
> use demo
> db.test1.find()
```

（18）在从库上插入一个新的文档。

```
> db.test1.insert({name:'Mary'})
```

输出的错误信息如下：

```
WriteCommandError({
 "topologyVersion" : {
     "processId" : ObjectId("624d0ea30b93b269b4c404d6"),
     "counter" : NumberLong(4)
 },
 "ok" : 0,
 "errmsg" : "not master",
 "code" : 10107,
 "codeName" : "NotWritablePrimary",
 "$clusterTime" : {
     "clusterTime" : Timestamp(1649221014, 1),
     "signature" : {
         "hash" : BinData(0,"AAAAAAAAAAAAAAAAAAAAAAAAAAA="),
         "keyId" : NumberLong(0)
     }
 },
```

```
"operationTime" : Timestamp(1649221014, 1)
})
```

在 MongoDB 复制集环境中，从库是只读的状态。

10.1.3　管理 MongoDB 复制集

在搭建好 MongoDB 复制集后，可以通过相应的命令来进行复制集的管理和维护。下面通过示例来演示。

1. 复制集的基本管理

MongoDB 复制集的基本管理基本都是通过 rs 命令来实现的，下面列出了该命令的所有操作。

```
rs.add()
rs.addArb()
rs.apply()
rs.bind()
rs.call()
rs.compareOpTimes()
rs.conf()
rs.config()
rs.constructor
rs.debug
rs.freeze()
rs.hasOwnProperty()
rs.hello()
rs.help()
rs.initiate()
rs.isMaster()
rs.isValidOpTime()
rs.printReplicationInfo()
rs.printSecondaryReplicationInfo()
rs.printSlaveReplicationInfo()
rs.propertyIsEnumerable()
rs.prototype
rs.reconfig()
rs.reconfigForPSASet()
rs.remove()
rs.secondaryOk()
rs.slaveOk()
rs.status()
rs.stepDown()
rs.syncFrom()
rs.toLocaleString()
rs.toString()
rs.valueOf()
```

下面演示其中主要的操作。

（1）查看复制集的配置信息。

```
> rs.conf()
```

输出的信息如下：

```
{
"_id" : "mycluster",                         --> 复制集的 ID
"version" : 1,
```

```
  "term" : 1,
  "members" : [                              --> 复制集中的成员列表
      {
          "_id" : 0,
          "host" : "127.0.0.1:27017", --> 节点的地址信息
          "arbiterOnly" : false,       --> 是否为仲裁者节点
          "buildIndexes" : true,
          "hidden" : false,           --> 该节点是否为隐藏节点
          "priority" : 1,              --> 该节点的优先级
          "tags" : {

          },
          "secondaryDelaySecs" : NumberLong(0),
          "votes" : 1
      },
  ...
}
```

（2）查看复制集的 Oplog 日志信息。

```
> rs.printReplicationInfo()
```

输出的信息如下：

```
configured oplog size:      1912.6416015625MB
log length start to end:        4351secs (1.21hrs)
oplog first event time:     Wed Apr 06 2022 12:03:03 GMT+0800 (CST)
oplog last event time:      Wed Apr 06 2022 13:15:34 GMT+0800 (CST)
now:                        Wed Apr 06 2022 13:15:35 GMT+0800 (CST)
```

说明如下。

- configured oplog size：配置 Oplog 日志文件的大小。
- log length start to end：Oplog 日志的启用时间段。
- oplog first event time：第 1 个事务日志的产生时间。
- oplog last event time：最后一个事务日志的产生时间。
- now：现在的时间。

（3）查看从库信息。

```
> rs.printSecondaryReplicationInfo( )
```

输出的信息如下：

```
source: 127.0.0.1:27018
 syncedTo: Wed Apr 06 2022 13:17:34 GMT+0800 (CST)
 0 secs (0 hrs) behind the primary        -->从节与主库之间的延时时间
source: 127.0.0.1:27019
```

```
 syncedTo: Wed Apr 06 2022 13:17:34 GMT+0800 (CST)
 0 secs (0 hrs) behind the primary
```

2. 添加和删除节点

在 MongoDB 复制集中，可以动态地添加和删除节点。由于在复制集中只允许有一个主库，因此这里所说的节点指的是从库。下面是具体的步骤。

（1）创建新节点的数据存储目录。

```
mkdir -p /data/slave03/
```

（2）编辑主库的配置文件“/data/slave03/mongo_slave03.conf”，如下所示。

```
dbpath=/data/slave03/
port=27020
fork=true
logpath=/data/slave03/ slave03.log
replSet=mycluster
```

（3）使用 mongod 命令启动新节点。

```
mongod --config /data/slave03/mongo_slave03.conf
```

（4）将新节点加入 MongoDB 复制集中。

```
> rs.add("127.0.0.1:27020")
```

（5）查看从库信息。

```
> rs.printSecondaryReplicationInfo()
```

输出的信息如下：

```
source: 127.0.0.1:27018
 syncedTo: Wed Apr 06 2022 13:32:44 GMT+0800 (CST)
 0 secs (0 hrs) behind the primary
source: 127.0.0.1:27019
 syncedTo: Wed Apr 06 2022 13:32:44 GMT+0800 (CST)
 0 secs (0 hrs) behind the primary
source: 127.0.0.1:27020
 syncedTo: Wed Apr 06 2022 13:32:44 GMT+0800 (CST)
 0 secs (0 hrs) behind the primary
```

（6）从复制集中删除节点。

```
> rs.remove("127.0.0.1:27020")
```

3. 复制集的主从切换

由于 MongoDB 复制集是主从式架构，因此存在单点故障的问题（这里所说的单点指的就是主库）。由于只存在一个主库，所以当它发生故障时会造成整个复制集无法正常写入数据。

为了解决上述问题，MongoDB 具有主从切换功能：当主库发生故障时，会自动选举一个从库作为新的主库。

下面演示 MongoDB 主从复制的自动切换。

（1）查看当前复制集的节点信息。

```
> rs.status()
```

输出的信息如下：

```
...
"members" : [
 {
     "_id" : 0,
     "name" : "127.0.0.1:27017",
     "health" : 1,
     "state" : 1,
     "stateStr" : "PRIMARY",              --> 主库节点
     ...
 },
 {
     "_id" : 1,
     "name" : "127.0.0.1:27018",
     "health" : 1,
     "state" : 2,
     "stateStr" : "SECONDARY",
     ...
 },
 {
     "_id" : 2,
     "name" : "127.0.0.1:27019",
     "health" : 1,
     "state" : 2,
     "stateStr" : "SECONDARY",
     ...
 }
],
...
```

（2）查看 MongoDB 服务器的进程 ID。

```
ps -ef|grep mongod
```

输出的信息如下：

```
root   46804  ... mongod --config /data/primary/mongo_primary.conf
root   46868  ... mongod --config /data/slave01/mongo_slave01.conf
```

```
root    46922   ... mongod --config /data/slave02/mongo_slave02.conf
```

（3）“杀死”46804 进程以模拟主库异常宕机。

```
kill -9 46804
```

（4）在一个从库上查看复制集的信息。

```
> rs.status()
```

输出的信息如下：

```
"members" : [
 {
     "_id" : 0,
     "name" : "127.0.0.1:27017",
     "health" : 0,
     "state" : 8,
     "stateStr" : "(not reachable/healthy)", --> 主库已不可用
     ...
 },
 {
     "_id" : 1,
     "name" : "127.0.0.1:27018",
     "health" : 1,
     "state" : 2,
     "stateStr" : "SECONDARY",
     ...
 },
 {
     "_id" : 2,
     "name" : "127.0.0.1:27019",
     "health" : 1,
     "state" : 2,
     "stateStr" : "SECONDARY",
     ...
 }
],
```

（5）等待一段时间后，在另一个从库上再次查看复制集的信息。

```
> rs.status()
```

输出的信息如下：

```
"members" : [
 {
     "_id" : 0,
     "name" : "127.0.0.1:27017",
```

```
        "health" : 0,
        "state" : 8,
        "stateStr" : "(not reachable/healthy)",
        ...
    },
    {
        "_id" : 1,
        "name" : "127.0.0.1:27018",
        "health" : 1,
        "state" : 2,
        "stateStr" : "PRIMARY",  --> 被选举为新的主库
        ...
    },
    {
        "_id" : 2,
        "name" : "127.0.0.1:27019",
        "health" : 1,
        "state" : 2,
        "stateStr" : "SECONDARY",
        ...
    }
],
```

（6）重新启动 27017 端口上的 MongoDB 数据库实例。

```
mongod --config /data/primary/mongo_primary.conf
```

（7）在 27017 端口上的 MongoDB 数据库实例上再次查看复制集的信息。

```
> rs.status()
```

输出的信息如下：

```
"members" : [
 {
        "_id" : 0,
        "name" : "127.0.0.1:27017",
        "health" : 0,
        "state" : 8,
        "stateStr" : "SECONDARY", --> 该节点变成了一个从库
        ...
 },
 {
        "_id" : 1,
        "name" : "127.0.0.1:27018",
        "health" : 1,
        "state" : 2,
        "stateStr" : "PRIMARY",
```

```
        ...
    },
    {
        "_id" : 2,
        "name" : "127.0.0.1:27019",
        "health" : 1,
        "state" : 2,
        "stateStr" : "SECONDARY",
        ...
    }
],
```

10.1.4 【实战】MongoDB 复制集的选举机制

复制集的选举机制与节点的优先级相关。在 MongoDB 复制集中，根据优先级可以将节点分为：标准节点、被动节点和仲裁节点。优先级别高的节点为标准节点，优先级别低的节点为被动节点，仲裁节点没有优先级别。

只有标准节点才可以被选举为主库，它具有被选举权；被动节点只有完整的数据副本，不可能被选举成为主库，但有选举权；仲裁节点是为了保证集群中选举的票数为奇数。

下面演示 MongoDB 复制集的选举机制。

（1）使用 mongod 命令启动每个节点。

```
mongod --config /data/primary/mongo_primary.conf
mongod --config /data/slave01/mongo_slave01.conf
mongod --config /data/slave02/mongo_slave02.conf
mongod --config /data/slave03/mongo_slave03.conf
```

（2）使用 mongoshell 登录其中一个 MongoDB 数据库实例，并创建一个新的复制集配置信息。

```
> cfg={"_id":"mycluster",
    "members":[
{"_id":0,"host":"127.0.0.1:27017","priority":100},
{"_id":1,"host":"127.0.0.1:27018","priority":0},
{"_id":2,"host":"127.0.0.1:27019","priority":100},
{"_id":3,"host":"127.0.0.1:27020","arbiterOnly":true}
]}
```

在这里的配置信息中，27017 和 27019 端口上的 MongoDB 节点为标准节点；27018 端口上的 MongoDB 节点为被动节点；27020 端口上的 MongoDB 节点为仲裁节点。

（3）执行复制集的初始化操作。

```
> rs.initiate(cfg)
```

（4）查看复制集的信息。

```
> rs.status()
```

输出的信息如下：

```
...
"members" : [
 {
     "_id" : 0,
     "name" : "127.0.0.1:27017",
     "health" : 1,
     "state" : 1,
     "stateStr" : "PRIMARY",  --> 主库
 ...
 },
 {
     "_id" : 1,
     "name" : "127.0.0.1:27018",
     "health" : 1,
     "state" : 2,
     "stateStr" : "SECONDARY",  --> 从库
 ...
 },
 {
     "_id" : 2,
     "name" : "127.0.0.1:27019",
     "health" : 1,
     "state" : 2,
     "stateStr" : "SECONDARY",  --> 从库
     ...
 },
 {
     "_id" : 3,
     "name" : "127.0.0.1:27020",
     "health" : 1,
     "state" : 7,
     "stateStr" : "ARBITER",  --> 仲裁者
     ...
 }
],
...
```

（5）“杀掉”27017 端口上的主库以模拟主库异常宕机。

（6）等待一段时间后，重新观察复制集的状态信息。

在主从切换完成后，27019 端口上的从库会变成新的主库。

10.1.5 【实战】Oplog 日志和数据的同步

Oplog（Operation Log）日志被用于实现 MongoDB 复制集中主库和从库的同步。在主库上修改数据文档时，Oplog 日志会滚动记录让数据发生变化的操作。之后，从库复制主库的 Oplog 日志，并以单线程方式在从库上应用这些操作，以达到主库和从库的数据同步。复制集中的所有成员都会向其他成员发送心跳检测信息，任何成员都可以从其他成员导入 Oplog 日志条目。

MongoDB 复制集提供了以下两种方式进行主库与从库的数据同步。

- 初始化同步（Initial Sync）：一个新的从库在加入复制集后会进行初始化同步，即新加入的从库会从其他成员复制所有的数据。
- 复制同步（Replication Sync）：当初始化同步完成后，从库会从初始化同步所使用的从库继续复制 Oplog 日志，并采用异步的方式应用这些 Oplog 日志。值得注意的是，从库不会从延迟类型和隐藏类型的从库同步 Oplog 日志。

下面来查看 MongoDB 复制集中的 Oplog 日志。

（1）在主库上创建新的文档。

```
> use demo
> db.demotable1.insert({"_id":1,"money":1000})
> db.demotable1.updateOne({"_id":1},{$set:{"money":8000}})
> db.demotable1.find()
```

输出的信息如下：

```
{ "_id" : 1, "money" : 8000 }
```

（2）删除新创建的文档。

```
> db.demotable1.remove({})
```

（3）在主库上查看 Oplog 日志。

```
> use local
> db.oplog.rs.find({"ns" : "demo.demotable1"})
```

输出的信息如下：

```
{ "op" : "i", "ns" : "demo.demotable1",
    "ui" : UUID("18718243-a78d-4f00-8e30-f325d56c70ee"),
    "o" : { "_id" : 1, "money" : 1000 },
    "ts" : Timestamp(1649224227, 2), "t" : NumberLong(1),
    "v" : NumberLong(2), "wall" : ISODate("2022-04-06T05:50:27.254Z") }
{ "op" : "u", "ns" : "demo.demotable1",
"ui" : UUID("18718243-a78d-4f00-8e30-f325d56c70ee"),
"o" : { "$v" : 2, "diff" : { "u" : { "money" : 8000 } } },
"o2" : { "_id" : 1 }, "ts" : Timestamp(1649224231, 1),
"t" : NumberLong(1),
"v" : NumberLong(2), "wall" : ISODate("2022-04-06T05:50:31.240Z") }
{ "op" : "d", "ns" : "demo.demotable1",
"ui" : UUID("18718243-a78d-4f00-8e30-f325d56c70ee"),
"o" : { "_id" : 1 }, "ts" : Timestamp(1649224282, 1),
"t" : NumberLong(1), "v" : NumberLong(2),
"wall" : ISODate("2022-04-06T05:51:22.916Z") }
```

（4）登录从库确定数据是否同步成功。

```
> rs.slaveOk()
> use demo
> db.demotable1.find()
```

此时不输出任何信息，因为在主库上 db.demotable1 集合已经被删除了。

（5）在从库上检查 Oplog 日志。

```
> use local
> db.oplog.rs.find({"ns" : "demo.demotable1"})
```

输出的信息如下：

```
{ "op" : "i", "ns" : "demo.demotable1",
"ui" : UUID("18718243-a78d-4f00-8e30-f325d56c70ee"),
"o" : { "_id" : 1, "money" : 1000 },
"ts" : Timestamp(1649224227, 2),
"t" : NumberLong(1),
"v" : NumberLong(2),
"wall" : ISODate("2022-04-06T05:50:27.254Z") }
{ "op" : "u", "ns" : "demo.demotable1",
"ui" : UUID("18718243-a78d-4f00-8e30-f325d56c70ee"),
"o" : { "$v" : 2, "diff" : { "u" : { "money" : 8000 } } },
"o2" : { "_id" : 1 },
"ts" : Timestamp(1649224231, 1),
"t" : NumberLong(1), "v" : NumberLong(2),
```

```
"wall" : ISODate("2022-04-06T05:50:31.240Z") }
{ "op" : "d", "ns" : "demo.demotable1",
"ui" : UUID("18718243-a78d-4f00-8e30-f325d56c70ee"),
"o" : { "_id" : 1 }, "ts" : Timestamp(1649224282, 1),
"t" : NumberLong(1), "v" : NumberLong(2),
"wall" : ISODate("2022-04-06T05:51:22.916Z") }
```

（6）对比第（3）步和第（5）步中主库和从库上的 Oplog 日志，会发现内容是一样的。

10.1.6 【实战】MongoDB 的事务

数据库的事务通常由一组 DML 语句组成：insert、update 和 delete 语句。通过事务可以保证数据库中数据的完整性，即保证这一组 DML 操作要么全部被执行，要么全部被不执行。

可以把事务看成一个逻辑工作单元，可以通过提交或回滚操作来结束一个事务。

当事务被成功提交给数据库后，事务会保证其中的所有操作都成功完成，且结果被永久保存在数据库中；反之，如果有部分操作没有成功完成，则事务中的所有操作都会回滚，数据回到执行事务前的状态。

事务具有以下四个特征。

- 原子性（Atomicity）：对于数据的修改，要么全部被执行，要么全部被不执行。
- 一致性（Consistency）：在事务执行完成后，必须使所有数据都保持一致状态。
- 持久性（Durability）：在事务执行完成后，对于数据的修改是永久性的。
- 隔离性（Isolation）：数据库支持并发操作，它允许多个客户端或者多个事务同时操作数据库中的数据，因此，数据库必须要有一种方式来隔离不同的操作，防止在多个事务并发执行时由于交叉执行而导致数据不一致，这就是事务的隔离性。

MongoDB 的事务主要包括写操作事务和多文档事务。

下面基于 10.1.2 节部署的 MongoDB 复制集来演示 MongoDB 的事务操作。

1. MongoDB 的写操作事务

MongoDB 的写操作事务主要通过 writeConcern 属性来决定“一个写操作成功写入多少个节点才算成功”。

表 10-2 中列出了 writeConcern 属性的取值。

表 10-2

writeConcern 属性的取值	含义
0	执行写操作，完成后立即返回，不关心写操作是否成功。适用于性能要求高，但不关注正确性的场景
1	写操作需要被复制到复制集中的所有节点才算成功
其他指定的整数，如 2、3、4 等	写操作需要被复制到复制集中指定个数的节点才算成功
majority	写操作需要被复制到大多数节点才算成功。适用于对数据安全性要求比较高的场景，该选项会降低写性能

下面演示 MongoDB 的写事务。

（1）切换到 demo 数据库，创建一个新的集合。

```
> db.testwrite.insert({message:"Test Data"},
{writeConcern:{w:"majority"}})
> db.testwrite.insert({message:"Test Data"},{writeConcern:{w:1}})
> db.testwrite.insert({message:"Test Data"},{writeConcern:{w:2}})
> db.testwrite.insert({message:"Test Data"},{writeConcern:{w:3}})
```

说明如下。

- {writeConcern:{w:1}}：写操作需要被复制到复制集中的所有节点。
- {writeConcern:{w:2}}：写操作需要被复制到复制集中的 2 个节点。
- {writeConcern:{w:3}}：写操作需要被复制到复制集中的 3 个节点。

（2）往新的集合中插入一个新的文档。

```
> db.testwrite.insert({message:"Test Data"},{writeConcern:{w:4}})
```

输出的错误信息如下：

```
WriteResult({
 "nInserted" : 1,
 "writeConcernError" : {
     "code" : 100,
     "codeName" : "UnsatisfiableWriteConcern",
     "errmsg" : "Not enough data-bearing nodes",
     "errInfo" : {
         "writeConcern" : {
             "w" : 4,
             "wtimeout" : 0,
             "provenance" : "clientSupplied"
         }
     }
 }
})
```

从输出的错误信息可以看出，在当前复制集中没有足够数量的节点。

（3）往新的集合中再插入一个新的文档，并设置“超过 3s 未响应插入成功则直接返回”。

```
> db.testwrite.insert({message:"Test Data"},
{writeConcern:{w:2,wtimeout:3000}})
```

2. MongoDB 的多文档事务

要使用 MongoDB 的多文档事务，首先需要了解什么是 Session（会话）。

在 MongoDB 的早期版本的中，每一个请求会创建一个上下文对象。该对象可以被理解成一个单行事务，它对于数据、索引、Oplog 日志的修改都是原子性的。

MongoDB 从 3.6 版本开始引入了 Session（会话）的概念。其本质上也是一个上下文对象。在这个 Session 中多个请求共享一个上下文，这为多文档事务的实现提供了基础。

表 10-3 中列出了 MongoDB 的事务函数。

表 10-3

函数名称	说　明
startTransaction()	开启一个新的事务，后续即可进行 CRUD 操作
commitTransaction()	提交事务并保存数据。在提交之前，事务中变更的数据对外是不可见的
abortTransaction()	回滚事务并撤销已经完成的更改
endSession()	结束 Session

下面演示如何使用 MongoDB 的多文档事务。

多文档事务只支持复制集环境。

（1）切换到 demo 数据库，创建一个新的集合用于保存储户的存款。

```
> use demo
> db.myaccount.insert([
{_id:'u001',name:'Tom',money:1000},
{_id:'u002',name:'Mike',money:1000}
])
```

（2）查询 myaccount 集合中的文档。

```
> db.myaccount.find()
```

输出的信息如下：

```
{ "_id" : "u001", "name" : "Tom", "money" : 1000 }
{ "_id" : "u002", "name" : "Mike", "money" : 1000 }
```

（3）开启一个多文档事务。

```
> var session = db.getMongo().startSession()
> session.startTransaction({readConcern: { level: 'majority' },
writeConcern: { w: 'majority' }})
```

（4）从 Tom 账号转 100 元钱到 Mike 账号。

```
> var mycollection = session.getDatabase('demo')
.getCollection('myaccount')
> mycollection.update({name: 'Tom'}, {$set: {money: 900}})
> mycollection.update({name: 'Mike'}, {$set: {money: 1100}})
```

（5）查询 myaccount 集合中的文档。

```
> db.myaccount.find()
```

输出的信息如下：

```
{ "_id" : "u001", "name" : "Tom", "money" : 1000 }
{ "_id" : "u002", "name" : "Mike", "money" : 1000 }
```

由于开启了多文档事务，所以在事务没有提交前文档是不会更新的。

（6）提交多文档事务。

```
> session.commitTransaction()
```

（7）确定 myaccount 集合中的文档是否更新成功。

```
> db.myaccount.find()
```

输出的信息如下：

```
{ "_id" : "u001", "name" : "Tom", "money" : 900 }
{ "_id" : "u002", "name" : "Mike", "money" : 1100 }
```

10.2　基于 MongoDB 分片实现数据的分布式存储

实现 MongoDB 集群的另一种方式是分片技术。通过分片，可以满足 MongoDB 数据大幅增长的需求。在 MongoDB 存储海量数据时，一台 MongoDB 服务器无法满足存储数据的要求，也不足以提供可接受的读写吞吐量。

为了解决以上问题，MongoDB 将数据分割存储在多台服务器上，使得数据库系统能够存储和处理更多的数据，以实现数据的分布式存储。

单个 MongoDB 复制集中的节点不能超过 12 个，因此复制集从本质上并不能解决数据海量存储的问题。

10.2.1　MongoDB 分片架构

MongoDB 分片架构需要依赖 MongoDB 的复制集来实现。图 10-2 展示了 MongoDB 分片架构。

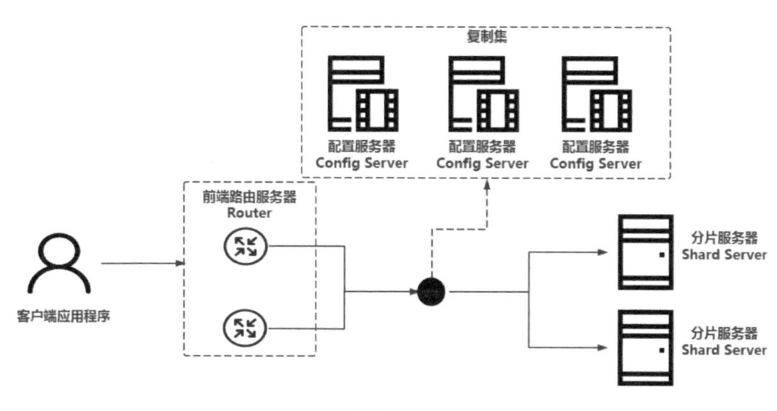

图 10-2

从图 10-2 中可以看出，MongoDB 分片架构主要包含以下几个部分。

- 前端路由服务器：Router。

客户端应用程序从 Router 接入 MongoDB 分片集群。Router 可以让分片集群看上去像一个单一的数据库。通过 mongos 命令来启动 Router。

- 配置服务器：Config Server。

它负责存储 MongoDB 分片的元数据，以及后端的分片服务器信息。从 MongoDB 的 3.4 版本开始，Config Server 必须被配置成复制集的形式。

- 分片服务器：Shard Server。

它负责存储实际的数据块。在实际生产环境中，一个 Shard Server 可以由几台服务器组成，从而防止主机单点故障造成数据丢失。分片服务器也必须是复制集的形式。

10.2.2 【实战】搭建 MongoDB 分片架构

表 10-4 中列出了 MongoDB 分片架构中的各个节点信息。

表 10-4

主机地址	端　口	角　色	说　明
192.168.79.11	27017	前端路由服务器	用于接收客户端的请求
192.168.79.11	37017	配置服务器	组成一个复制集
192.168.79.11	37018	配置服务器	
192.168.79.11	47017	分片服务器	单独组成一个复制集
192.168.79.11	47018	分片服务器	单独组成一个复制集

表 10-4 中列举的是 MongoDB 分片架构的最简信息，例如这里的前端路由服务器只使用一个节点来实现。在生产环境中，可以搭建使用多个节点实现的前端路由服务器。

下面演示如何搭建 MongoDB 分片架构。

（1）创建各个节点的数据存储路径。

```
mkdir -p /data/27017
mkdir -p /data/37017
mkdir -p /data/37018
mkdir -p /data/47017
mkdir -p /data/47018
```

（2）创建前端路由服务器的配置信息文件“/data/27017/mongos.conf”。

```
port=27017
fork=true
logpath=/data/27017/mongos.log
configdb=myshardingconfig/127.0.0.1:37017,127.0.0.1:37018
```

其中，configdb 用于指定配置服务器的地址。

（3）创建第 1 个配置服务器的配置信息文件“/data/37017/mongo_configsvr_37017. conf”。

```
dbpath=/data/37017
port=37017
fork=true
logpath=/data/37017/configsvr37017.log
replSet=myshardingconfig
configsvr=true
```

其中，configsvr=true 表示这是一台配置服务器。

（4）创建第 2 个配置服务器的配置信息文件“/data/37018/mongo_configsvr_ 37018.conf”。

```
dbpath=/data/37018
port=37018
fork=true
logpath=/data/37018/configsvr37018.log
replSet=myshardingconfig
configsvr=true
```

（5）创建第 1 个分片服务器的配置信息文件“/data/47017/mongo_shardsvr_ 47017.conf”。

```
dbpath=/data/47017
port=47017
fork=true
logpath=/data/47017/shardsvr47017.log
shardsvr=true
replSet=myshardone
```

其中，shardsvr=true 表示这是一台分片服务器。

（6）创建第 2 个分片服务器的配置信息文件“/data/47018/mongo_shardsvr_ 47018.conf”。

```
dbpath=/data/47018
port=47018
fork=true
logpath=/data/47018/shardsvr47018.log
shardsvr=true
replSet=myshardtwo
```

（7）启动所有的 MongoDB 实例。

```
mongod --config /data/37017/mongo_configsvr_37017.conf
mongod --config /data/37018/mongo_configsvr_37018.conf
mongod --config /data/47017/mongo_shardsvr_47017.conf
mongod --config /data/47018/mongo_shardsvr_47018.conf
```

（8）启动前端路由服务器。

```
mongos --config /data/27017/mongos.conf
```

（9）使用 mongoshell 连接 37017 端口上的 MongoDB 实例，完成配置服务器复制集的初始化。

```
mongo --port 37017
```

（10）将 37017 和 37018 端口上的 MongoDB 实例加入复制集。

```
> cfg = {"_id":"myshardingconfig",
   "members":[{"_id":0,"host":"127.0.0.1:37017"},
             {"_id":1,"host":"127.0.0.1:37018"}]}
> rs.initiate(cfg)
```

（11）查看复制集 myshardingconfig 实例的状态信息。

```
> rs.status()
```

输出的信息如下：

```
...
"members" : [
 {
     "_id" : 0,
     "name" : "127.0.0.1:37017",
     "health" : 1,
     "state" : 1,
     "stateStr" : "PRIMARY",
     ...
 },
 {
     "_id" : 1,
     "name" : "127.0.0.1:37018",
     "health" : 1,
     "state" : 2,
     "stateStr" : "SECONDARY",
     ...
 }
],
...
```

（12）使用 mongoshell 连接前端路由服务器。

```
mongo
```

（13）查看 MongoDB 分片服务器的信息。

```
> sh.status()
```

输出的信息如下：

```
--- Sharding Status ---
  sharding version: {
     "_id" : 1,
     "minCompatibleVersion" : 5,
```

```
    "currentVersion" : 6,
    "clusterId" : ObjectId("624d60d6675d42fb9b900362")
  }
  shards:                 --> 此处还没有添加任何分片服务器的地址信息
  active mongoses:
  autosplit:
      Currently enabled: yes
  balancer:
      Currently enabled: yes
      Currently running: no
      Failed balancer rounds in last 5 attempts: 0
      Migration results for the last 24 hours:
             No recent migrations
  databases:
      { "_id" : "config", "primary" : "config","partitioned" :true}
```

（14）初始化 47017 端口上的复制集。

```
> cfg = {"_id":"myshardone",
"members":[{"_id":0,"host":"127.0.0.1:47017"}]}
> rs.initiate(cfg)
```

（15）初始化 47018 端口上的复制集。

```
> cfg = {"_id":"myshardtwo",
"members":[{"_id":0,"host":"127.0.0.1:47018"}]}
> rs.initiate(cfg)
```

（16）添加分片服务器。

```
> sh.addShard("myshardone/127.0.0.1:47017")
> sh.addShard("myshardtwo/127.0.0.1:47018")
```

（17）重新查看 MongoDB 分片的信息。

```
> sh.status()
```

输出的信息如下：

```
--- Sharding Status ---
  sharding version: {
    "_id" : 1,
    "minCompatibleVersion" : 5,
    "currentVersion" : 6,
    "clusterId" : ObjectId("624d60d6675d42fb9b900362")
  }
  shards:                    --> 分片中的服务器地址
    {"_id":"myshardone","host":"myshardone/127.0.0.1:47017",
"state":1,"topologyTime":Timestamp(1649238845,3)}
```

```
    {"_id":"myshardtwo","host":"myshardtwo/127.0.0.1:47018",
"state":1,"topologyTime":Timestamp(1649238865,3)}
  active mongoses:
        "5.0.6" : 1
  autosplit:
        Currently enabled: yes
  balancer:
        Currently enabled: yes
        Currently running: no
        Failed balancer rounds in last 5 attempts: 0
        Migration results for the last 24 hours:
                No recent migrations
  databases:
        {"_id":"config","primary":"config","partitioned" : true }
```

（18）添加一个分片数据库。

```
> sh.enableSharding("myshardDB")
```

（19）查看分片数据库的信息。

```
> sh.status()
```

输出的信息如下：

```
...
databases:
 {  "_id" : "config",  "primary" : "config",  "partitioned" : true }
          config.system.sessions
                   shard key: { "_id" : 1 }
                   unique: false
                   balancing: true
                   chunks:
                   myshardone  992
                   myshardtwo  32
          too many chunks to print, use verbose if you want to force print
 {  "_id" : "myshardDB",  "primary" : "myshardtwo",
"partitioned" : true,
"version":{"uuid": UUID("4c640f1f-77fe-45a6-92b4-b7c90692b845"),
 "timestamp" : Timestamp(1649239126, 36),
  "lastMod" : 1 } }
```

（20）修改数据分片的大小。

```
> use config
> db.settings.save( { _id:"chunksize", value:1})
```

默认情况下，分片大小（chunksize）是 64MB。只有达到分片大小后才会对集合进行分片。

（21）开始对集合中的数据进行分片。

```
> sh.shardCollection("myshardDB.table1",{"_id":1})
```

这里使用插入文档的_id 作为片键，来实现文档的分布式存储。

（22）在数据库 myshardDB 中创建集合，并插入 10 万个文档。

```
> use myshardDB
> for(var i = 1; i <= 100000; i++)
{db.table1.insert({"_id":i,"action":"write","iteration no:":i});}
```

（23）再次查看分片数据库的信息。

```
> sh.status()
```

输出的信息如下：

```
...
myshardDB.table1
    shard key: { "_id" : 1 }
    unique: false
    balancing: true
    chunks:
           myshardone  6
           myshardtwo  1
{"_id":{"$minKey":1}}-->>{"_id":2} on:myshardone Timestamp(2,0)
{"_id":    2}-->>{"_id":20241} on:myshardtwo Timestamp(3,1)
{"_id":20241}-->>{"_id":37933} on:myshardone Timestamp(3,2)
{"_id":37933}-->>{"_id":55627} on:myshardone Timestamp(3,4)
{"_id":55627}-->>{"_id":74150} on:myshardone Timestamp(3,6)
{"_id":74150}-->>{"_id":91829} on:myshardone Timestamp(3,8)
{"_id":91829}-->>{"_id":{"$maxKey":1}}on:myshardoneTimestamp(3,9)
...
```

从输出的信息可以看出，_id 值在{2,20241}区间的数据存储在 myshardtwo 复制集上；而其他_id 值对应的数据存储在 myshardone 复制集上。因此可以得出结论：这里实现了数据分布式存储，但效果不是很好。

为了实现更好的数据分布式存储，应当合理地选择片键。

10.2.3 【实战】查看配置服务器

在部署完 MongoDB 分片后，所有的分片信息都存储在配置服务器中。通过以下命令可以查看配置服务器的相关信息。

（1）查看分片服务器的地址信息。

```
> db.shards.find().pretty()
```

输出的信息如下：

```
{
"_id" : "myshardone",
"host" : "myshardone/127.0.0.1:47017",
"state" : 1,
"topologyTime" : Timestamp(1649238845, 3)
}
{
"_id" : "myshardtwo",
"host" : "myshardtwo/127.0.0.1:47018",
"state" : 1,
"topologyTime" : Timestamp(1649238865, 3)
}
```

（2）查看数据块对应的分片服务器信息。

```
> db.chunks.findOne().pretty()
```

输出的信息如下：

```
{
"_id" : ObjectId("624d642c675d42fb9b9018c4"),
"uuid" : UUID("1e1fab60-6708-479d-9809-c31a9d1b4ae1"),
"min" : {
    "_id" : { "$minKey" : 1 }
},
"max" : {
    "_id" : {
        "id" : UUID("00400000-0000-0000-0000-000000000000")
    }
```

```
    },
    "shard" : "myshardtwo",
    "lastmod" : Timestamp(2, 0),
    "history" : [
        {
            "validAfter" : Timestamp(1649239093, 1658),
            "shard" : "myshardtwo"
        },
        {
            "validAfter" : Timestamp(1649239084, 3),
            "shard" : "myshardone"
        }
    ]
}
```

（3）查看数据库的分片信息。

```
> db.databases.find().pretty()
```

输出的信息如下：

```
{
    "_id" : "myshardDB",
    "primary" : "myshardtwo",
    "partitioned" : true,
    "version" : {
        "uuid" : UUID("4c640f1f-77fe-45a6-92b4-b7c90692b845"),
        "timestamp" : Timestamp(1649239126, 36),
        "lastMod" : 1
    }
}
```

（4）查看集合的分片信息。

```
> db.collections.find()
```

输出的信息如下：

```
{
    "_id" : "config.system.sessions",
    "lastmodEpoch" : ObjectId("624d642c575f62ac97d9df28"),
    "lastmod" : ISODate("2022-04-06T09:58:04.651Z"),
    "timestamp" : Timestamp(1649239084, 3),
    "uuid" : UUID("1e1fab60-6708-479d-9809-c31a9d1b4ae1"),
    "key" : {
        "_id" : 1
    },
    "unique" : false,
    "noBalance" : false
```

```
}
{
"_id" : "myshardDB.table1",
"lastmodEpoch" : ObjectId("624d65f874f65b2de42328d5"),
"lastmod" : ISODate("2022-04-06T10:05:44.503Z"),
"timestamp" : Timestamp(1649239544, 44),
"uuid" : UUID("d780c132-1f4a-4a79-a722-b53301ba7e28"),
"key" : {
    "_id" : 1
},
"unique" : false,
"noBalance" : false
}
```

10.2.4 片键的选择

MongoDB 分片的效果取决于片键的选择。MongoDB 会根据选择的片键，将插入的文档划分到有着相同片键的数据块 Chunk 中，然后将这些数据块根据片键的顺序分布式存储到分片服务器的复制集中。

选择片键有以下几种方式。

1. 使用自动增长片键

在 10.2.2 节中的第（20）步和第（21）步中，就用时间戳或者自动增长的 ID 作为片键，代码如下：

```
> sh.shardCollection("myshardDB.table1",{"_id":1})
> use myshardDB
> for(var i = 1; i <= 100000; i++)
{db.table1.insert({"_id":i,"action":"write","iteration no:":i});}
```

选择这种片键，一般会在逻辑空间上连续写入文档数据，所以文档会按顺序插入一个分片。

- 优点：片键有无限数量的字段值，因此可以提供无限数量的分片。
- 缺点：片键单一且热点不分散。

2. 使用有限片键

当片键的取值是有限值时，MongoDB 分片的数量也是有限的。这种片键非常简单易用。下面进行测试。

（1）创建一个新的分片集合 demotable2，指定集合的片键为 job 字段，并在该字段上创建一个索引。

```
> sh.shardCollection("myshardDB.demotable2",{"job":1})
```

```
> db.demotable2.createIndex({"job":1})
```

（2）向 demotable2 集合中插入 50000 个文档。

```
> for(var i=1;i<=50000;i++){
 db.demotable2.insert({"job":0,"name":"Name0:" + i});
 db.demotable2.insert({"job":1,"name":"Name1:" + i});
 db.demotable2.insert({"job":2,"name":"Name2:" + i});
 db.demotable2.insert({"job":3,"name":"Name3:" + i});
}
```

这里的 job 字段只有 0、1、2、3 这四个值。

（3）查看分片的信息。

```
> sh.status()
```

输出的信息如下：

```
...
myshardDB.demotable2
 shard key: { "job" : 1 }
 unique: false
 balancing: true
 chunks:
         myshardone  2
         myshardtwo  3
 {"job":{"$minKey":1}}-->> {"job":0} on:myshardone Timestamp(2,0)
 {"job": 0 } -->> { "job" : 1 } on : myshardtwo Timestamp(3, 2)
 {"job": 1 } -->> { "job" : 2 } on : myshardtwo Timestamp(3, 4)
 {"job": 2 } -->> { "job" : 3 } on : myshardtwo Timestamp(3, 5)
 {"job": 3 } -->> {"job":{"$maxKey":1}} on : myshardone Timestamp(3,0)
...
```

3. 使用随机片键

随机片键的优点：分散热点，避免产生热块；缺点：随着文档数据量的增大，性能会变差。

下面来测试随机片键。

（1）创建一个新的分片集合 demotable3，指定集合的片键为 salary 字段，并在该字段上创建一个索引。

```
> sh.shardCollection("myshardDB.demotable3",{"salary":1})
> db.demotable3.createIndex({"salary":1})
```

（2）向 demotable3 集合中插入 50 000 个文档。

```
> for(var i=1;i<=50000;i++){
db.demotable3.insert({"salary":Math.round(Math.random()*10000),
"name":"Name0:" + i});
}
```

在 for 循环语句中使用了一个随机数作为 salary 字段的值。

（3）查看分片的信息。

```
> sh.status()
```

输出的信息如下：

```
...
myshardDB.demotable3
 shard key: { "salary" : 1 }
 unique: false
 balancing: true
 chunks:
         myshardone  2
         myshardtwo  2
 {"salary":{"$minKey":1}}-->>{"salary":1}on:myshardone Timestamp(2, 0)
 {"salary":1} -->> {"salary" : 5029 } on: myshardtwo Timestamp(3, 2)
 {"salary":5029}-->>{"salary": 10000} on: myshardtwo Timestamp(3, 3)
 {"salary":10000}-->>{"salary":{"$maxKey":1}}on:myshardone Timestamp(3,0)
...
```

第 3 篇

列式存储 NoSQL 数据库

第 11 章 HBase 基础

HBase 是根据 Google 公司的 BigTable 思想设计出的一个列式存储 NoSQL 数据库，它属于 Hadoop 生态圈体系。HBase 使用的 HDFS（Hadoop Distributed File System，Hadoop 分布式文件系统）作为底层的数据存储方案。在学习 HBase 之前，有必要了解大数据体系中的典型代表 Hadoop。

11.1 大数据基础

11.1.1 大数据的基本概念和特性

下面通过两个具体的例子来理解大数据的基本概念，以及大数据平台体系要解决的核心问题。

案例一 电商平台的推荐系统

在电商平台中一般都有推荐系统，例如图 11-1 所示是某电商平台首页中推荐的商品信息。

现在提出一个具体的需求：把电商平台中过去一个月中卖得好的商品推荐到网站的首页中。如何实现呢?

推荐系统应该满足“千人千面”的要求，即不同的人看到的推荐商品是不一样的。如何根据用户的喜好来进行推荐，这是在具体实现推荐系统时需要考虑的问题。

要把过去一个月中卖得好的商品推荐出来，就需要基于过去一个月的交易订单来进行分析和处理。这样的订单会有多少呢? 对于一个大型电商平台来说，这样的订单数据量肯定非常庞大。所以在具体实现时，如何解决订单数据的存储和订单数据的计算，就成为推荐系统所要解决的核心问题。可以利用机器学习中的推荐算法来实现商品的推荐系统。

图 11-1

案例二　基于大数据的天气预报系统

在实现天气预报时，例如预报北京未来一周的天气情况，该如何实现呢？我们可能会把北京各个气象观测点的天气数据汇总起来，利用气象专业知识进行分析和处理，从而做出一个天气预报，如图 11-2 所示。

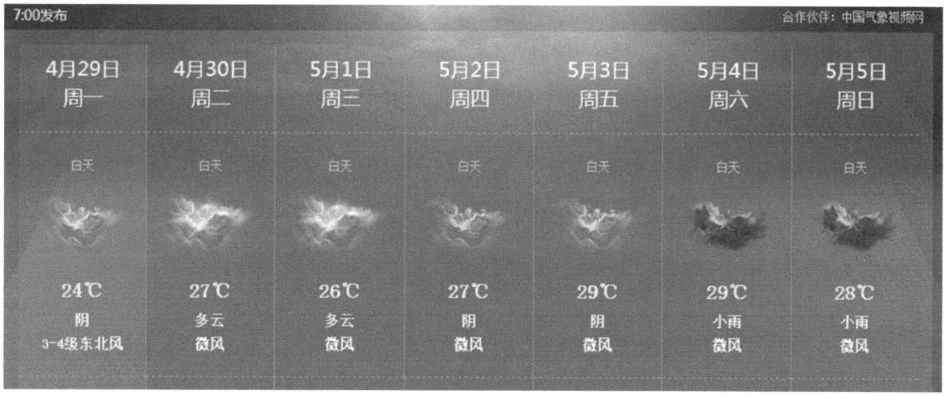

图 11-2

但是，这样的数据汇总起来会有多少？肯定是非常庞大的数据量。如何解决气象数据的存储和计算，就成为天气预报系统所要解决的核心问题。

通过上面的两个例子，读者不难总结出，在大数据平台体系中所要解决的核心问题不外乎两个：

- 数据的存储；
- 数据的计算。

解决了这两个核心的问题，就可以得到分析计算的结果来进行决策。

11.1.2 大数据平台要解决的核心问题

11.1.1 节最后提到大数据平台体系所要解决的核心问题是数据的存储和数据的计算。那如何解决这两个问题呢?

1. 数据的存储

由于数据量非常庞大，所以无法采用传统的单机模式来存储，而解决方案就是采用分布式文件系统来存储。

简单来说就是：一台机器存不下数据，就使用多台机器一起来存储。Google 公司的 GFS（Google File System）就是一个典型的分布式文件系统。Google 将 GFS 的核心思想和原理以论文的方式开放出来了，从而奠定了大数据平台体系中数据存储的基础，进一步有了 Hadoop 分布式文件系统（HDFS）。

图 11-3 为分布式文件系统的基本架构。

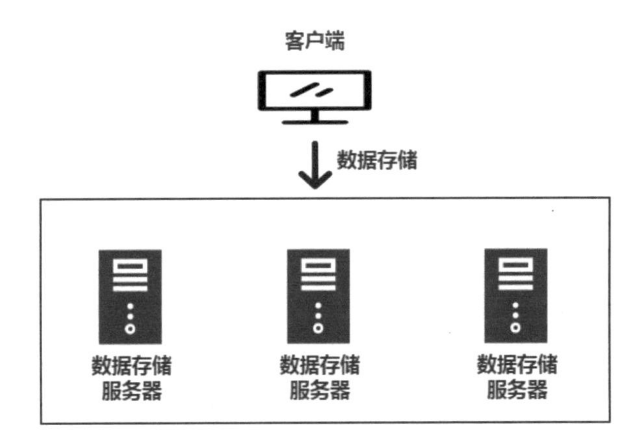

图 11-3

2. 数据的计算

大数据的计算采用的是分布式计算模型。简单来说就是，一台机器无法完成计算，就多使用几台机器来一起完成计算。

图 11-4 展示了分布式计算系统的基本架构。

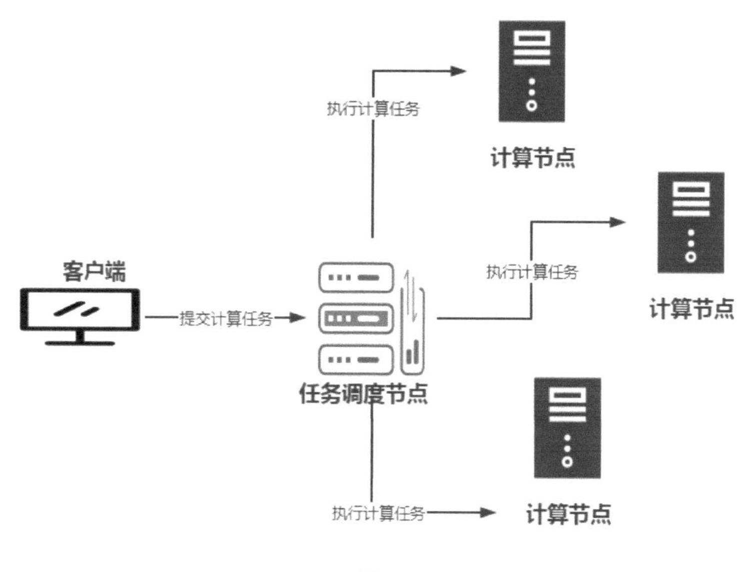

图 11-4

大数据生态体系中的计算可以分为：离线计算和实时计算。

1. 大数据离线计算（也被叫作“批处理计算”）

这种计算主要处理已经存在的数据——历史数据。常见的大数据离线计算引擎有：Hadoop 中的 MapReduce、Spark 中的 Spark Core 和 Flink 中的 DataSet API。

Spark 中的所有计算都是 Spark Core 的离线计算，即 Spark 中没有真正的实时计算。

2. 大数据实时计算（也被叫作“流式计算”）

大数据实时计算主要处理的实时产生的数据，即在任务开始执行时，数据可能还不存在；一旦数据源产生了数据，就由相应的实时计算引擎进行计算。

常见的实时计算引擎有：Apache Storm、Spark Streaming 和 Flink 中的 DataStream。

Spark Streaming 本质上不是真正的实时计算引擎，而是一个离线计算引擎。

11.1.3 数据仓库与大数据

数据仓库其实就是一个数据库，可以使用传统的关系型数据库（例如 Oracle 和 MySQL 等）来实现，也可以使用大数据平台来实现。在数据仓库中一般只进行数据的分析处理（即查询操作），不进行修改操作，也不支持事务。

图 11-5 展示了利用传统的关系型数据库来搭建数据仓库的过程。

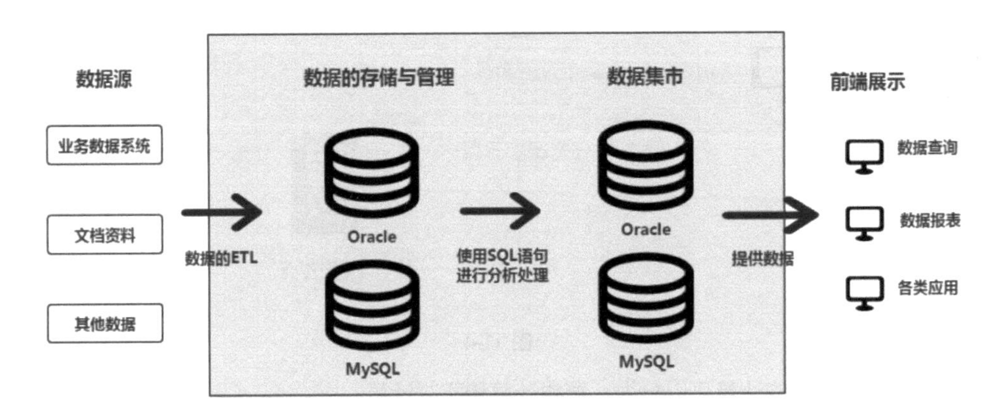

图 11-5

具体过程如下：

（1）由数据源提供各种各样的数据，例如关系型数据、文本数据等。

（2）把数据源的数据采集到数据存储介质中，包括抽取（Extract）、转换（Transform）和加载（Load）的过程。在图 11-5 中使用传统的 Oracle 和 MySQL 数据库来进行数据的存储与管理。

（3）根据应用场景使用 SQL 语句来对原始数据进行分析和处理；并将分析和处理的结果存入由 Oracle 和 MySQL 搭建的数据集市中。

（4）把数据集市中的结果提供给前端的各个业务系统。

图 11-6 展示了使用 Oracle 创建数据仓库的界面。

图 11-7 展示了使用大数据生态圈中的组件来搭建数据仓库的过程。从图 11-7 可以看出，HBase 主要用于搭建离线数据仓库。

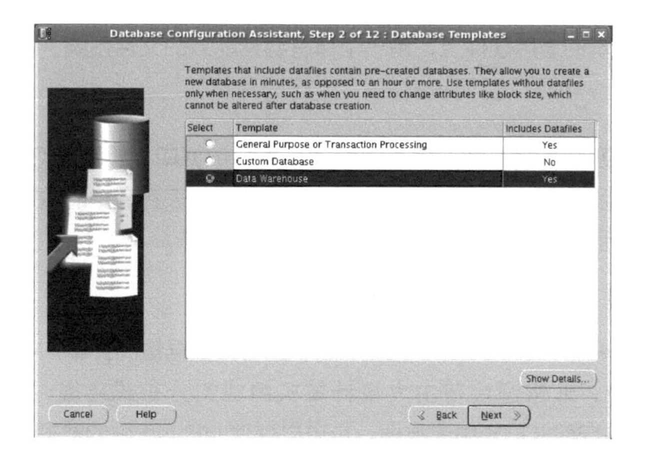

图 11-6

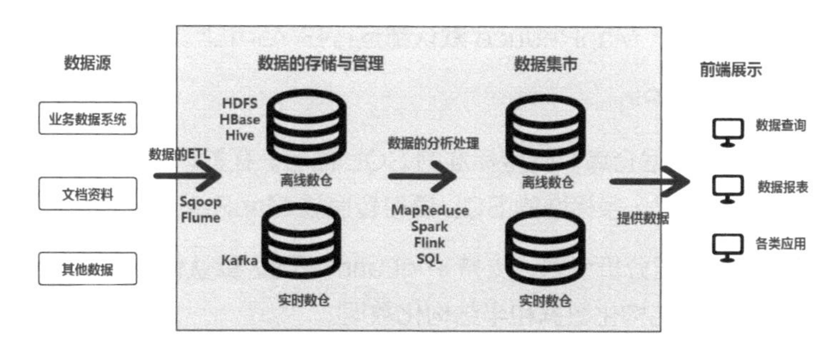

图 11-7

11.1.4　Hadoop 生态圈

图 11-8 展示了 Hadoop 生态圈体系中的主要组件及它们的关系。

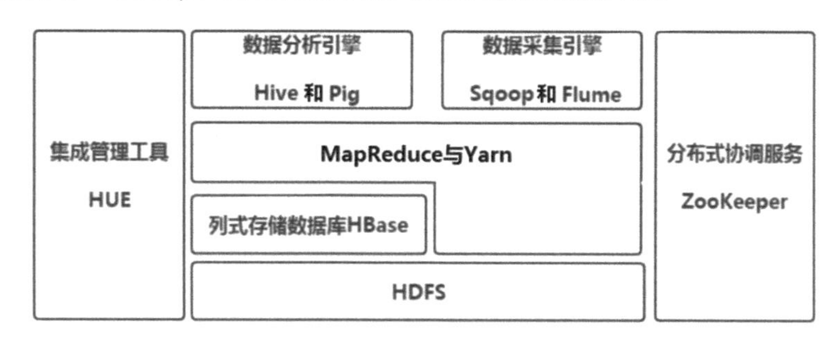

图 11-8

1. HDFS

HDFS（Hadoop Distributed File System，Hadoop 分布式文件系统）用于解决大数据的存

储问题，可运行在低成本的通用硬件上，是一个具有容错能力的文件系统。

2. HBase

HBase 是基于 HDFS 的分布式、列式存储 NoSQL 数据库，起源于 Google 的 BigTable 思想。由于 HBase 的底层是 HDFS，因此在 HBase 中创建的表和表中的数据最终都存储在 HDFS 上。HBase 的核心是列式存储，所以其天生适合执行查询操作。

3. MapReduce 与 Yarn

MapReduce 是一种分布式离线计算模型，用于进行大数据量的计算。MapReduce 分为 Map 和 Reduce 两个阶段，非常适合在由大量计算机组成的分布式环境中进行数据处理。通过 MapReduce，既可以处理 HDFS 中的数据，也可以处理 HBase 中的数据。

Yarn（Yet Another Resource Negotiator，另一种资源协调者）是 Hadoop 集群中的资源管理器。从 Hadoop 2.x 开始，MapReduce 默认都运行在 Yarn 上。

4. 数据分析引擎 Hive 和 Pig

Hive 是基于 HDFS 的数据仓库，支持标准的 SQL 语句。在默认情况下，Hive 的执行引擎是 MapReduce，即 Hive 可以把一条标准的 SQL 语句转换成 MapReduce 任务运行在 Yarn 上。

Pig 是 Hadoop 中的数据分析引擎，支持 PigLatin 语句。默认情况下，Pig 的执行引擎也是 MapReduce。Pig 可以处理结构化数据和半结构化数据。

5. 数据采集引擎 Sqoop 和 Flume

Sqoop 的全称是 SQL to Hadoop，它是一个数据交换工具，主要针对的关系型数据库（例如 Oracle、MySQL 等）。Sqoop 数据交换的关键是 Mapreduce 程序，它充分利用了 MapReduce 程序的并行化和容错性，从而提高了数据交换的性能。

Flume 是一个分布式日志收集服务组件。它可以高效地收集、聚合和移动大量的日志数据。

Flume 收集日志的过程并不是 MapReduce 任务。

6. 分布式协调服务 ZooKeeper

ZooKeeper 可以被当成一个数据库来使用，主要用于解决分布式环境中的数据管理问题，如统一命名、状态同步、集群管理和配置同步等。在大数据架构中利用 ZooKeeper，可以解决大数据主从架构的单点故障问题，从而实现大数据的高可用性。

7. 集成管理工具 HUE

HUE 是 Web 形式的集成管理工具，可以与大数据相关组件进行集成。通过 HUE，可以管理 Hadoop 的相关组件，也可以管理 Spark 的相关组件。

11.2　BigTable（大表）与 HBase 的数据模型

BigTable（大表）思想是 Google 的“第三驾马车”。正因为有了它，才有了 Hadoop 生态圈体系中的 NoSQL 数据库 HBase。

那什么是大表呢? 简单来说，就是把所有的数据存入一张表。这样做的目的是提高查询的性能。但是，这也违背了关系型数据库范式的要求。在关系型数据库中需要遵循范式的要求，以减少数据的冗余，这样做的好处是节约存储空间，但是会影响性能。例如，在关系型数据库中执行多表查询，会产生笛卡尔积。关系型数据库的出发点是“通过牺牲性能，达到节约存储空间的目的”。这样的设计是有实际意义的，因为在早些年时，存储的介质是比较昂贵的，需要考虑成本的问题。而大表的思想正好与其相反，它把所有的数据存入一张表中，通过牺牲存储空间来达到提高性能的目的。

图 11-9 展示了在关系型数据库中存储数据的特点。这里的关系型数据库可以是 Oracle、MySQL 等。这里的数据模型使用的是“部门-员工”表结构，即一个部门可能包含多个员工，一个员工只属于一个部门。

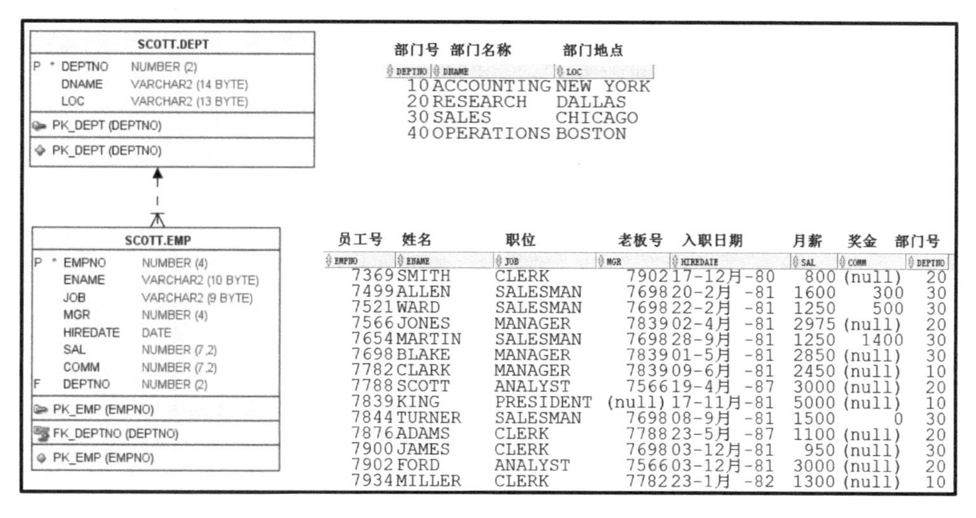

部门号 DEPTNO	部门名称 DNAME	部门地点 LOC
10	ACCOUNTING	NEW YORK
20	RESEARCH	DALLAS
30	SALES	CHICAGO
40	OPERATIONS	BOSTON

员工号 EMPNO	姓名 ENAME	职位 JOB	老板号 MGR	入职日期 HIREDATE	月薪 SAL	奖金 COMM	部门号 DEPTNO
7369	SMITH	CLERK	7902	17-12月-80	800	(null)	20
7499	ALLEN	SALESMAN	7698	20-2月 -81	1600	300	30
7521	WARD	SALESMAN	7698	22-2月 -81	1250	500	30
7566	JONES	MANAGER	7839	02-4月 -81	2975	(null)	20
7654	MARTIN	SALESMAN	7698	28-9月 -81	1250	1400	30
7698	BLAKE	MANAGER	7839	01-5月 -81	2850	(null)	30
7782	CLARK	MANAGER	7839	09-6月 -81	2450	(null)	10
7788	SCOTT	ANALYST	7566	19-4月 -87	3000	(null)	20
7839	KING	PRESIDENT	(null)	17-11月-81	5000	(null)	10
7844	TURNER	SALESMAN	7698	08-9月 -81	1500	0	30
7876	ADAMS	CLERK	7788	23-5月 -87	1100	(null)	20
7900	JAMES	CLERK	7698	03-12月-81	950	(null)	30
7902	FORD	ANALYST	7566	03-12月-81	3000	(null)	20
7934	MILLER	CLERK	7782	23-1月 -82	1300	(null)	10

图 11-9

HBase 是大表思想的一个具体实现。它是一个列式存储的 NoSQL 数据库，适合进行数据的分析和处理（简单来说就是适合执行查询操作）。

如果把图 11-9 中的“部门-员工”数据存入 HBase 的表中，那会是什么样的呢？图 11-10 展示了 HBase 的表结构，其中以员工号为 7839 的员工数据为例。

Rowkey(行键)	emp					dept		
	ename	job	mgr	hiredate	sal	deptno	dname	loc
7839	KING							
7839		PRESIDENT						
7839				17-11月-81				
7839					5000			
7839						10		
7839							ACCOUNTING	NEW YORK

图 11-10

HBase 的表由列族组成，比如图 11-10 中的 emp 和 dept 都是列族。列族中包含列，在创建表时必须创建列族，不需要创建列。在执行插入语句插入数据到列族中时，需要指定 Rowkey 和具体的列。如果列不存在，则 HBase 会自动创建相应的列，然后把数据插入对应的单元格中。这里的 Rowkey 相当于关系型数据库中的主键。但与主键不同的是，Rowkey 不允许为空，但可以重复。如果 Rowkey 重复了，则表示相同的 Rowkey 是同一条记录。

要得到如图 11-10 所示的表结构和数据，可以在 HBase 中执行以下语句。

```
# 创建 employee 表，包含两个列族：emp 和 dept
create 'employee','emp','dept'
# 插入数据
put 'employee','7839','emp:ename','KING'
put 'employee','7839','emp:job','PRESIDENT'
put 'employee','7839','emp:hiredate','17-11 月-81'
put 'employee','7839','emp:sal','5000'
put 'employee','7839','dept:deptno','10'
put 'employee','7839','dept:dname','ACCOUNTING'
put 'employee','7839','dept:loc','NEW YORK'
```

图 11-11 展示了在 HBase Shell 中语句执行的效果。

```
hbase(main):001:0> create 'employee','emp','dept'
Created table employee
Took 2.9985 seconds
=> Hbase::Table - employee
hbase(main):002:0> put 'employee','7839','emp:ename','KING'
Took 0.2282 seconds
hbase(main):003:0> put 'employee','7839','emp:job','PRESIDENT'
Took 0.0181 seconds
hbase(main):004:0> put 'employee','7839','emp:hiredate','17-11月-81'
Took 0.0096 seconds
hbase(main):005:0> put 'employee','7839','emp:sal','5000'
Took 0.0192 seconds
hbase(main):006:0> put 'employee','7839','dept:deptno','10'
Took 0.0296 seconds
hbase(main):007:0> put 'employee','7839','dept:dname','ACCOUNTING'
Took 0.0127 seconds
hbase(main):008:0> put 'employee','7839','dept:loc','NEW YORK'
Took 0.0125 seconds
```

图 11-11

11.3　HBase 的体系架构

表 11-1 中列出了 HBase 的一些基本术语。

表 11-1

HBase 的术语	说　明
命名空间	是对表的逻辑分组。命名空间类似于关系型数据库中的 Database。利用命名空间，在多租户场景中可做到更好的资源和数据隔离
表	对应于关系型数据库中的表。HBase 以表为单位组织数据，表由多行组成
行	由一个 Rowkey 和多个列族组成。一个行有一个 Rowkey，用来唯一标识这一行
列族	每一行由若干个列族组成，每个列族可以包含多个列。列族体现了列的共性
列限定符	列由列族和列限定符唯一指定
单元格	单元格中存放一个值（Value）和一个版本号
时间戳	单元格内不同版本的值按时间倒序排列，最新的数据排在最前面

从架构组成的角度来看，HBase 集群主要包含 HMaster 和 Region Server；另外，一般还需要利用 ZooKeeper 来管理和维护 HBase 集群的状态。HBase 集群具有主从架构的特点，所以在实际的环境中还可以使用一个 Backup HMaster 来实现 HBase 集群的高可用。HBase 的体系架构如图 11-12 所示。

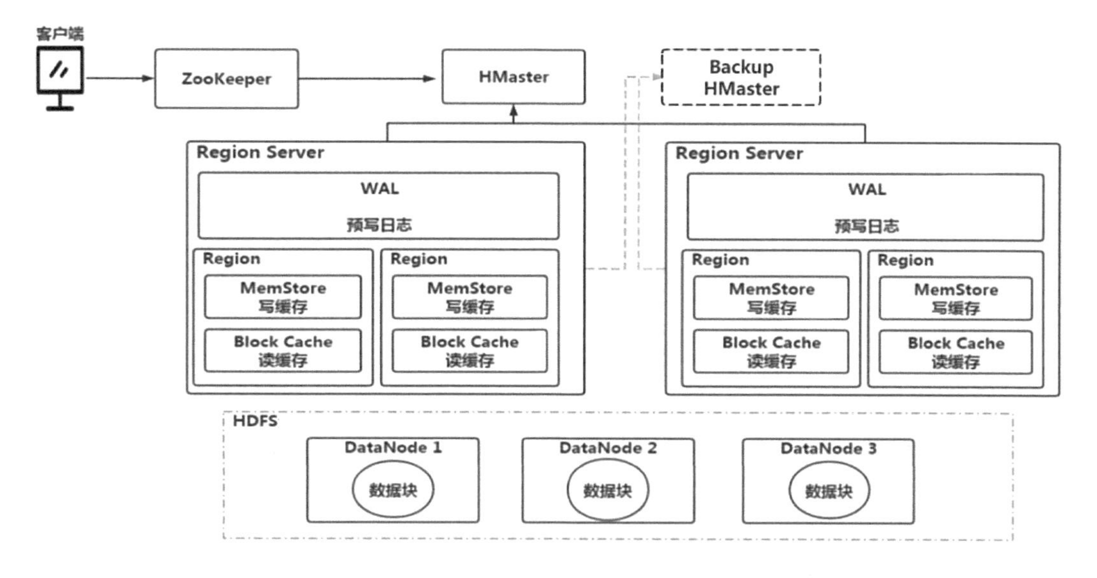

图 11-12

说明如下。

- HMaster：负责 Region 的分配及数据库的创建和删除等。
- Region Server：负责数据的读写操作。
- ZooKeeper：负责维护集群的状态。

下面介绍 HBase 架构中每一个组成部分的作用。

11.3.1 HMaster

HMaster 是整个 HBase 集群的主节点，其主要职责如下：

（1）在 Region Server 上分配和调控不同的 Region。

（2）根据恢复和负载均衡的策略重新分配 Region。

（3）监控 Region Server 的状态。

（4）管理和维护 HBase 的命名空间（NameSpace）。

（5）接收客户端的请求，提供创建、删除和更新表格的接口。

另外，如果在整个集群中只存在一个 HMaser，则会造成单点故障问题，因此需要基于 ZooKeeper 来实现 HBase 的 HA（高可用）。实现 HA 非常简单，因为在 HBase 架构中已经包含了 ZooKeeper，因此只需要再手动启动一个 HMaster 作为 Backup HMaster 即可。

11.3.2 Region Server

Region Server 负责数据的读写操作。一个 Region Server 可以包含多个 Region，而一个 Region 只能属于一个 Region Server。

列族与 Region 是“一对多”关系。HBase 表中的列族根据 Rowkey 的值被水平分割成 Region。在默认情况下，Region 的大小是 1GB，其中包含 8 个 HFile 数据文件。而每个数据文件的大小正好是 128MB，与 HDFS 数据块的大小保持一致。每一个 Region Server 大约可以管理 1000 个 Region。

Region Server 除包含 Region 外，还包含 WAL 预写日志、Block Cache 和 MemStore 这 3 个部分。

1. WAL 预写日志

Write-Ahead Logging 是一种高效的日志算法，相当于 Oracle 中的 Redo Log，或者是 MySQL 中的 Binlog。其基本原理是：在数据写入前将其对应的操作按顺序先写入日志，然后再写入缓存，等到缓存写满后统一进行数据的持久化。

WAL 将“一次随机写”转变为“一次顺序写加一次内存写”，在提高性能的前提下又保证了数据的可靠性。如果在写数据完成后发生了宕机，那即使所有写入缓存中的数据都丢失了，也可以通过恢复 WAL 日志来恢复数据。

2. Block Cache

HBase 将经常需要读取的数据放入 Block Cache 中，以提高读取数据的效率。当 Block Cache 的空间被占满后，会采用 LRU 算法将其中被读取频率最低的数据从 Block Cache 中清除。

3. MemStore

在 MemStore 中主要存储还未写入磁盘的数据，如果 HBase 发生宕机，则存储在 MemStore 中的数据会丢失。HBase 中的每一个列族对应一个 MemStore。MemStore 中存储的是按照 Rowkey 排好序的待写入硬盘的数据，数据最终会写入 HFile 中，并被保存到 HDFS 中。

HBase 表中的数据最终被保存在数据文件 HFile 中，并存储在 HDFS 的 DataNode 上。在将 MemStore 中的数据写入 HFile 中时，采用顺序写入的方式，避免了磁盘大量寻址的过程，从而大幅提高了性能。

11.3.3 ZooKeeper

在整个 HBase 集群中，ZooKeeper 主要维护节点的状态并协调分布式系统的工作，主要体现在以下几方面：

（1）监控 HBase 节点的状态，包括 HMaster 和 Region Server。

（2）通过 ZooKeeper 的 Watch 机制提供节点故障和宕机的通知。

（3）保证服务器之间的同步。

（4）负责选举 Master。

图 11-13 展示了 HBase 在 ZooKeeper 中保存的数据信息。

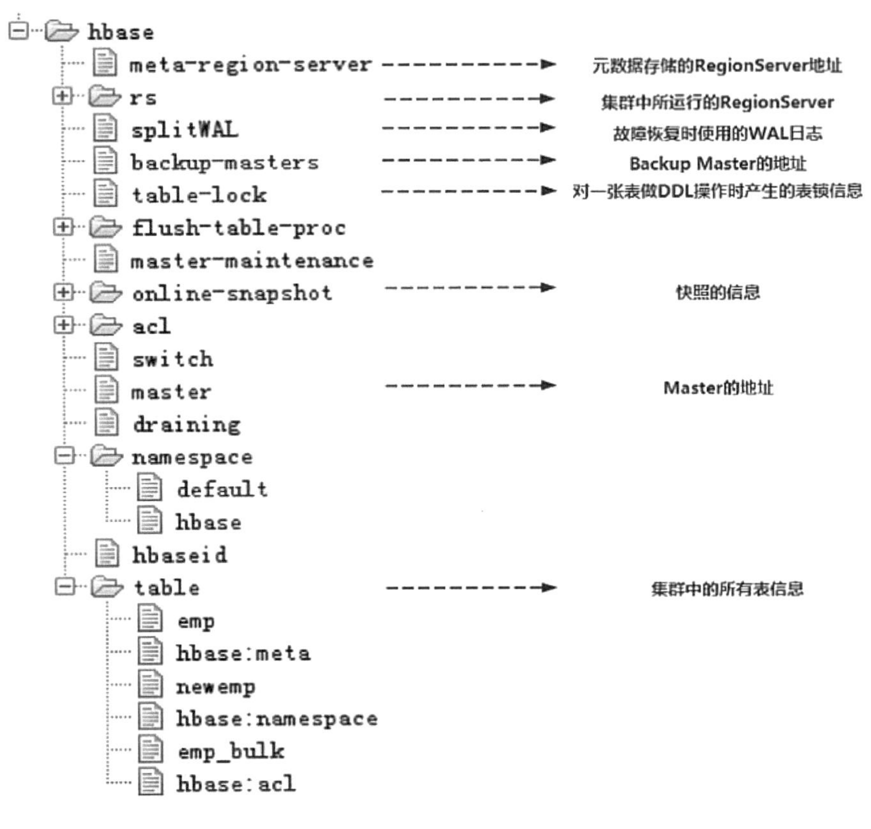

图 11-13

11.4 部署 Hadoop 环境

由于 HBase 的底层依赖 HDFS，因此在部署 HBase 环境前需要先部署 Hadoop 环境。

表 11-2 中列出了需要使用到的虚拟机信息。

表 11-2

主机名	IP 地址	角　色	说　明
bigdata111	192.168.79.111	–	部署 Hadoop 单节点的伪分布环境
bigdata112	192.168.79.112	主节点	部署 Hadoop 集群的全分布环境
bigdata113	192.168.79.113	从节点	
bigdata114	192.168.79.114	从节点	

表 11-3 中列出了安装环境中的版本信息。

表 11-3

组　件	版本信息
JDK	jdk-8u181-linux-x64.tar.gz
Hadoop	hadoop-3.1.2.tar.gz
HBase	hbase-2.2.0-bin.tar.gz
Phoenix	apache-phoenix-5.0.0-HBase-2.0-bin.tar.gz

11.4.1 部署前的准备

在安装 Linux 后，需要对每一台 Linux 进行简单的配置，之后才可以进一步部署 Hadoop。

1. 配置 Linux 环境

配置 Linux 为通用步骤，因此这里执行的步骤需要在每台主机上都执行。

（1）关闭防火墙。

```
systemctl stop firewalld.service
systemctl disable firewalld.service
```

（2）使用 vi 编辑“/etc/hosts”文件写入主机名和 IP 地址的映射关系。

```
192.168.79.111 bigdata111
192.168.79.112 bigdata112
192.168.79.113 bigdata113
192.168.79.114 bigdata114
```

（3）创建 tools 和 training 目录。

```
mkdir /root/tools/
mkdir /root/training/
```

这里将所有的安装包放到“/root/tools”目录下，而在安装时需要将 Hadoop 安装到“/root/training”目录下。

（4）解压缩 JDK 安装包以安装 Java 环境。

```
cd /root/tools
tar -zxvf jdk-8u181-linux-x64.tar.gz -C /root/training/
```

（5）配置 Java 的环境变量。使用 vi 编辑“/root/.bash_profile”文件，输入以下内容。

```
JAVA_HOME=/root/training/jdk1.8.0_181
export JAVA_HOME
PATH=$JAVA_HOME/bin:$PATH
export PATH
```

（6）生效 JDK 环境变量。

```
source /root/.bash_profile
```

（7）执行以下命令验证 Java 环境，如图 11-14 所示。

```
java -version
which java
```

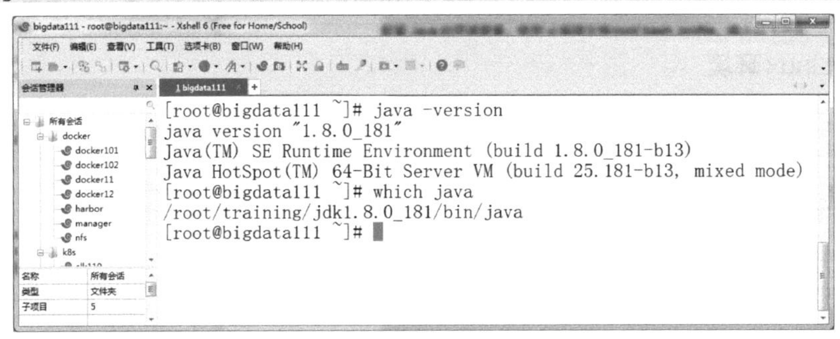

图 11-14

2. 配置免密码登录

部署大数据组件，需要使用免密码登录进行认证。在默认的情况下，Linux 的免密码登录是没有配置的，可以通过 ssh 命令来进行测试。

在没有配置免密码登录时，使用 ssh 命令远程登录当前主机，则需要我们输入该主机的登录密码，如图 11-15 所示。在免密码登录配置完成后，到这一步时就不再需要输入主机的登录密码了。

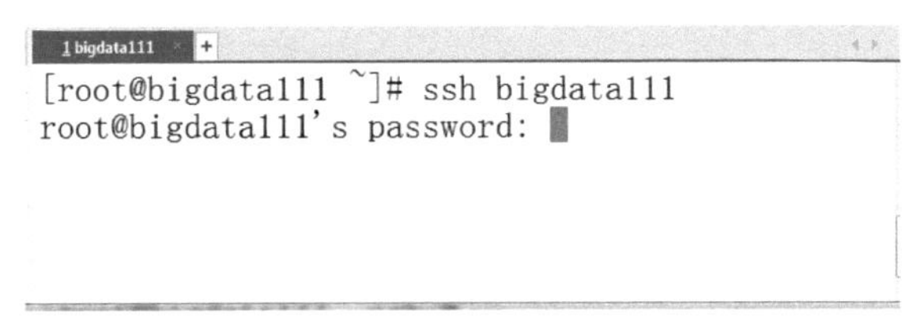

图 11-15

下面演示如何配置 Linux 主机之间的免密码登录。

（1）生成公钥和私钥。

```
ssh-keygen -t rsa
```

（2）将公钥复制到其他主机上。

```
ssh-copy-id -i .ssh/id_rsa.pub root@bigdata111
ssh-copy-id -i .ssh/id_rsa.pub root@bigdata112
ssh-copy-id -i .ssh/id_rsa.pub root@bigdata113
ssh-copy-id -i .ssh/id_rsa.pub root@bigdata114
ssh-copy-id -i .ssh/id_rsa.pub root@bigdata115
```

（3）使用 ssh 命令验证免密码登录。

> 由于免密码登录是单向的，因此这里的操作需要在每台主机（即 bigdata111、bigdata112、bigdata113 和 bigdata114）上执行。

11.4.2 Hadoop 的目录结构

Hadoop 的部署相对比较麻烦，有必要先了解一下 Hadoop 的目录结构。

执行以下语句将 Hadoop 的安装介质解压缩到“/root/training 目录”下。

```
tar -zxvf hadoop-3.1.2.tar.gz -C ~/training/
```

下面展示了 Hadoop 的目录结构：

```
[root@bigdata111 training]# tree -d -L 3  hadoop-3.1.2/
hadoop-3.1.2/                          <---  HADOOP_HOME 目录
├── bin                                <---  命令脚本所在的目录
├── etc                                <---  配置文件所在的目录
│   └── hadoop
│       └── shellprofile.d
├── include                            <---  对外提供的编程库头文件目录
├── lib                                <---  对外提供的编程动态库和静态库
│   └── native
│       └── examples
├── libexec                            <---  各个服务 Shell 配置文件所在的目录
│   ├── shellprofile.d
│   └── tools
├── sbin                               <---  Hadoop 管理脚本所在的目录
│   └── FederationStateStore
│       ├── MySQL
│       └── SQLServer
└── share
    ├── doc
    │   └── hadoop
    └── hadoop                         <---  各个模块被编译后的 Jar 包所在的目录
        ├── client
        ├── common
        ├── hdfs
```

```
        ├── mapreduce
        ├── tools
        └── yarn
```

为了方便操作 Hadoop，需要设置 HADOOP_HOME 的环境变量，并把 bin 和 sbin 目录加入系统的 PATH 路径中。

（1）编辑“~/.bash_profile”文件。

```
vi ~/.bash_profile
```

（2）增加 Hadoop 的环境变量信息，并保存退出。

```
HADOOP_HOME=/root/training/hadoop-3.1.2
export HADOOP_HOME

PATH=$HADOOP_HOME/bin:$HADOOP_HOME/sbin:$PATH
export PATH

export HDFS_DATANODE_USER=root
export HDFS_DATANODE_SECURE_USER=root
export HDFS_NAMENODE_USER=root
export HDFS_SECONDARYNAMENODE_USER=root
export YARN_RESOURCEMANAGER_USER=root
export YARN_NODEMANAGER_USER=root
```

（3）生效 Hadoop 环境变量。

```
source ~/.bash_profile
```

11.4.3 【实战】部署 Hadoop 伪分布模式

Hadoop 伪分布式模式是指，在单机上模拟一个分布式环境，它具备 Hadoop 的所有功能特性，即具备 HDFS 和 Yarn 功能。由于在伪分布模式下只有一台主机，因此这种模式并不是真正的集群环境。

伪分布模式更多应用在开发和测试环境中，不建议在生产环境中使用它。

以下步骤将在 bigdata111 主机上部署 Hadoop 的伪分布模式。

（1）进入 Hadoop 配置文件所在的目录。

```
cd /root/training/hadoop-3.1.2/etc/hadoop/
```

（2）修改文件 hadoop-env.sh，设置 JAVA_HOME。

```
export JAVA_HOME=/root/training/jdk1.8.0_181
```

（3）进入 Hadoop 配置文件所在的目录。

```
cd /root/training/hadoop-3.1.2/etc/hadoop/
```

（4）修改 hdfs-site.xml 文件，增加以下内容。

```
<!--数据块的冗余度，默认为 3-->
<!--冗余度一般与数据节点的个数一致，最多不超过 3-->
<property>
 <name>dfs.replication</name>
 <value>1</value>
</property>

<!--禁用 HDFS 的权限功能-->
<!—如果是开发环境则设置为 false-->
<!—如果是生产环境则设置为 true-->
<property>
 <name>dfs.permissions</name>
 <value>false</value>
</property>
```

（5）修改 core-site.xml 文件。

```
<!--NameNode 的地址-->
<property>
 <name>fs.defaultFS</name>
 <value>hdfs://bigdata111:9000</value>
</property>

<!--HDFS 对应于操作系统的目录-->
<!--该参数的默认值是 Linux 的 tmp 目录-->
<property>
 <name>hadoop.tmp.dir</name>
 <value>/root/training/hadoop-3.1.2/tmp</value>
</property>
```

（6）修改 mapred-site.xml 文件。

```
<!--配置 MapReduce 运行的框架-->
<property>
 <name>mapreduce.framework.name</name>
 <value>yarn</value>
</property>

<!--以下是配置 Hadoop 的环境变量-->
<property>
 <name>yarn.app.mapreduce.am.env</name>
```

```
 <value>HADOOP_MAPRED_HOME=${HADOOP_HOME}</value>
</property>

<property>
 <name>mapreduce.map.env</name>
 <value>HADOOP_MAPRED_HOME=${HADOOP_HOME}</value>
</property>

<property>
 <name>mapreduce.reduce.env</name>
 <value>HADOOP_MAPRED_HOME=${HADOOP_HOME}</value>
</property>
```

（7）修改 yarn-site.xml 文件。

```
<!--配置的 ResourceManager 的地址-->
<property>
 <name>yarn.resourcemanager.hostname</name>
 <value>bigdata111</value>
</property>

<!--NodeManager 采用 shuffle（洗牌）的方式来执行任务-->
<property>
 <name>yarn.nodemanager.aux-services</name>
 <value>mapreduce_shuffle</value>
</property>
```

（8）对 NameNode 进行格式化。

```
hdfs namenode -format
```

在格式化成功后，将看到如下的日志信息：

```
Storage directory /root/training/hadoop-3.1.2/tmp/dfs/name has been successfully formatted.
```

（9）启动 Hadoop 伪分布集群，如图 11-16 所示。

```
start-all.sh
```

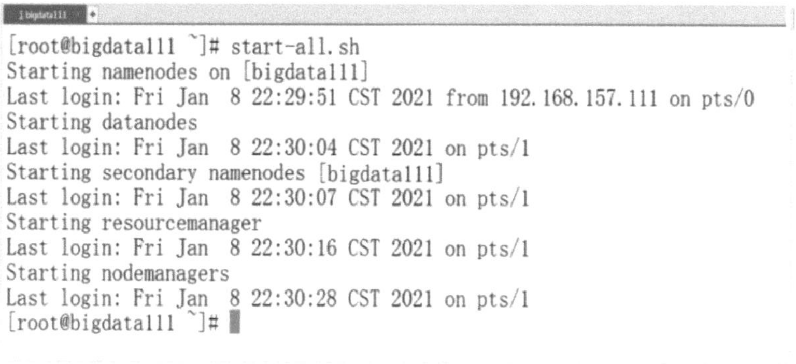

```
[root@bigdata111 ~]# start-all.sh
Starting namenodes on [bigdata111]
Last login: Fri Jan  8 22:29:51 CST 2021 from 192.168.157.111 on pts/0
Starting datanodes
Last login: Fri Jan  8 22:30:04 CST 2021 on pts/1
Starting secondary namenodes [bigdata111]
Last login: Fri Jan  8 22:30:07 CST 2021 on pts/1
Starting resourcemanager
Last login: Fri Jan  8 22:30:16 CST 2021 on pts/1
Starting nodemanagers
Last login: Fri Jan  8 22:30:28 CST 2021 on pts/1
[root@bigdata111 ~]#
```

图 11-16

（10）执行 jps 命令查看后台的进程，如图 11-17 所示。

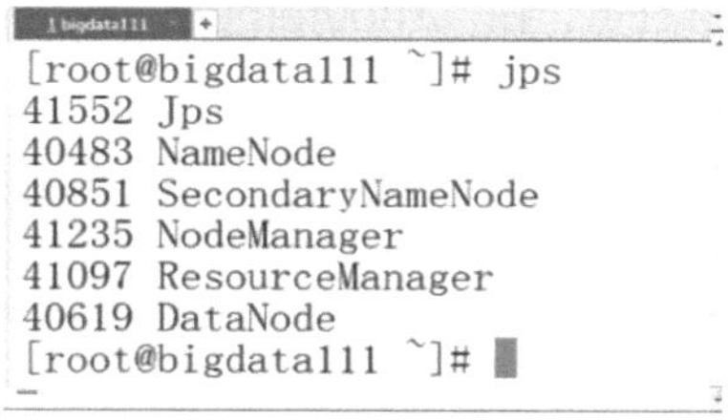

```
[root@bigdata111 ~]# jps
41552 Jps
40483 NameNode
40851 SecondaryNameNode
41235 NodeManager
41097 ResourceManager
40619 DataNode
[root@bigdata111 ~]#
```

图 11-17

（11）访问 HDFS 的 Web 控制台，URL 为"http://192.168.157.111:9870"，如图 11-18 所示。

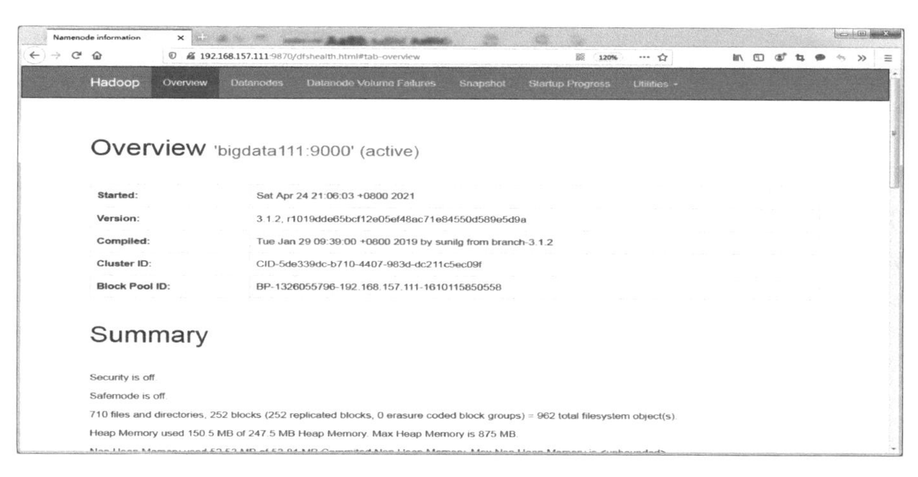

图 11-18

（12）访问 Yarn 的 Web 控制台，URL 为"http://192.168.157.111:8088"，如图 11-19 所示。

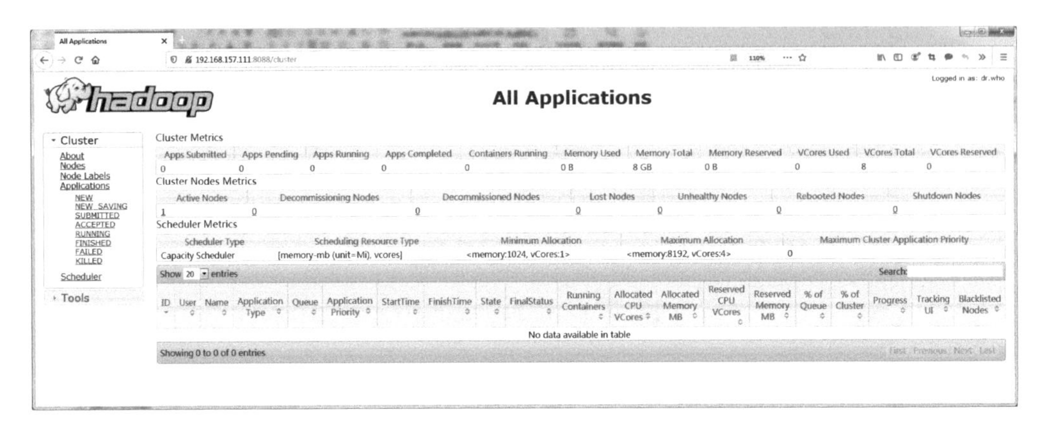

图 11-19

（13）为了测试 MapReduce 任务，在“/root/temp/”目录下创建 data.txt 文件用于保存测试数据。

```
mkdir /root/temp/
cd /root/temp
vi data.txt
```

（14）在 data.txt 文件中输入测试数据。

```
I love Beijing
I love China
Beijing is the capital of China
```

（15）在 HDFS 上创建“/input”目录。

```
hdfs dfs -ls /input
```

（16）将“/root/temp/data.txt”文件上传到 HDFS 的“/input”目录下。

```
hdfs dfs -put /root/temp/data.txt /input
```

（17）执行 MapReduce WordCount 任务，命令如下：

```
cd /root/training/hadoop-3.1.2/share/hadoop/mapreduce/
hadoop jar hadoop-mapreduce-examples-3.1.2.jar wordcount \
/input/data.txt /output/wc
```

（18）刷新 Yarn 的 Web 控制台，观察任务的执行过程，如图 11-20 所示。

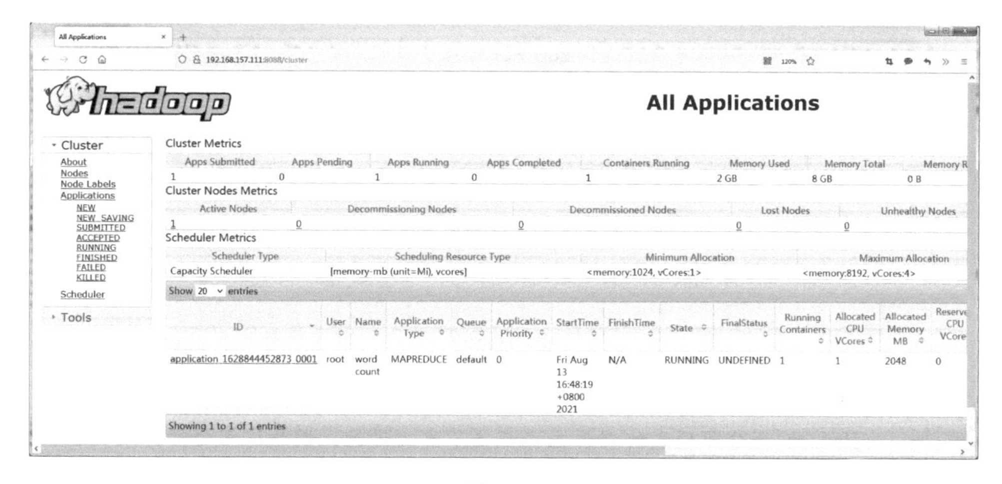

图 11-20

（19）在任务执行完成后，在 HDFS 上观察输出的结果，如图 11-21 所示。

```
[root@bigdata111 mapreduce]# hdfs dfs -ls /output/wc
Found 2 items
-rw-r--r--   1 root supergroup          0 2021-01-11 20:32 /output/wc/_SUCCESS
-rw-r--r--   1 root supergroup         55 2021-01-11 20:32 /output/wc/part-r-00000
[root@bigdata111 mapreduce]# hdfs dfs -cat /output/wc/part-r-00000
Beijing 2
China   2
I       2
capital 1
is      1
love    2
of      1
the     1
[root@bigdata111 mapreduce]#
```

图 11-21

11.4.4　【实战】部署 Hadoop 全分布模式

Hadoop 全分布模式是真正的集群模式，可用于生产环境。在这种模式下，主节点和从节点运行在不同主机上。

图 11-22 为 Hadoop 全分布模式的拓扑架构。本节将在 bigdata112、bigdata113 和 bigdata114 节点上完成相应的配置和部署。

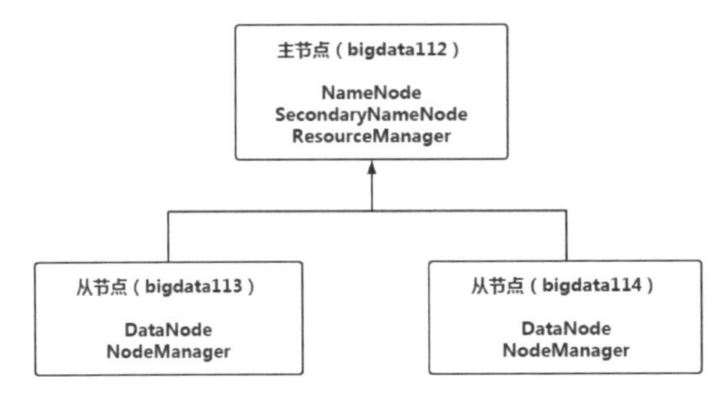

图 11-22

Hadoop 全分布模式的部署主要在主节点上进行，因此这里的操作步骤在主节点 bigdata112 上执行。

（1）在 bigdata112 节点上创建“/root/training”目录。

```
mkdir /root/training
```

（2）将 Hadoop 安装包解压缩到“/root/training”目录下。

```
tar -zxvf hadoop-3.1.2.tar.gz -C ~/training/
```

（3）进入 Hadoop 配置文件所在的目录。

```
cd /root/training/hadoop-3.1.2/etc/hadoop/
```

（4）修改文件 hadoop-env.sh 以设置 JAVA_HOME 目录。

```
export JAVA_HOME=/root/training/jdk1.8.0_181
```

（5）修改 hdfs-site.xml 文件。

```
<!--数据块的冗余度，默认为 3-->
<!--原则上，数据块冗余度跟 HDFS 集群中数据节点的个数一致，但最大不超过 3-->
<property>
 <name>dfs.replication</name>
 <value>2</value>
</property>

<!--禁用了 HDFS 的权限功能-->
<!—在开发环境中设置为 false-->
<!—在生产环境中设置为 true-->
<property>
 <name>dfs.permissions</name>
 <value>false</value>
</property>
```

（6）修改 core-site.xml 文件。

```
<!--NameNode 的地址-->
<property>
 <name>fs.defaultFS</name>
 <value>hdfs://bigdata112:9000</value>
</property>

<!--HDFS 对应于操作系统的目录-->
<!--该参数的默认值是 Linux 的 tmp 目录-->
<property>
 <name>hadoop.tmp.dir</name>
 <value>/root/training/hadoop-3.1.2/tmp</value>
</property>
```

（7）修改 mapred-site.xml 文件。

```
<!--配置 MapReduce 运行的框架-->
<property>
 <name>mapreduce.framework.name</name>
 <value>yarn</value>
</property>

<!--以下是配置 Hadoop 的环境变量-->
<property>
 <name>yarn.app.mapreduce.am.env</name>
 <value>HADOOP_MAPRED_HOME=${HADOOP_HOME}</value>
</property>

<property>
 <name>mapreduce.map.env</name>
 <value>HADOOP_MAPRED_HOME=${HADOOP_HOME}</value>
</property>

<property>
 <name>mapreduce.reduce.env</name>
 <value>HADOOP_MAPRED_HOME=${HADOOP_HOME}</value>
</property>
```

（8）修改 yarn-site.xml 文件。

```
<!--配置的 ResourceManager 的地址-->
<property>
 <name>yarn.resourcemanager.hostname</name>
 <value>bigdata112</value>
</property>
```

```
<!--NodeManager 采用 shuffle（洗牌）的方式来执行任务-->
<property>
 <name>yarn.nodemanager.aux-services</name>
 <value>mapreduce_shuffle</value>
</property>
```

（9）修改 workers 文件以输入从节点的信息。

```
bigdata113
bigdata114
```

（10）对 NameNode 进行格式化。

```
hdfs namenode -format
```

格式化成功后，将看到如下的日志信息。

```
Storage directory /root/training/hadoop-3.1.2/tmp/dfs/name has been successfully formatted.
```

（11）把 bigdata112 节点上配置好的 Hadoop 目录复制到 bigdata113 和 bigdata114 节点上。

```
cd /root/training
scp -r hadoop-3.1.2/ root@bigdata113:/root/training
scp -r hadoop-3.1.2/ root@bigdata114:/root/training
```

（12）在 bigdata112 节点上启动集群。

```
start-all.sh
```

（13）在每个节点上执行 jps 命令，观察后台的进程。可以看到，在主节点 bigdata112 上分别有 NameNode、SecondaryNameNode 和 ResourceManager；而在两个从节点上，分别有 DataNode 和 NodeManager，如图 11-23 所示。

```
[root@bigdata112 training]# jps
68880 NameNode
69509 Jps
69371 ResourceManager
69135 SecondaryNameNode
[root@bigdata112 training]#
```

```
[root@bigdata113 training]# jps
37681 Jps
37589 NodeManager
37484 DataNode
[root@bigdata113 training]#
```

```
[root@bigdata114 training]# jps
28530 DataNode
28727 Jps
28635 NodeManager
[root@bigdata114 training]#
```

图 11-23

在 Hadoop 全分布模式部署完成后，所有的操作都在主节点上进行，具体操作与 Hadoop 的伪分布式模式中的操作完全一致，这里就不再重复介绍了。

第 12 章 部署与操作 HBase

在 11.4 节中已经完成了 Hadoop 的部署，本章将基于部署好的 Hadoop 环境进一步部署 HBase，并通过不同的方式来操作它。

12.1 在 Linux 上部署 HBase 环境

部署 HBase 分为本地模式、伪分布模式和全分布模式。

- 本地模式和伪分布模式多用于开发和测试，它们都在单机上进行部署。
- 在真正的生产环境中，需要将 HBase 部署成全分布模式，该模式是真正的 HBase 集群。

12.1.1 部署 HBase 的本地模式

可以把 HBase 运行在本地模式下，在这种模式下不需要 HDFS 的支持。HBase 直接使用本地的文件系统进行存储，因此这种模式一般用于开发和测试环境。另外，由于没有 HDFS 的支持，因此存储空间的大小取决于本地硬盘空间的大小。

下面将在 bigdata111 主机上部署 HBase 的本地模式。

（1）将 HBase 的安装包解压缩到“/root/training”目录下。

```
tar -zxvf hbase-2.2.0-bin.tar.gz -C /root/training/
```

（2）编辑“/root/.bash_profile”文件，增加 HBase 的环境变量。

```
HBASE_HOME=/root/training/hbase-2.2.0
export HBASE_HOME
```

```
PATH=$HBASE_HOME/bin:$PATH
export PATH
```

（3）执行 Linux 命令生效 HBase 的环境变量。

```
source /root/.bash_profile
```

（4）进入“$HBASE_HOME/conf/”目录下，编辑 hbase-env.sh 文件以设置 JAVA_HOME 目录。

```
export JAVA_HOME=/root/training/jdk1.8.0_181
```

（5）编辑 HBase 的核心配置文件“$HBASE_HOME/conf/hbase-site.xml”，输入以下内容。

```
<!--HBase 的存储路径-->
<property>
<name>hbase.rootdir</name>
<value>file:///root/training/hbase-2.2.0/data</value>
</property>

<property>
<name>hbase.unsafe.stream.capability.enforce</name>
<value>false</value>
</property>
```

通过参数 hbase.rootdir 可以看出，HBase 使用本地文件系统来存储数据。要使用本地文件系统，则需要将参数 hbase.unsafe.stream.capability.enforce 设置为 false。

（6）执行以下命令启动 HBase。

```
start-hbase.sh
```

此时通过 jps 命令可以看到，后台就只有一个 HMaster 进程。在 HBase 的本地模式下没有 Region Server 进程和 ZooKeeper 进程。

（7）启动 HBase 的命令行工具 hbase shell，如图 12-1 所示。

```
[root@bigdata111 conf]# hbase shell
Use "help" to get list of supported commands.
Use "exit" to quit this interactive shell.
For Reference, please visit: http://hbase.apache.
Version 2.2.0, rUnknown, Tue Jun 11 04:30:30 UTC
Took 0.0041 seconds
hbase(main):001:0>
```

图 12-1

在 hbase shell 命令行工具中，可以执行 HBase 的命令来创建表、插入数据和查询数据。具体的命令和示例将在 12.2 节中介绍。

（8）停止 HBase。

```
stop-hbase.sh
```

12.1.2 部署 HBase 的伪分布模式

HBase 的伪分布模式是在单机上模拟一个分布式环境。伪分布模式具备 ZooKeeper、HMaster 和 Region Server，也具备 HBase 的大部分功能特性。

在 12.1.1 节部署的 HBase 本地模式的基础上，可以很方便地实现伪分布模式。

由于 HBase 的伪分布模式是将数据文件存储在 HDFS 中，因此在进行部署前需要部署好 Hadoop 环境。

以下步骤将在 bigdata111 主机上进行配置。

（1）修改 hbase-env.sh 文件中的以下参数，以使用 HBase 的自带的 ZooKeeper。

```
export HBASE_MANAGES_ZK=true
```

由于 HBase 需要使用 ZooKeeper 来存储相关的元数据，因此 HBase 自带了一个 ZooKeeper。将参数 HBASE_MANAGES_ZK 设置为 true，表示使用 HBase 自带的 ZooKeeper。

（2）修改 hbase-site.xml 文件。

```
<!--使用 HDFS 作为 HBase 的存储目录-->
<property>
<name>hbase.rootdir</name>
<value>hdfs://bigdata111:9000/hbase</value>
```

```
</property>

<property>
<name>hbase.unsafe.stream.capability.enforce</name>
<value>false</value>
</property>

<!--在 HBase 的分布式环境中，需要将该参数设置为 true-->
<property>
<name>hbase.cluster.distributed</name>
<value>true</value>
</property>

<!--配置 ZooKeeper 的地址-->
<property>
<name>hbase.zookeeper.quorum</name>
<value>bigdata111</value>
</property>
```

通过参数 hbase.rootdir 可以看出，HBase 在启动时会在 HDFS 上自动创建“/hbase”目录用来存储数据。

（3）启动 Hadoop 的伪分布模式。

```
start-all.sh
```

（4）执行以下命令启动 HBase。

```
start-hbase.sh
```

（5）执行 jps 命令查看后台的 Java 进程，如图 12-2 所示。

```
[root@bigdata111 conf]# jps
102064 DataNode
102306 SecondaryNameNode
102713 NodeManager
105036 HRegionServer
105436 Jps
104895 HMaster
101918 NameNode
102574 ResourceManager
104830 HQuorumPeer
[root@bigdata111 conf]#
```

图 12-2

从图 12-2 中可以看出，除 Hadoop 的进程外，还有 HBase 的进程。这里的 HQuorumPeer 进程其实就是 ZooKeeper 进程。

12.1.3 部署 HBase 的全分布模式

全分布模式是 HBase 真正的集群模式，一般可以用于生产环境。

在 HBase 全分布模式下，存在一个 HMaster 节点，至少包含两个 Region Server。

下面将在 11.4.4 节部署的 Hadoop 全分布模式的基础上进行部署。

（1）启动 bigdata112、bigdata113 和 bigdata114 节点上的 Hadoop 全分布模式。

```
start-all.sh
```

（2）在 bigdata112、bigdata113 和 bigdata114 节点上，编辑“/root/.bash_profile”文件以设置 HBase 的环境变量。

```
HBASE_HOME=/root/training/hbase-2.2.0
export HBASE_HOME

PATH=$HBASE_HOME/bin:$PATH
export PATH
```

（3）在 bigdata112 节点上解压缩 HBase 的安装包。

```
tar -zxvf hbase-2.2.0-bin.tar.gz -C /root/training/
```

（4）编辑“/root/training/hbase-2.2.0/conf/hbase-env.sh”文件，设置 JAVA_HOME 目录并使用 HBase 自带的 ZooKeeper。

```
export JAVA_HOME=/root/training/jdk1.8.0_181
export HBASE_MANAGES_ZK=true
```

（5）编辑“/root/training/hbase-2.2.0/conf/hbase-site.xml”文件，增加以下参数。

```
<property>
<name>hbase.rootdir</name>
<value>hdfs://bigdata112:9000/hbase</value>
</property>

<property>
<name>hbase.unsafe.stream.capability.enforce</name>
<value>false</value>
</property>

<property>
<name>hbase.cluster.distributed</name>
<value>true</value>
</property>

<!--配置 ZooKeeper 的地址-->
```

```
<property>
<name>hbase.zookeeper.quorum</name>
<value>bigdata112</value>
</property>

<property>
<name>hbase.master.maxclockskew</name>
<value>3000</value>
</property>
```

参数 hbase.master.maxclockskew 表示 HBase 集群中允许的最大时间误差，一般不建议将该值设置得太大。

（6）编辑“/root/training/hbase-2.2.0/conf/regionservers”文件，输入 Region Server 的地址。

```
bigdata113
bigdata114
```

（7）将 bigdata112 节点上的 HBase 目录复制到 bigdata113 和 bigdata114 节点上。

```
scp -r hbase-2.2.0/ root@bigdata113:/root/training
scp -r hbase-2.2.0/ root@bigdata114:/root/training
```

（8）在 bigdata112 节点上启动 HBase 全分布模式。

```
start-hbase.sh
```

（9）在每个节点上执行 jps 命令查看后台进程信息，如图 12-3 所示。

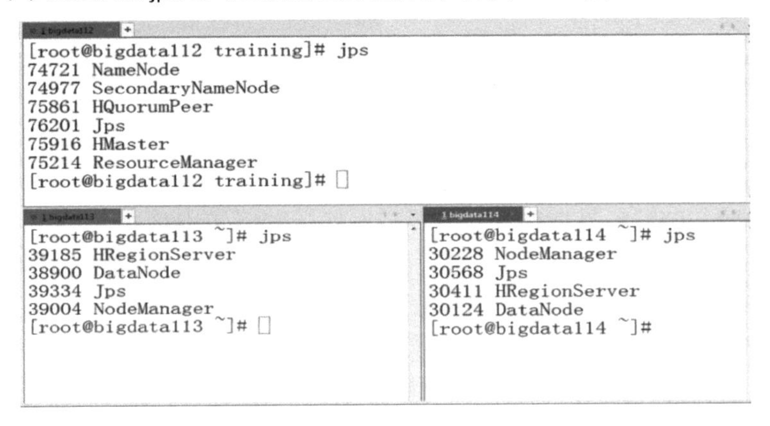

图 12-3

12.1.4 部署 HBase 的高可用模式

由于 HBase 是一种主从架构，因此存在单点故障的问题。HBase 支持基于 ZooKeeper 的高可用架构来解决单点故障。

1. 大数据体系的单点故障问题

HDFS、Yarn、HBase、Spark 和 Flink 都是主从架构，即存在一个主节点和多个从节点，可以组成一个分布式环境。

图 12-4 展示了大数据体系中的主从架构。

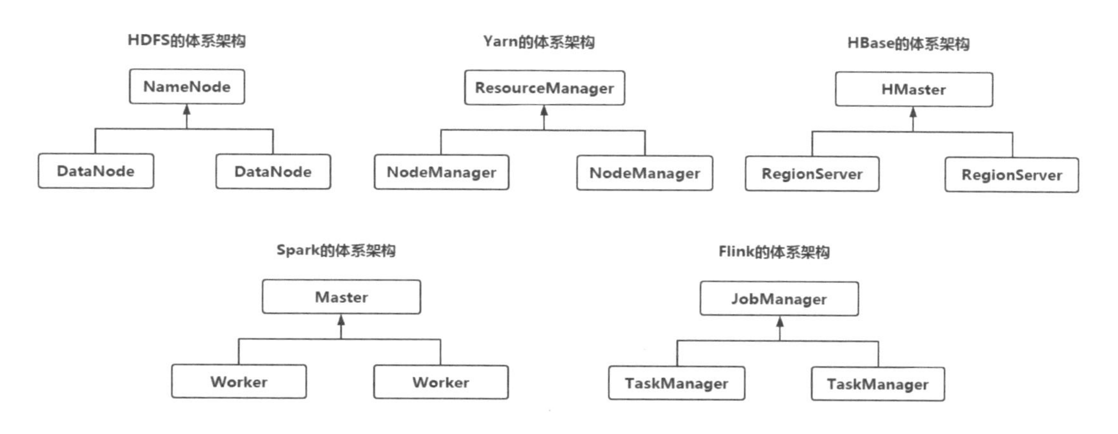

图 12-4

从图 12-4 中可以看出，大数据的核心组件都是主从架构，而只要是主从架构就存在单点故障的问题：整个集群中只存在一个主节点，如果这个主节点出现故障或者发生宕机，则会造成整个集群无法正常工作。因此，我们需要实现大数据体系 HA（High Availablity，高可用）。

HA 的思想非常简单：整个集群中只有一个主节点会存在单点故障的问题，搭建多个主节点即可解决这个问题。

2. 基于 ZooKeeper 部署 HBase 的高可用模式

大数据体系 HA 的实现需要基于 ZooKeeper，而 HBase 自带了一个 ZooKeeper。因此，对于 HBase 来说，搭建 HBase HA 环境非常简单。

在 HBase 全分布模式下，只需要在某个从节点的 Region Server 上手动启动一个 HMaster 即可。下面进行演示。

（1）在 bigdata113 节点上，执行以下命令手动再启动一个 HMaster。

```
hbase-daemon.sh start master
```

（2）通过 jps 命令查看每台主机上的后台进程，如图 12-5 所示。

```
jps
```

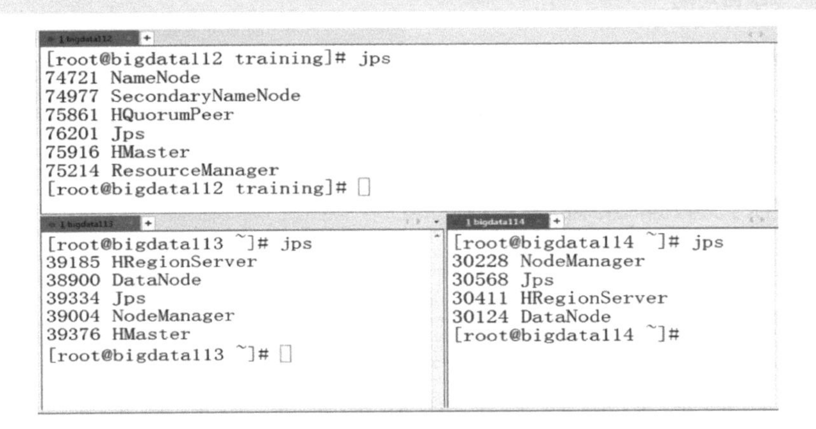

图 12-5

此时在 bigdata112 和 bigdata113 节点上各有一个 HMaster。其中一个 HMaster 的状态是 Active，而另一个 HMaster 的状态是 Back Master。

（3）打开浏览器查看 bigdata113 节点上 HBase 的 Web 控制台，如图 12-6 所示。

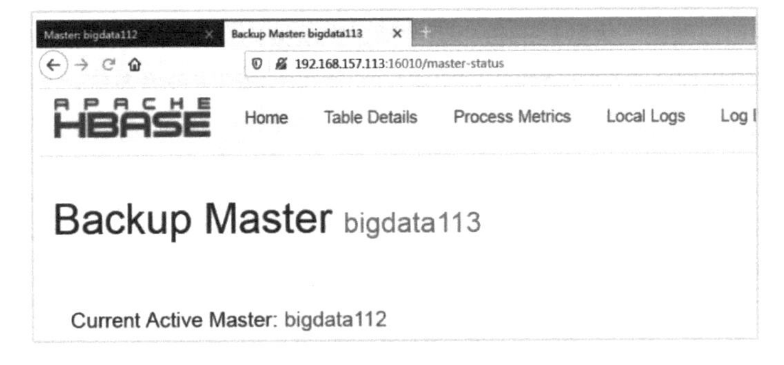

图 12-6

当 bigdata112 节点上的 HMaster 出现问题发生宕机时，ZooKeeper 会自动将 bigdata113 节点上的 Backup Master 切换成 Master。

12.2　使用命令行操作 HBase

HBase 有自己的命令行工具——hbase shell。

下面演示如何使用 hbase shell 命令行工具操作 HBase。

12.2.1　【实战】基础操作

（1）启动 hbase shell 命令行工具。

```
hbase shell
```

输出的信息如下：

```
HBase Shell
Use "help" to get list of supported commands.
Use "exit" to quit this interactive shell.
For Reference,
please visit: http://hbase.apache.org/2.0/book.html#shell
Version 2.2.0, rUnknown, Tue Jun 11 04:30:30 UTC 2019
Took 0.0030 seconds
hbase(main):001:0>
```

（2）执行 help 指令查看 hbase shell 的帮助信息。

```
help
```

输出的信息如下：

```
HBase Shell, version 2.2.0, rUnknown, Tue Jun 11 04:30:30 UTC 2019
Type 'help "COMMAND"', (e.g. 'help "get"' -- the quotes are necessary)
for help on a specific command.
Commands are grouped. Type 'help "COMMAND_GROUP"', (e.g. 'help "general"')
for help on a command group.

COMMAND GROUPS:
  Group name: general
  Commands: processlist, status, table_help, version, whoami

  Group name: ddl
  Commands: alter, alter_async, alter_status, clone_table_schema, create,
describe, disable, disable_all, drop, drop_all, enable, enable_all, exists,
get_table, is_disabled, is_enabled, list, list_regions, locate_region,
show_filters
...
```

（3）查询服务器状态。

```
status
```

输出的信息如下：

```
1 active master, 0 backup masters, 1 servers, 0 dead, 3.0000 average load
```

由于当前是 HBase 的伪分布式模式，所以在这里看到只有一个 HMaser 和一个 Region Server。

（4）查询 HBase 的版本号。

```
version
```

输出的信息如下：

```
2.2.0, rUnknown, Tue Jun 11 04:30:30 UTC 2019
```

（5）查看当前登录用户的信息。

```
whoami
```

输出的信息如下：

```
root (auth:SIMPLE)
    groups: root
```

12.2.2 【实战】DDL 操作

DDL（Data Definition Language，数据定义语言）语句用于进行表相关的操作，包括创建表、修改表、上线和下线表、删除表等操作。

下面演示在 hbase shell 中使用 DDL 语句进行操作。

（1）创建一张表用于保存部门的信息。

```
> create 'dept','info'
```

（2）列出当前 HBase 中的所有表。

```
> list
```

输出的信息如下：

```
TABLE
dept
students
2 row(s)
Took 0.0631 seconds
```

```
=> ["dept", "students"]
```

从输出结果可以看到，当前 HBase 中存在两张表——dept 表和 students 表。

（3）获取表的描述。

```
> describe 'dept'
```

输出的信息如下：

```
{NAME => 'info',                              <---列族的名称
VERSIONS => '1',                              <---列族支持的版本数
EVICT_BLOCKS_ON_CLOSE => 'false',
NEW_VERSION_BEHAVIOR => 'false',              <---是否启用新版本特性
KEEP_DELETED_CELLS => 'FALSE',                <---保留被删除的行
CACHE_DATA_ON_WRITE => 'false',               <---将数据写入缓存
DATA_BLOCK_ENCODING => 'NONE',                <---数据块编码格式
TTL => 'FOREVER',                             <---用于限定数据的超时时间
MIN_VERSIONS => '0',                          <---最小版本号
REPLICATION_SCOPE => '0',                     <---指定 HBase 主从复制的范围
BLOOMFILTER => 'ROW',                         <---设置布隆过滤器
CACHE_INDEX_ON_WRITE => 'false',              <---写入缓存索引
IN_MEMORY => 'false',                         <---在内存中缓存数据
CACHE_BLOOMS_ON_WRITE => 'false',
PREFETCH_BLOCKS_ON_OPEN => 'false',               <---是否允许预取数据
COMPRESSION => 'NONE',                            <---是否开启数据压缩
BLOCKCACHE => 'true',                             <---是否开启块缓存
BLOCKSIZE => '65536'                              <---HFile 数据文件中块的大小
}
```

（4）在表中添加一个列族。

```
> alter 'dept','description'
```

输出的信息如下：

```
Updating all regions with the new schema...
1/1 regions updated.
Done.
```

（5）再次获取表的描述。

```
> describe 'dept'
```

输出的信息如下：

```
{NAME => 'description',
```

```
    VERSIONS => '1', EVICT_BLOCKS_ON_CLOSE => 'false',
    NEW_VERSION_BEHAVIOR => 'false', KEEP_DELETED_CELLS => 'FALSE',
    CACHE_DATA_ON_WRITE => 'false', DATA_BLOCK_ENCODING => 'NONE',
    TTL => 'FOREVER', MIN_VERSIONS => '0', REPLICATION_SCOPE => '0',
    BLOOMFILTER => 'ROW', CACHE_INDEX_ON_WRITE => 'false',
    IN_MEMORY => 'false', CACHE_BLOOMS_ON_WRITE => 'false',
    PREFETCH_BLOCKS_ON_OPEN => 'false', COMPRESSION => 'NONE',
    BLOCKCACHE => 'true', BLOCKSIZE => '65536'}
{NAME => 'info',
    VERSIONS => '1', EVICT_BLOCKS_ON_CLOSE => 'false',
    NEW_VERSION_BEHAVIOR => 'false', KEEP_DELETED_CELLS => 'FALSE',
    CACHE_DATA_ON_WRITE => 'false', DATA_BLOCK_ENCODING => 'NONE',
    TTL => 'FOREVER', MIN_VERSIONS => '0', REPLICATION_SCOPE => '0',
    BLOOMFILTER => 'ROW', CACHE_INDEX_ON_WRITE => 'false',
    IN_MEMORY => 'false', CACHE_BLOOMS_ON_WRITE => 'false',
    PREFETCH_BLOCKS_ON_OPEN => 'false', COMPRESSION => 'NONE',
    BLOCKCACHE => 'true', BLOCKSIZE => '65536'}
```

此时可以看到，在表 dept 上有两个列族——description 和 info。

（6）删除一个列族。

```
> alter 'dept',{NAME=>'description',METHOD=>'delete'}
```

（7）查询表是否存在。

```
> exists 'dept'
```

输出的信息如下：

```
Table dept does exist
```

（8）查看表是否可用。

```
> is_enabled 'dept'
```

输出的信息如下：

```
true
```

当 HBase 为可用状态时，不能执行 drop 操作。

（9）删除一张表。

```
> drop 'dept'
```

输出的信息如下：

```
ERROR: Table dept is enabled. Disable it first.

For usage try 'help "drop"'
```

（10）要删除一张表，应先禁用该表。

```
> disable 'dept'
> drop 'dept'
```

12.2.3 【实战】DML 操作

DML（Data Manipulation Language，数据操作语言）语句用于数据的写入、删除、修改、查询和清空等操作。

下面演示在 hbase shell 使用 DML 语句进行操作。

（1）创建一张员工表 emp 用于保存员工数据。

```
> create 'emp','info','money'
```

（2）插入员工数据。

```
> put 'emp','7839','info:ename','KING'
> put 'emp','7839','info:job','PRESIDENT'
> put 'emp','7839','money:salary','5000'
> put 'emp','7566','info:ename','SCOTT'
> put 'emp','7566','money:salary','5000'
```

这里插入了 5 行数据，但是，在 emp 表中只存在 2 条记录。因为 HBase 中 Rowkey 相同的行是同一条记录。

（3）查询员工表 emp 的数据。

```
> scan 'emp'
```

输出的信息如下：

```
ROW       COLUMN+CELL
 7566     column=info:ename, timestamp=1649507667815, value=SCOTT
 7566     column=money:salary, timestamp=1649507673827, value=5000
 7839     column=info:ename, timestamp=1649507652841, value=KING
 7839     column=info:job, timestamp=1649507657189, value=PRESIDENT
 7839     column=money:salary, timestamp=1649507663031, value=5000
2 row(s)
```

这里只返回了 2 条记录，而不是 5 条记录。

（4）查询员工号是 7839 的员工数据。

```
> get 'emp','7839'
```

输出的信息如下：

```
COLUMN                CELL
 info:ename           timestamp=1649507652841, value=KING
 info:job             timestamp=1649507657189, value=PRESIDENT
 money:salary         timestamp=1649507663031, value=5000
1 row(s)
```

（5）查询员工号是 7839 的 info 列族中的数据。

```
> get 'emp','7839','info'
```

输出的信息如下：

```
COLUMN                CELL
 info:ename           timestamp=1649507652841, value=KING
 info:job             timestamp=1649507657189, value=PRESIDENT
1 row(s)
```

（6）更新工号是 7839 的员工的薪水，并查看更新的结果。

```
> put 'emp','7839','money:salary','6000'
> get 'emp','7839','money:salary'
```

输出的信息如下：

```
COLUMN           CELL
 money:salary     timestamp=1649508237304, value=6000
1 row(s)
```

（7）统计员工表中的记录数。

```
> count 'emp'
```

输出的信息如下：

```
2 row(s)
Took 0.0111 seconds
=> 2
```

（8）清空员工表中的数据。

```
> truncate 'emp'
```

输出的信息如下：

```
Truncating 'emp' table (it may take a while):
Disabling table...
Truncating table...
Took 4.6321 seconds
```

在 HBase 1.x 中执行 truncate 语句后输出的日志如下：

Truncating 'emp' table (it may take a while):

Disabling table...

Droping table...

Creating table...

这说明 HBase 通过“删除表后再重建表”来清空表中的数据。

12.3　HBase 的 Java API

HBase 提供了 Java API 用于访问 HBase，提供的 Java API 位于 HBase 安装目录下的 lib 和 client-facing-thirdparty 目录下。因此，需要把目录下的 Jar 文件包含在 Java 工程中。

如果是在宿主机 Windows 上访问部署在 Linux 上的 HBase，则需要连接 ZooKeeper。因为，在 ZooKeeper 中保存的是主机名，而不是 IP 地址，所以需要在 Windows 的 hosts 文件中添加映射关系。例如，在“C:\Windows\System32\drivers\etc\hosts”文件中增加以下配置：

192.168.157.111 bigdata111

12.3.1　【实战】使用 Java API 操作 HBase

下面演示使用 Java API 操作 HBase。

（1）创建 HBase 的表。

```
@Test
public void testCreateTable() throws Exception{
 //配置 ZooKeeper 的地址
 Configuration conf = new Configuration();
 conf.set("hbase.zookeeper.quorum", "bigdata111");
```

```
//创建一个链接
Connection conn = ConnectionFactory.createConnection(conf);
//获取HBase客户端
Admin client = conn.getAdmin();

//指定表结构
TableDescriptorBuilder builder = TableDescriptorBuilder
                        .newBuilder(TableName.valueOf("test001"));

//添加列族
builder.setColumnFamily(ColumnFamilyDescriptorBuilder.of("info"));
builder.setColumnFamily(ColumnFamilyDescriptorBuilder.of("grade"));

//创建表的描述符
TableDescriptor td = builder.build();

//创建表
client.createTable(td);

client.close();
conn.close();
System.out.println("完成");
}
```

从代码可以看出，HBase Java API 采用面向对象的方式操作数据，而不像关系型数据库那样通过 SQL 语句操作数据。

代码中为了测试的方便，采用了 JUnit 的方式（即使用@Test）来运行。

（2）插入单条数据。

```
@Test
public void testPutData() throws Exception{
 //配置ZooKeeper的地址
 Configuration conf = new Configuration();
 conf.set("hbase.zookeeper.quorum", "bigdata111");

 //创建一个链接
 Connection conn = ConnectionFactory.createConnection(conf);

 //获取表的客户端
 Table client = conn.getTable(TableName.valueOf("test001"));

 //构造一个Put对象，参数是rowkey
```

```
Put put = new Put(Bytes.toBytes("s001"));

put.addColumn(Bytes.toBytes("info"),          //列族
              Bytes.toBytes("name"),          //列
              Bytes.toBytes("Mary"));         //值

client.put(put);

client.close();
conn.close();
}
```

通过 client.put(put) 方法一次只能插入一条数据，但通过 put()方法可以接收一个列表来实现一次插入多条数据。例如：

```
List<Put> list = new ArrayList<Put>();
list.add(put1);
list.add(put2);
...
client.put(list);
```

（3）查询单条数据。

```
@Test
public void testGet() throws Exception{
 //配置 ZooKeeper 的地址
 Configuration conf = new Configuration();
 conf.set("hbase.zookeeper.quorum", "bigdata111");

 //创建一个链接
 Connection conn = ConnectionFactory.createConnection(conf);

 //获取表的客户端
 Table client = conn.getTable(TableName.valueOf("test001"));

 //构造一个 Get 对象，指定 Rowkey
 Get get = new Get(Bytes.toBytes("s001"));

 //执行查询
 Result r = client.get(get);
 String name = Bytes.toString(r.getValue(Bytes.toBytes("info"),
                                          Bytes.toBytes("name")));
```

```
    System.out.println("名字是"+ name);

    client.close();
    conn.close();
}
```

（4）通过 scan()方法读取整张表。

注意：scan()方法可以通过添加一个过滤器来过滤读取的结果。

```
@Test
public void testScan() throws Exception{
    //配置 ZooKeeper 的地址
    Configuration conf = new Configuration();
    conf.set("hbase.zookeeper.quorum", "bigdata111");

    //创建一个链接
    Connection conn = ConnectionFactory.createConnection(conf);

    //获取表的客户端
    Table client = conn.getTable(TableName.valueOf("test001"));

    //定义一个扫描器，默认扫描整张表
    Scan scan = new Scan();

    //这里可以定义过滤器，以过滤查询的结果
    //scan.setFilter(filter)

    //扫描表
    ResultScanner rs = client.getScanner(scan);
    for(Result r :rs) {
        String name = Bytes.toString(r.getValue(Bytes.toBytes("info"),
                                    Bytes.toBytes("name")));
        String math = Bytes.toString(r.getValue(Bytes.toBytes("grade"),
                                    Bytes.toBytes("math")));

        System.out.println(name +"\t"+math);
    }

    client.close();
    conn.close();
}
```

（5）删除表。

```
@Test
public void testDropTable() throws Exception{
```

```
    //配置 ZooKeeper 的地址
    Configuration conf = new Configuration();
    conf.set("hbase.zookeeper.quorum", "bigdata111");

    //创建一个链接
    Connection conn = ConnectionFactory.createConnection(conf);
    //获取 HBase 客户端
    Admin client = conn.getAdmin();

    client.disableTable(TableName.valueOf("test001"));
    client.deleteTable(TableName.valueOf("test001"));

    client.close();
    conn.close();
}
```

在删除表时，需要先将表禁用，再执行删除。

12.3.2 【实战】使用 HBase 的过滤器过滤数据

在 HBase 中使用 scan()方法读取表中的数据时，可以通过添加过滤器来过滤读取的结果。常用的过滤器有：列值过滤器 SingleColumnValueFilter、列名前缀过滤器 ColumnPrefixFilter、多个列名前缀过滤器 MultipleColumnPrefixFilter 和 Rowkey 过滤器 RowFilter。这些过滤器可以单独使用，也可以组合起来使用以实现复杂的查询。

为了方便进行测试，首先创建一张测试表并插入若干条测试数据。这里以员工表的数据为例，数据包含员工号、姓名和薪水。使用员工号作为 Rowkey；ename 和 sal 分别是姓名和薪水的列名。

下面演示如何使用 HBase 的过滤器。

（1）在 hbase shell 命令行工具中创建员工表。

```
create 'emp','empinfo'
```

（2）执行 put 命令插入员工数据。

```
put 'emp','7369','empinfo:ename','SMITH'
put 'emp','7499','empinfo:ename','ALLEN'
put 'emp','7521','empinfo:ename','WARD'
put 'emp','7566','empinfo:ename','JONES'
```

```
put 'emp','7654','empinfo:ename','MARTIN'
put 'emp','7698','empinfo:ename','BLAKE'
put 'emp','7782','empinfo:ename','CLARK'
put 'emp','7788','empinfo:ename','SCOTT'
put 'emp','7839','empinfo:ename','KING'
put 'emp','7844','empinfo:ename','TURNER'
put 'emp','7876','empinfo:ename','ADAMS'
put 'emp','7900','empinfo:ename','JAMES'
put 'emp','7902','empinfo:ename','FORD'
put 'emp','7934','empinfo:ename','MILLER'
put 'emp','7369','empinfo:sal','800'
put 'emp','7499','empinfo:sal','1600'
put 'emp','7521','empinfo:sal','1250'
put 'emp','7566','empinfo:sal','2975'
put 'emp','7654','empinfo:sal','1250'
put 'emp','7698','empinfo:sal','2850'
put 'emp','7782','empinfo:sal','2450'
put 'emp','7788','empinfo:sal','3000'
put 'emp','7839','empinfo:sal','5000'
put 'emp','7844','empinfo:sal','1500'
put 'emp','7876','empinfo:sal','1100'
put 'emp','7900','empinfo:sal','950'
put 'emp','7902','empinfo:sal','3000'
put 'emp','7934','empinfo:sal','1300'
```

（3）使用列值过滤器 SingleColumnValueFilter。以下过滤器将查询薪水等于 3000 元的员工数据。

```
@Test
public void testFilter1() throws Exception{
 //指定的配置信息：ZooKeeper
 Configuration conf = new Configuration();
 conf.set("hbase.zookeeper.quorum", "bigdata111");
 Connection conn = ConnectionFactory.createConnection(conf);

 //定义一个列值过滤器
 SingleColumnValueFilter filter =
        new SingleColumnValueFilter(Bytes.toBytes("empinfo"),//列族
                                    Bytes.toBytes("sal"),  //列
                                    CompareOperator.EQUAL, //比较运算符
                                    Bytes.toBytes("3000"));

 //创建一个扫描器
 Scan scan = new Scan();
 scan.setFilter(filter);

 //得到表的客户端
 Table table = conn.getTable(TableName.valueOf("emp"));
```

```
    //执行查询
    ResultScanner rs = table.getScanner(scan);
    for(Result r:rs) {
        //得到员工的姓名
        String name = Bytes.toString(r.getValue(Bytes.toBytes("empinfo"),
                                    Bytes.toBytes("ename")));
        //打印员工的姓名
        System.out.println(name);
    }

    table.close();
    conn.close();
}
```

（4）使用列名前缀过滤器 ColumnPrefixFilter。以下过滤器将查询所有员工的姓名。

```
@Test
public void testFilter2() throws Exception{
    //指定的配置信息: ZooKeeper
    Configuration conf = new Configuration();
    conf.set("hbase.zookeeper.quorum", "bigdata111");
    Connection conn = ConnectionFactory.createConnection(conf);

    //定义一个列名前缀过滤器
    ColumnPrefixFilter filter = new
ColumnPrefixFilter(Bytes.toBytes("ename"));

    //创建一个扫描器
    Scan scan = new Scan();
    scan.setFilter(filter);

    //得到表的客户端
    Table table = conn.getTable(TableName.valueOf("emp"));

    //执行查询
    ResultScanner rs = table.getScanner(scan);
    for(Result r:rs) {
        //输出员工的姓名
        String name = Bytes.toString(r.getValue(Bytes.toBytes("empinfo"),
                                    Bytes.toBytes("ename")));

        System.out.println(name);
    }

    table.close();
```

```
 conn.close();
}
```

（5）使用多个列名前缀过滤器 MultipleColumnPrefixFilter。以下过滤器将查询员工的姓名和薪水。

```
@Test
public void testFilter3() throws Exception{
 //指定的配置信息: ZooKeeper
 Configuration conf = new Configuration();
 conf.set("hbase.zookeeper.quorum", "bigdata111");
 Connection conn = ConnectionFactory.createConnection(conf);

 //构造一个多个列名前缀过滤器
 byte[][] names = {Bytes.toBytes("ename"),Bytes.toBytes("sal")};
 MultipleColumnPrefixFilter filter =
new MultipleColumnPrefixFilter(names);

 //创建一个扫描器
 Scan scan = new Scan();
 scan.setFilter(filter);

 //得到表的客户端
 Table table = conn.getTable(TableName.valueOf("emp"));

 //执行查询
 ResultScanner rs = table.getScanner(scan);
 for(Result r:rs) {
     //输出员工的姓名
     String name = Bytes.toString(r.getValue(Bytes.toBytes("empinfo"),
                                         Bytes.toBytes("ename")));

     //输出员工的薪水
     String sal = Bytes.toString(r.getValue(Bytes.toBytes("empinfo"),
                                        Bytes.toBytes("sal")));

     System.out.println(name+"\t"+sal);
 }

 table.close();
 conn.close();
}
```

（6）使用 Rowkey 过滤器 RowFilter，这种过滤器相当于使用 get 语句查询数据。

```
@Test
public void testFilter4() throws Exception{
```

```
    //指定的配置信息：ZooKeeper
    Configuration conf = new Configuration();
    conf.set("hbase.zookeeper.quorum", "bigdata111");
    Connection conn = ConnectionFactory.createConnection(conf);

    //创建一个 Rowkey 过滤器
    RowFilter filter = new RowFilter(CompareOperator.EQUAL, //比较运算符
                                //指定员工的员工号，可以是一个正则表达式
                               new RegexStringComparator("7839"));

    //创建一个扫描器
    Scan scan = new Scan();
    scan.setFilter(filter);

    //得到表的客户端
    Table table = conn.getTable(TableName.valueOf("emp"));

    //执行查询
    ResultScanner rs = table.getScanner(scan);
    for(Result r:rs) {
        //输出员工的姓名
        String name = Bytes.toString(r.getValue(Bytes.toBytes("empinfo"),
                                           Bytes.toBytes("ename")));

        //输出员工的薪水
        String sal = Bytes.toString(r.getValue(Bytes.toBytes("empinfo"),
                                          Bytes.toBytes("sal")));

        System.out.println(name+"\t"+sal);
    }

    table.close();
    conn.close();
}
```

（7）也可以组合多个过滤器。例如在以下查询中组合了列值过滤器和列名前缀过滤器，来查询薪水等于 3000 元的员工姓名。

```
@Test
public void testFilter5() throws Exception{
    //指定的配置信息：ZooKeeper
    Configuration conf = new Configuration();
    conf.set("hbase.zookeeper.quorum", "bigdata111");
    Connection conn = ConnectionFactory.createConnection(conf);

    //创建第 1 个过滤器：列值过滤器
    SingleColumnValueFilter filter1 =
```

```
        new SingleColumnValueFilter(Bytes.toBytes("empinfo"),//列族
                                    Bytes.toBytes("sal"),  //列
                                    CompareOperator.EQUAL, //比较运算符
                                    Bytes.toBytes("3000"));

    //创建第 2 个过滤器：列名前缀过滤器
    ColumnPrefixFilter filter2 = new
    ColumnPrefixFilter(Bytes.toBytes("ename"));

    /*
     * 在这里可以指定两个过滤器的关系：
     * Operator.MUST_PASS_ALL  相当于 and 条件
     * Operator.MUST_PASS_ONE  相当于 or 条件
     */
    FilterList list = new FilterList(Operator.MUST_PASS_ALL);
    list.addFilter(filter1);
    list.addFilter(filter2);

    //创建一个扫描器
    Scan scan = new Scan();
    scan.setFilter(list);

    //得到表的客户端
    Table table = conn.getTable(TableName.valueOf("emp"));

    //执行查询
    ResultScanner rs = table.getScanner(scan);
    for(Result r:rs) {
        //输出员工的姓名
        String name = Bytes.toString(r.getValue(Bytes.toBytes("empinfo"),
                                     Bytes.toBytes("ename")));

        //输出员工的薪水
        String sal = Bytes.toString(r.getValue(Bytes.toBytes("empinfo"),
                                    Bytes.toBytes("sal")));

        System.out.println(name+"\t"+sal);
    }

    table.close();
    conn.close();
}
```

12.3.3 【实战】使用 MapReduce 处理存储在 HBase 中的数据

MapReduce 可以处理存储在 HBase 中的数据。此时，MapReduce 的输入和输出则是 HBase

的表；而访问 HBase 的表通常通过 Rowkey 进行访问。

下面演示如何使用 MapReduce 处理存储在 HBase 中的数据。

（1）在 HBase 中创建表，并插入测试数据。

```
create 'word','content'
put 'word','1','content:info','I love Beijing'
put 'word','2','content:info','I love China'
put 'word','3','content:info','Beijing is the capital of China'
```

（2）创建输出表用于保存 MapReduce 处理的结果。

```
create 'stat','content'
```

（3）开发 Map 程序。

```
public class WordCountMapper
extends TableMapper<Text, IntWritable>{

 @Override
 protected void map(ImmutableBytesWritable key1,
Result value1,Context context)
         throws IOException, InterruptedException {
     /*
      * key1 表示输入记录的 Rowkey
      * value1 表示这条记录
      */
     //数据: I love Beijing
     String data = Bytes.toString(value1.getValue(
Bytes.toBytes("content"),
                                       Bytes.toBytes("info")));

     //分词
     String[] words = data.split(" ");

     //输出
     for(String w:words) {
         context.write(new Text(w), new IntWritable(1));
     }
 }
}
```

（4）开发 Reduce 程序。

```
public class WordCountReducer
extends TableReducer<Text, IntWritable, ImmutableBytesWritable> {

 @Override
```

```
 protected void reduce(Text k3, Iterable<IntWritable> v3,
Context context)
         throws IOException, InterruptedException {
     int total = 0;
     for(IntWritable v2:v3) {
         total = total + v2.get();
     }

     //输出：构造一个Put对象，把单词作为Rowkey
     Put put =  new Put(Bytes.toBytes(k3.toString()));

     //输出单词出现的频率
     put.addColumn(Bytes.toBytes("content"), Bytes.toBytes("info"),
               Bytes.toBytes(String.valueOf(total)));

     //ImmutableBytesWritable表示Rowkey
     context.write(new ImmutableBytesWritable(
Bytes.toBytes(k3.toString())), put);
 }
}
```

（5）开发主程序。

```
public static void main(String[] args) throws Exception {
 Configuration conf = new Configuration();
 //指定ZooKeeper的地址
 conf.set("hbase.zookeeper.quorum", "bigdata111");

 Job job = Job.getInstance(conf);
 job.setJarByClass(WordCountMain.class);

 //通过扫描器只读取这一列的数据
 Scan scan = new Scan();
 scan.addColumn(Bytes.toBytes("content"), Bytes.toBytes("info"));

 //指定Map
 TableMapReduceUtil.initTableMapperJob(
"word",                 //输入表
                   scan,                       //扫描器
                   WordCountMapper.class,  //Mapper Class
                   Text.class,                 //Mapper输出的Key
                   IntWritable.class,         //Mapper输出的Value
                   job);

 //指定Reducer
 TableMapReduceUtil.initTableReducerJob(
"stat",                 //输出表
```

```
                WordCountReducer.class, //Reducer Class
    job);

    //执行任务
    job.waitForCompletion(true);
    }
```

（6）由于 MapReduce 运行在 Yarn 上，所以要访问存储在 HBase 中的数据需要设置以下环境变量。

```
export HADOOP_CLASSPATH=$HBASE_HOME/lib/*:$CLASSPATH
```

（7）将程序打包成 Jar 文件，如 testhbase.jar，并将其上传至 bigdat111 节点。

（8）执行 MapReduce 任务。

```
hadoop jar testhbase.jar
```

由于在主程序代码中已经指定了 HBase 的输入表和输出表，因此可以使用 hadoop jar 命令直接执行 MapReduce 任务。但在实际的代码中，不应该将输入表和输出表写在代码中，而应该通过程序的 main()方法进行参数传递。

（9）在任务执行完成后，登录 hbase shell 查看输出的结果，如图 12-7 所示。

```
hbase(main):007:0> scan 'stat'
ROW                          COLUMN+CELL
 Beijing                     column=content:info, timestamp=1621861581707, value=2
 China                       column=content:info, timestamp=1621861581707, value=2
 I                           column=content:info, timestamp=1621861581707, value=2
 capital                     column=content:info, timestamp=1621861581707, value=1
 is                          column=content:info, timestamp=1621861581707, value=1
 love                        column=content:info, timestamp=1621861581707, value=2
 of                          column=content:info, timestamp=1621861581707, value=1
 the                         column=content:info, timestamp=1621861581707, value=1
8 row(s)
Took 0.0563 seconds
hbase(main):008:0>
```

图 12-7

12.4　HBase 的图形工具——Web 控制台

HBase 也提供了图形工具 Web 控制台用于监控 HBase，默认的端口是 16010。图 12-8 是通过浏览器访问 HBase 的 Web 控制台。该界面包含 Master 节点、Region Servers 列表、用户表和系统表等信息。

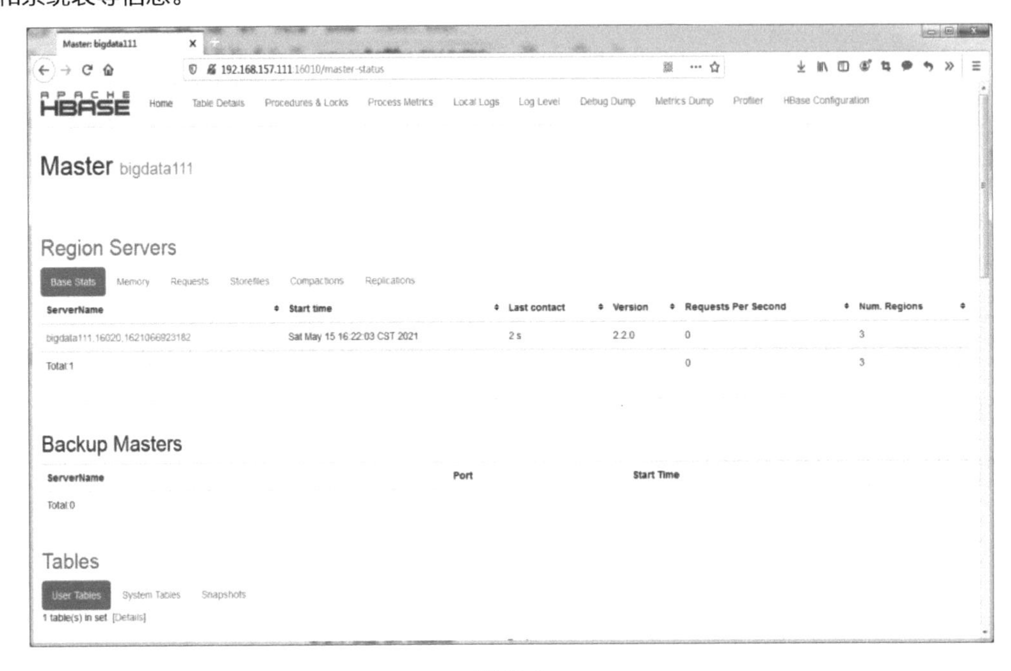

图 12-8

单击 Tables 中的 System Tables 选项卡，可以查看 HBase 的系统表信息，如图 12-9 所示。

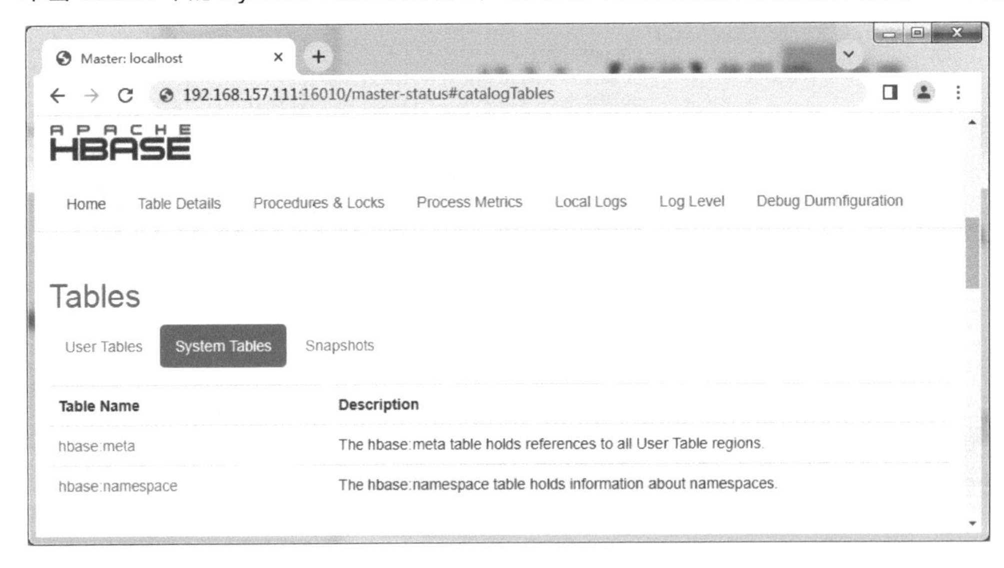

图 12-9

第 13 章 HBase 原理剖析

HBase 作为一个数据库，其最基本的功能是存储数据和读取数据。那么 HBase 底层是如何存储数据，又是如何读写数据的呢？本章将带着这些问题来学习 HBase 的底层原理。

13.1 了解 HBase 的存储结构

HBase 的存储结构分为逻辑存储结构与物理存储结构，HBase 通过逻辑存储结构来管理物理存储结构，而最终的物理存储文件在 HDFS 上。因此，要深入理解 HBase 的读写机制，则必须先理解 HBase 是如何存储数据的。

图 13-1 展示了 HBase 的存储结构。其中，Store File 是数据文件。

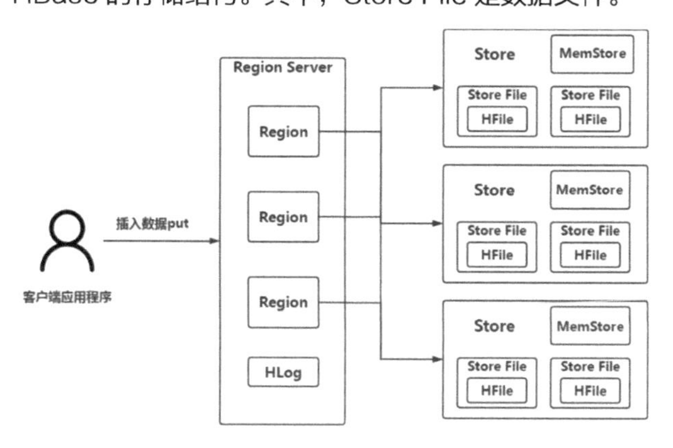

图 13-1

13.1.1 HBase 的逻辑存储结构

HBase 的逻辑存储结构主要包括：命名空间（NameSpace）、表（Table）和列族（Column Family）。

1. 命名空间（NameSpace）

HBase 的命名空间相当于 Oracle 和 MySQL 中的数据库，它是对表的逻辑划分。利用命名空间的逻辑管理功能，可以在多租户场景中做到更好的资源和数据隔离。在系统表 hbase:namespace 中保存了所有的命名空间信息。通过以下语句可以管理和操作 HBase 的命名空间。

（1）查询系统表 hbase:namespace。

```
> scan 'hbase:namespace'
```

输出的信息如下：

```
ROW        COLUMN+CELL
 default column=info:d, timestamp=1631601267690, value=\x0A\x07default
 hbase   column=info:d, timestamp=1631601267862, value=\x0A\x05hbase
2 row(s)
```

可以看出，在默认的情况下，HBase 存在两个命名空间——default 和 hbase。如果没有指定命名空间，则新表将创建在 default 命名空间下；hbase 命名空间是系统的命名空间，一般不用于普通操作。

查看命名空间也可以通过 list_namespace 命令，例如：

```
> list_namespace
```

输出的信息如下：

```
NAMESPACE
default
hbase
2 row(s)
```

（2）创建一个新的命名空间 mydemo，并在其中创建一张新表。

```
> create_namespace 'mydemo'
> create 'mydemo:table1','info'
```

（3）查看命名空间 mydemo 中的表。

```
> list_namespace_tables 'mydemo'
```

输出的信息如下：

```
TABLE
table1
1 row(s)
```

2. 表（Table）

HBase 的表对应于关系型数据库中的表。HBase 以“表”为单位组织数据，表由多行组成。每一行由一个 Rowkey 和多个列族组成。Rowkey 用于唯一标识一条记录。不同行的 Rowkey 可以重复，但相同的 Rowkey 表示同一条记录。

为了加快查询数据的速度，HBase 表中的所有行都按照 Rowkey 的字典顺序进行排列。

表在行的方向上被分隔为多个 Region，而 Region 是 HBase 中分布式存储和负载均衡的最小单元。因此，在同一个 Region Server 上可能保存了不同的 Region，但一个 Region 只属于一个 Region Server。

表中的每一行只能属于一个 Region。随着数据不断被插入表，Region 会不断增大。当 Region 中的某个列族达到一个阈值时，Region 就会被拆分成两个新的 Region，每一个新的 Region 的大小是原来 Region 大小的一半。

3. 列族（Column Family）

由于表中的一行中可能存在多个列族，因此 Region 可以被进一步划分。每一个 Region 由一个或多个 Store 组成，HBase 会把一起访问的数据放在一个 Store 中，即一行中有几个列族也就有几个 Store。一个 Store 由一个 MemStore 和多个 Store File 组成。

列族中包含列，列不需要被事先创建。如果在插入数据时没有该列，则 HBase 会自动创建列，列由单元格组成。

MemStore 是 HBase 的写缓存，用于保存修改的数据。当 MemStore 的大小达到一个阈值时，HBase 会有一个线程来将 MemStore 中的数据刷新到 HBase 的数据文件中生成一个快照。这个快照就是 Store File。

13.1.2 HBase 的物理存储结构

HBase 的物理存储结构主要包括数据文件 HFile 和预写日志文件 HLog。

1. 数据文件 HFile

HBase 会定时刷新 MemStore 中的数据，从而生成 Store File。Store File 的底层又是以 HFile 格式保存在 HDFS 上的。因此，从根本上说，HBase 的物理存储结构就是 HFile。

通过以下方式可以查看在 12.2.3 节中创建的员工表 emp 所对应的 HFile。

（1）执行 HDFS 命令查看表 emp 对应的 HDFS 目录。

```
hdfs dfs -lsr /hbase/data/default/emp
```

输出的信息如下：

```
/hbase/data/default/emp/.tabledesc
/hbase/data/default/emp/.tabledesc/.tableinfo.0000000001
/hbase/data/default/emp/.tmp
/hbase/data/default/emp/459580d88e589ba8194336a7c578876f
/hbase/data/default/emp/459580d88e589ba8194336a7c578876f/.regioninfo
/hbase/data/default/emp/459580d88e589ba8194336a7c578876f/info
/hbase/data/default/emp/459580d88e589ba8194336a7c578876f/info/da157b802d
4f41849363fda1956926bd
/hbase/data/default/emp/459580d88e589ba8194336a7c578876f/money
/hbase/data/default/emp/459580d88e589ba8194336a7c578876f/money/ba4e83b18
87144d588f71cfec7a437c3
```

（2）查看 emp 表中 info 列族的数据信息。

```
hbase hfile -p -f \
/hbase/data/default/emp/459580d88e589ba8194336a7c578876f/info/da157b802d
4f41849363fda1956926bd
```

输出的信息如下：

```
K: 7369/info:deptno/1649559894497/Put/vlen=2/seqid=4 V: 20
K: 7369/info:ename/1649559894497/Put/vlen=5/seqid=4 V: SMITH
K: 7369/info:hiredate/1649559894497/Put/vlen=10/seqid=4 V: 1980/12/17
K: 7369/info:job/1649559894497/Put/vlen=5/seqid=4 V: CLERK
K: 7369/info:mgr/1649559894497/Put/vlen=4/seqid=4 V: 7902
K: 7499/info:deptno/1649559894497/Put/vlen=2/seqid=4 V: 30
K: 7499/info:ename/1649559894497/Put/vlen=5/seqid=4 V: ALLEN
K: 7499/info:hiredate/1649559894497/Put/vlen=9/seqid=4 V: 1981/2/20
K: 7499/info:job/1649559894497/Put/vlen=8/seqid=4 V: SALESMAN
K: 7499/info:mgr/1649559894497/Put/vlen=4/seqid=4 V: 7698
K: 7521/info:deptno/1649559894497/Put/vlen=2/seqid=4 V: 30
K: 7521/info:ename/1649559894497/Put/vlen=4/seqid=4 V: WARD
K: 7521/info:hiredate/1649559894497/Put/vlen=9/seqid=4 V: 1981/2/22
K: 7521/info:job/1649559894497/Put/vlen=8/seqid=4 V: SALESMAN
K: 7521/info:mgr/1649559894497/Put/vlen=4/seqid=4 V: 7698
K: 7566/info:deptno/1649559894497/Put/vlen=2/seqid=4 V: 20
```

```
K: 7566/info:ename/1649559894497/Put/vlen=5/seqid=4 V: JONES
K: 7566/info:hiredate/1649559894497/Put/vlen=8/seqid=4 V: 1981/4/2
...
```

从上面输出的信息可以看出，HFile 是一个 Key-Value 格式的数据存储文件，并最终以二进制的形式存储在 HDFS 上。一个 Store File 对应着一个 HFile。

HFile 的格式如图 13-2 所示。

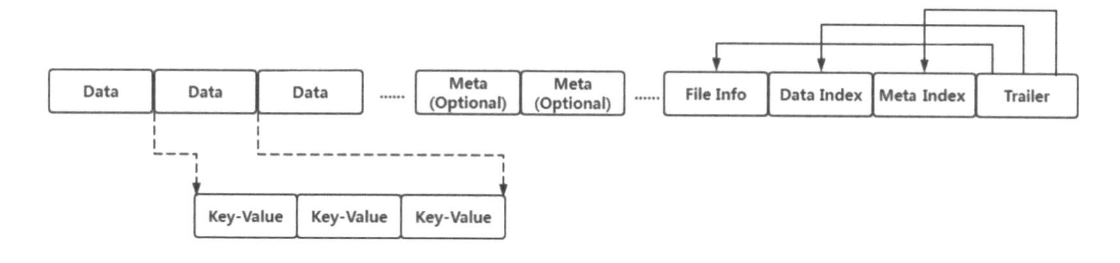

图 13-2

可以看出，HFile 分为以下 6 个部分。

- Data 块：保存表中的数据。这部分可以被压缩，以节约 HFile 所占用的存储空间。
- Meta 块：保存用户自定义的 Key-Value 数据，不是必须存在的，也可以被压缩。
- File Info 块：HBase 使用该块来存储 HFile 的元数据，不能被压缩。HBase 也利用 File Info 块来存储自定义的元数据。
- Data Index 块：包含 Data 块的索引信息。Data 块中的每一条索引信息都会被记录到 Data Index 块的 Key 中。
- Meta Index 块：包含 Meta 块的索引信息。
- Trailer 块：保存了一个偏移量的地址，该块包括 Data 块、Meta 块、File Info 块、Data Index 块和 Meta Index 块。在读取一个 HFile 的数据时，HBase 会首先读取 Trailer 块中的信息，以确定每一个块的位置。

HFile 文件是不定长的，其中长度固定的只有两块：Trailer 块和 File Info 块。其中，Trailer 块中有指针指向其他数据块的起始点；而 File Info 块中记录了 HFile 文件的一些元数据。

在 Data Index 和 Meta 块中，记录了每个数据块和元数据块的起始位置。

HFile 文件的 Data 块和 Meta 块通常采用压缩的方式存储，压缩之后可以大大减少网络 I/O 和磁盘 I/O 访问，随之而来的则是需要花费 CPU 进行压缩和解压缩。

2. 预写日志文件 HLog

HBase 采用预写日志的方式写入数据，在 13.3 节中将介绍 HBase 写数据的流程。

预写日志（Write Ahead Log，WAL）类似于 Oracle 数据库中的 Redo Log 或者 MySQL 中的 Binlog。HBase 会将 WAL 保存到 HLog 文件中，Hlog 文件中记录数据的所有变更。一旦数据丢失或者损坏了，HBase 就可以从 HLog 文件中进行恢复。

HLog 与 Region Server 相对应：每个 Region Server 只维护一个 HLog。即同一个 Region Server 上的 Region 会使用同一个 HLog。这样不同 Region 的 WAL 会混在一起。

这样做的优点是：可以减少磁盘寻址次数，从而提高对表的写性能。

但缺点是：如果一台 Region Server 出现故障宕机并下线，为了在其他 Region Server 上执行恢复则需要对 HLog 进行拆分，然后将拆分结果分发到其他 Region Server 上进行恢复，这将增加 HBase 恢复时的复杂度。

由于 HLog 被保存在 HDFS 上，因此可以直接使用相关命令来查看它。在默认情况下，HLog 被保存在 HDFS 的“/hbase/WALs/”目录下；而在 HDFS 的“/hbase/oldWALs”目录下保存的是已经过期的 WAL。

（1）使用 HDFS 命令查看“/hbase/WALs/”目录。

```
hdfs dfs -lsr /hbase/WALs/
```

输出的信息如下：

```
drwxr-xr-x ...
/hbase/WALs/localhost,16020,1649679358560
-rw-r--r-- ...
/hbase/WALs/localhost,16020,1649679358560/localhost%2C16020%2C1649679358560.1649682968518
-rw-r--r-- ...
/hbase/WALs/localhost,16020,1649679358560/localhost%2C16020%2C1649679358560.meta.1649682968557.meta
```

（2）使用 HBase 提供的命令查看 HLog 的内容。

```
hbase wal -j \
/hbase/WALs/localhost,16020,1649679358560/localhost%2C16020%2C1649679358560.1649682968518
```

输出的信息如下：

```
...
position: 600, {
```

```
  "sequence": "4",
  "region": "d6def4cd3110ca597ad6057936e2b898",
  "actions": [{
      "qualifier": "ename",
      "vlen": 4,
      "row": "7839",
      "family": "info",
      "value": "KING",
      "timestamp": "1649684058161",
      "total_size_sum": "88"
  }],
  "table": {
      "name": [101, 109, 112],
      "nameAsString": "emp",
      "namespace": [100, 101, 102, 97, 117, 108, 116],
      "namespaceAsString": "default",
      "qualifier": [101, 109, 112],
      "qualifierAsString": "emp",
      "systemTable": false,
      "hashCode": 100552
  }
  }
  edit heap size: 128
  ...
```

从 HLog 中的 actions 中可以看出，客户端往列族 info 的 ename 列中插入了一个数据：KING。

13.1.3 LSM 树与 Compaction 机制

在关系型数据库（如 Oracle 和 MySQL）中，一般数据的索引信息在存储结构上都采用 B 树或 B+树。而在 HBase 中，则使用日志结构合并树（Log Structured Merge Tree，LSM 树）来存储数据的索引信息。

LSM 树的本质和 B+树一样，都是一种磁盘数据的索引结构。LSM 树的索引结构的本质是，将写操作全部转化成磁盘的顺序写操作，从而极大地提高了写操作的性能。但是，LSM 树对于读操作是非常不利的，因为 LSM 树合并了各种索引的信息，在读数据时它会非常消耗 I/O 资源。因此，HBase 通过减少文件个数的方式来提高读数据的性能。这就是 HBase 的 Compaction 机制。

HDFS 作为 HBase 的底层存储介质，只支持文件的顺序写操作，不支持文件的随机写操作；另外，HDFS 擅长存储单个的大文件，不擅长存储单个的小文件，因此 HBase 选择 LSM 树作为数据的索引结构是非常合适的。

图 13-3 解释了 LSM 树的基本原理，以及 HBase Compaction 机制。

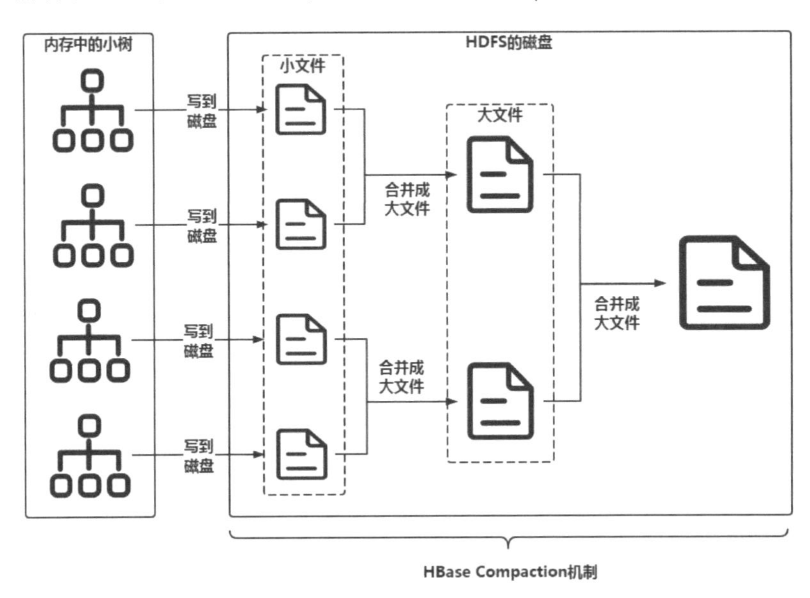

图 13-3

从图 13-3 中可以看出，LSM 树的原理是：在内存中维护 *N* 棵小树，用于保存数据的索引信息；当小树在内存中达到一定的阈值后，HBase 会将内存中小树上的数据信息写到磁盘中从而生成若干个小文件，这些小文件最终会被存储在 HDFS 上。

HDFS 适合存储单个的大文件，因此，为了提高读取数据的性能，LSM 树会对磁盘中生成的小文件进行合并操作。磁盘上的合并操作定期执行，最终合并得到一个大文件以优化读数据的性能。

LSM 树中的更新操作只在内存中进行，没有磁盘访问。LSM 树通过放弃磁盘读性能来换取写数据的顺序性，并且通过 Compaction 机制减少了磁盘 I/O 访问以提高性能。

为了进一步优化 LSM 树，HBase 还采用布隆过滤器来快速判断数据在 HBase 中是否存在，只有当数据存在时才会发送 I/O 操作，从而避免了不必要的磁盘操作。

13.2　HBase 读数据的流程

HBase 作为列式存储的 NoSQL 数据库，非常适合进行海量数据的查询。由于 HBase 会基于插入数据的 Rowkey 进行数据的分布式存储，因此，在读数据的过程中会从不同节点读取，从而实现了负载均衡。

13.2.1　meta 表与读取过程

在 HBase 的系统表 meta 中记录了用户表的信息。因此，HBase 在读数据时，会先读取 meta 中的信息以获取用户表的信息，再读取用户表的数据。

1. HBase 的系统表 meta

要了解 HBase 读数据的过程，首先需要了解系统表 meta，可以在系统命名空间 hbase 中找到这张表。执行以下语句访问表 hbase:meta（这种方式表示系统命名空间 hbase 中的 meta 表，下同）。

（1）查看命名空间 hbase 中的表。

```
> list_namespace_tables 'hbase'
```

输出的信息如下：

```
TABLE
meta
namespace
2 row(s)
```

在默认情况下，系统命名空间 hbase 中有两张表：meta 表与 namespace 表。

（2）查看 hbase:meta 表的结构。

```
> describe 'hbase:meta'
```

输出的信息如下：

```
Table hbase:meta is ENABLED
hbase:meta, {TABLE_ATTRIBUTES => {IS_META => 'true', REGION_REPLICATION =>
'1', coprocessor$1 => '|org.apache.hadoop.hba
se.coprocessor.MultiRowMutationEndpoint|536870911|'}
COLUMN FAMILIES DESCRIPTION
{NAME => 'info',
```

```
    VERSIONS => '3', EVICT_BLOCKS_ON_CLOSE => 'false', ...}
{NAME => 'rep_barrier',
    VERSIONS => '2147483647', EVICT_BLOCKS_ON_CLOSE => 'false', ...}
{NAME => 'table',
    VERSIONS => '3', EVICT_BLOCKS_ON_CLOSE => 'false',...}

3 row(s)
```

（3）获取 hbase:meta 表中的所有行键 Rowkey。

```
> count 'hbase:meta', INTERVAL=>1
```

输出的信息如下：

```
Current count: 1, row: dept
Current count: 2, row: dept,,1649505646319...
Current count: 3, row: emp
Current count: 4, row: emp,,1649508315331...
Current count: 5, row: hbase:namespace
Current count: 6, row: hbase:namespace,...
Current count: 7, row: students
Current count: 8, row: students,,...
8 row(s)
```

在系统表 meta 中保存了用户创建表的 Region 信息。即通过查询系统表 meta 中的数据，即可进一步查询用户创建表的 Region 信息。meta 表中数据的格式类似于 B 树，包含两部分的值：用户创建表的 Region 信息的起始键和对应的 Region Server。meta 表的信息会被记录在 ZooKeeper 中。

2. HBase 读取数据的过程

当用户从 HBase 中查询数据时，将执行以下步骤。

（1）客户端从 ZooKeeper 中读取 meta 表的 Region 信息。

（2）客户端根据 meta 表的 Region 信息读取 meta 表的数据，这些数据其实就是用户表的 Region 所对应的 Region Server 信息。

（3）客户端根据 meta 表的数据访问对应的 Region Server 以读取用户表的数据。在读取用户表的数据时会首先从 Region Server 的 Block Cache（读缓存）中读取数据，如果读缓存中没有需要的数据，则再读取 HFile，最终实现对该行的读操作。

HBase 读数据的过程如图 13-4 所示。

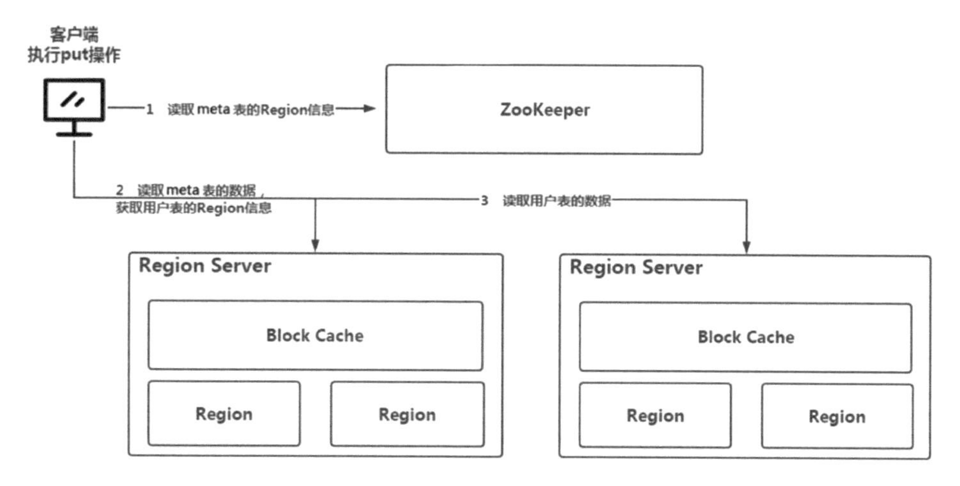

图 13-4

13.2.2　读合并与读放大

因为 HBase 中某一行的数据可能位于多个不同的 HFile 中，并且，在 MemStore（写缓存）中也可能存在新写入或者更新的数据，在 Block Cache 中又保存了最近读取过的数据，所以当我们读取某一行时，为了返回相应的行数据，HBase 需要读取不同的位置。这个过程就叫作“读合并”。

图 13-5 展示了读合并的整个过程。

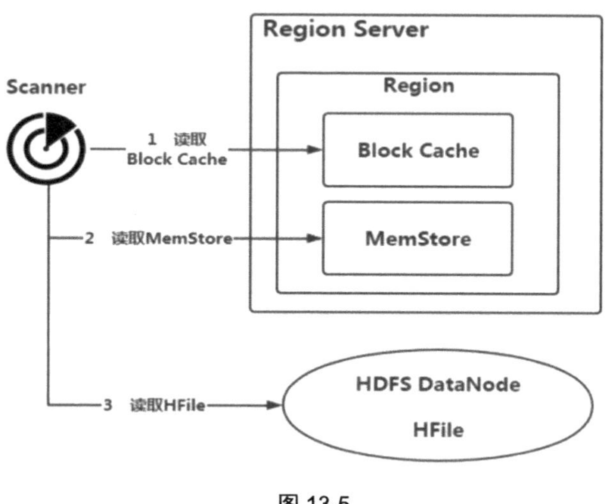

图 13-5

（1）HBase 从 Block Cache 中读取所需的数据。

（2）HBase 从 MemStore 中读取所需的数据。作为 HBase 的写缓存，MemStore 中包含最新版本的数据。

（3）如果在读缓存和写缓存中都没有所需要的数据，则 HBase 会从相应的 HFile 中读取数据。

一个 MemStore 对应的数据可能存储于多个不同的 HFile 中，因此在进行读操作时，HBase 可能需要读取多个 HFile 来获取所需的数据。这个过程被称为“读放大”。这个过程会影响 HBase 的性能。

13.3 HBase 写数据的流程

与 Oracle 和 MySQL 类似，HBase 在写入数据时也先写入日志。只要预写日志 WAL 写入成功，客户端写入数据就成功，如图 13-6 所示。

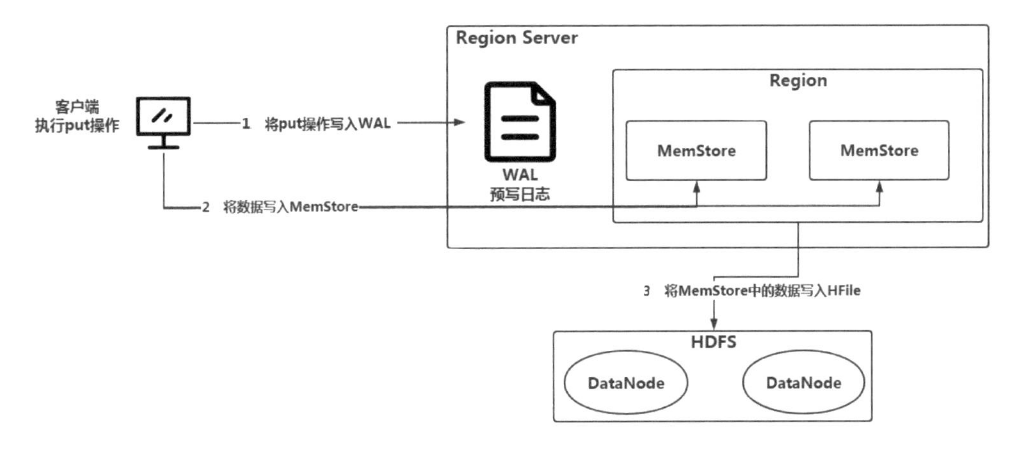

图 13-6

当 HBase 的客户端发出一个写操作请求（即执行 put 操作）时，HBase 进行处理的第 1 步是将数据写入 HBase 的 WAL。WAL 文件是顺序写入的，即所有新写入的日志都会被写到 WAL 文件的末尾。当日志被成功写入 WAL 后，HBase 将数据写入 MemStore。如果此时 MemStore 出现了问题，则写入的数据会丢失。这时 WAL 就可以被用来恢复尚未写入 MemStore 的数据。当 MemStore 中的数据达到一定的量级后，HBase 会执行 Flush 操作，将 MemStore 中的数据一次性地写入 HFile。

当 HBase 执行 Flush 操作将 MemStore 中的数据写入 HFile 后，便可以清空 WAL。但在生产环境中，一般建议保留所有的 WAL。这样做是为了当 HFile 丢失或者损坏后，可以使用 WAL 来进行数据恢复。

13.4　负载均衡和数据分发的最基本单元 Region 的管理

Region 是 HBase 集群实现负载均衡和数据分发的最基本单元。当 HBase 表中的数据量不断增大时，需要将表中的数据根据 Rowkey 的值分布到多台机器上。HBase 集群拥有一套完善的 Region 管理机制，用于实现 Region 的拆分、迁移和合并。

13.4.1　Region 的状态

Region 存储在 Region Server 上，并且拥有多种不同的状态。理解了 HBase 的 Region 状态转换，对于理解 HBase 的运行机制极为重要，尤其对于平台架构师和平台运维工程师来说。

图 13-7 是 HBase 官方提供的 Region 状态的转换过程。

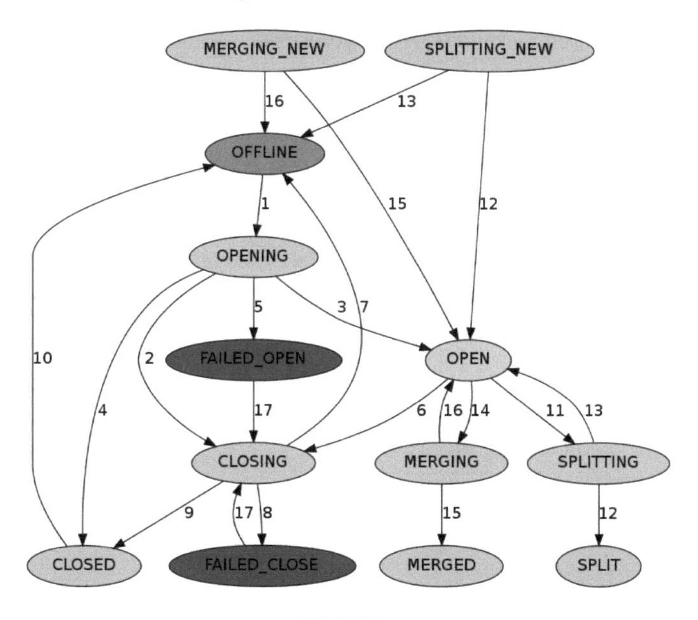

图 13-7

表 13-1 详细解释了 Region 的各种状态。

表 13-1

状　态	说　明
OFFLINE	Region 处于下线状态，不能被访问
OPENING	Region 处于正在被打开的状态，还不能被访问
OPEN	Region 已经被打开，可以被正常访问
FAILED_OPEN	Region Server 在打开 Region 时失败
CLOSING	Region Server 正在关闭 Region
CLOSED	Region 已经关闭
FAILED_CLOSED	Region Server 关闭 Region 失败
SPLITTING	Region 正在被分裂
SPLIT	Region 完成分裂
SPLITTING_NEW	Region Server 正在创建 Region
MERGING	Region Server 正在进行 Region 的合并
MERGED	Region Server 已经完成 Region 的合并
MERGING_NEW	Region Server 正在通过合并的方式创建 Region

通过以下语句可以检查 HBase 集群中 Region 的状态信息。

```
hbase hbck
```

输出的信息如下：

```
HBaseFsck command line options:
Version: 2.2.0

Number of live region servers: 1
Number of dead region servers: 0
Master: localhost,16000,1649809865210
Number of backup masters: 0
Average load: 3.0
Number of requests: 22
Number of regions: 3
Number of regions in transition: 0

Number of empty REGIONINFO_QUALIFIER rows in hbase:meta: 0
Number of Tables: 2

Summary:
Table hbase:meta is okay.
    Number of regions: 1
    Deployed on:  localhost,16020,1649809867582
Table hbase:namespace is okay.
    Number of regions: 1
```

```
    Deployed on:  localhost,16020,1649809867582
Table students is okay.
    Number of regions: 1
    Deployed on:  localhost,16020,1649809867582
0 inconsistencies detected.
Status: OK
```

如果要检查 Region 的详细状态信息，则可以使用以下命令：

hbase hbck -details

13.4.2 Region 的拆分

Region 能够被拆分，是 HBase 能够拥有良好扩展性的最重要原因。一旦 Region 的负载过大或者超过阈值，则它会被拆分成两个新的 Region，而拆分后的单个 Region 大小是原 Region 大小的一半。Region 拆分的过程如图 13-8 所示。

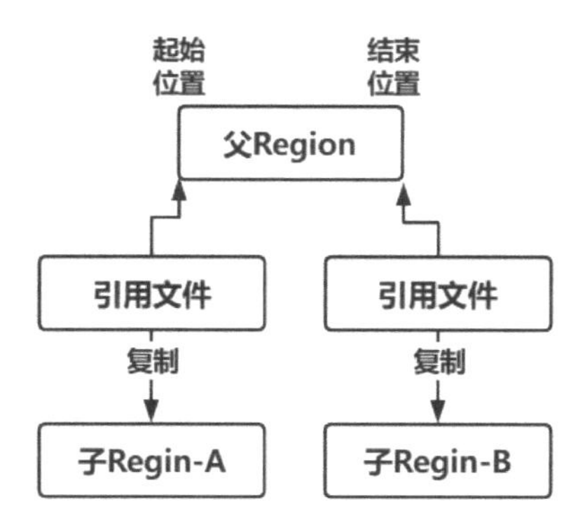

图 13-8

Region 的拆分过程是由 Region Server 完成的，具体过程如下：

（1）将需要拆分的“父 Region”下线，使客户端无法访问该 Region。

（2）将需要拆分的“父 Region”拆分成两个子 Region——“子 Region-A”和“子 Region-B”。

①在“父 Region”下建立两个引用文件，分别指向“父 Region”的起始位置和结束位置。

②在 HDFS 上建立两个子 Region（即“子 Region-A”和“子 Region-B”）对应的目录。利用在第①步中建立的两个引用文件，将“父 Region”复制到“子 Region-A”和“子 Region-B”中。复制时，每个子 Region 的大小都是“父 Region”大小的一半。

（3）完成子 Region 的创建后删除引用文件，并向 hbase:meta 表发送新产生的子 Region 的元数据信息。

（4）将 Region 的拆分信息更新到 HMaster 上。

13.4.3 Region 的合并

Region 的拆分使得数据能够被分布式地存储在 Region Server 上。但是，如果在 Region Server 上存在过多的 Region，而每一个 Region 又维护着一块 MemStore，则会频繁地出现数据被从内存刷新到 HFile 中，从而对用户请求产生较大的影响，严重时会阻塞 Region Server 上的操作，并增加 ZooKeeper 的负担。

因此，当 Region Server 中的 Region 数量到达设定的阈值时，Region Server 会发起 Region 的合并操作。

Region 合并操作的过程如下：

（1）Region Server 发送 Region 合并请求给 HMaster，并执行 Region 合并的操作。

（2）HMaster 在 Region Server 上把相关的 Region 移到一起，并发送一个 Region 合并操作的任务给 Region Server。

（3）Region Server 将准备合并的 Region 下线，然后将其进行合并。

（4）HMaster 从 hbase:meta 表中删除被合并的 Region 的元数据，并将合并后的新 Region 的元数据写入 hbase:meta 表中。

（5）Region Server 将合并后的新 Region 设置为上线状态，并接受客户端访问。

13.4.4 Region 拆分的影响

当 Region 被拆分后，每一个 Region Server 上存在的 Region 数量差距可能会很大。此时，HMaster 会执行负载均衡来调整部分 Region 的位置，将一部分 Region 定位到新的 Region Server 上。这样做的目的是，使每个 Region Server 上的 Region 数量都保持在合理范围之内。因此，Region 的负载均衡会引起 Region 的重新分布，从而加重网络的开销。

在默认情况下，HMaster 会每隔 5 分钟调用一次内置的负载均衡器来判断 Region 是否需要重新进行定位。

在判断某个表的 Region 是否需要进行重新定位时，HBase 会使用集群负载评分算法分别从 Region Server 上的 Region 数目、表的 Region 数目、MemStore 的消息、Store File 的大小和数据本地性等几个维度来对集群进行评分。评分越高，代表集群的负载越不合理，此时就需要对 Region 进行重新定位。

13.5　HBase 的内存刷新策略

当 MemStore 的大小达到某个阈值时，HBase 会用一个线程将 MemStore 中的数据写入 HBase 的数据文件中生成一个快照，而这个快照就是 Store File。

HBase 的内存刷新机制如图 13-9 所示。

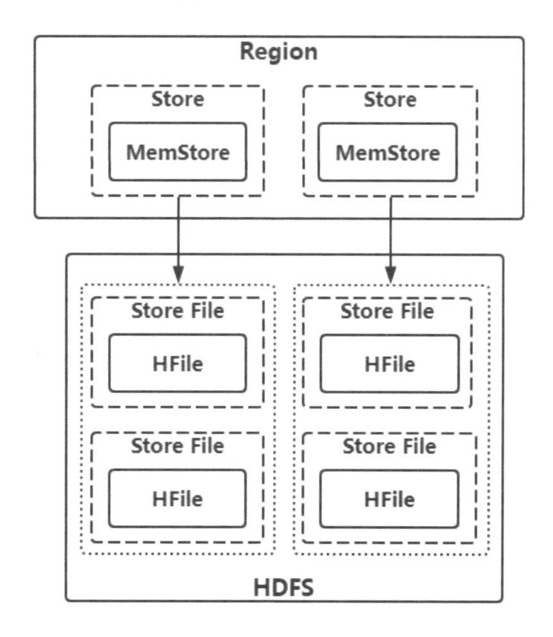

图 13-9

HBase 制定了一系列的内存刷新策略，用于确定何时将 MemStore 中的数据写入 Store File 中。这些策略包括：Region Server 级别的刷新策略、Region 级别的刷新策略、按照时间决定的刷新策略和依据 WAL 文件数量的刷新策略。下面分别介绍。

13.5.1　Region Server 级别的刷新策略

可以通过参数 hbase.regionserver.global.memstore.size 配置 Region Server 级别的刷新策略。在默认情况下，当一个 Region Server 中的所有的 MemStore 之和达到 Java 堆内存的 40%时，会阻塞客户端的写操作。此时，Region Server 会将所有 MemStore 中的数据刷新到 Store File 中。

只有当所有 RegionServer 中的所有 MemStore 大小之和小于另一个属性 hbase.regionserver.global.memstore.size.lower.limit 时，才会取消对客户端的阻塞。

下面是关于参数 hbase.regionserver.global.memstore.size 的说明。

```
<property>
<name>hbase.regionserver.global.memstore.size</name>
<value></value>
<description>
Maximum size of all memstores in a region server before new updates are blocked
and flushes are forced.
Defaults to 40% of heap(0.4).
Updates are blocked and flushes are forced until size of all memstores in
a region server hits
 hbase.regionserver.global.memstore.size.lower.limit.
The default value in this configuration has been intentionally left emtpy
in order to honor the old hbase.regionserver.global.memstore.upperlimit property
if present
</description>
</property>
```

Region Server 级别的刷新策略会刷新整个 Region Server 上所有 MemStore 中的数据。但在实际情况下，可能在某些 MemStore 中并没有多少数据要刷新，因此会造成资源的浪费。

13.5.2 Region 级别的刷新策略

为了解决 Region Server 级别刷新策略存在的问题，HBase 也支持 Region 级别的刷新策略，通过参数 hbase.hregion.memstore.flush.size 决定单个 Region 何时开始将 MemStore 中的数据写入 Store File 中，即当单个 Region 中的 MemStore 超过默认值 128MB 时开始写入。

下面是该参数的详细说明。

```
<property>
<name>hbase.hregion.memstore.flush.size</name>
<value>134217728</value>
<description>
Memstore will be flushed to disk if size of the memstore
exceeds this number of bytes. value is checked by a thread
that runs every hbase.server.thread.wakefrequency.
</description>
</property>
```

当 HBase 执行 Region 级别的刷新策略时，会阻塞客户端的写入操作。与 Region 级别的刷新策略相关的一个参数是 hbase.hregion.memstore.block.multiplier。下面展示该参数的相关信息。

```
<property>
<name>hbase.hregion.memstore.block.multiplier</name>
<value>4</value>
<description>
Block updates if memstore has
hbase.hregion.memstore.block.multiplier times
hbase.hregion.memstore.flush.size bytes.
<description>
</property>
```

从参数 hbase.hregion.memstore.block.multiplier 的描述信息中可以看出，当 Region 中所有的 MemStore 的数据量超过 hbase.hregion.memstore.block.multiplier 与 hbase.hregion.memstore.flush.size bytes 的乘积时，HBase 会阻塞客户端的写操作。

13.5.3 按照时间决定的刷新策略

HBase 内存刷新的时机，不仅可以由数据量决定，也可以由时间来触发。因为有时数据量并不大，可能很长时间都达不到刷新的要求，这时就可以利用时间来触发刷新。按照时间决定的刷新策略由参数 hbase.regionserver.optionalcacheflushinterval 决定。

下面展示该参数的相关信息。

```
<property>
<name>hbase.regionserver.optionalcacheflushinterval</name>
<value>3600000</value>
<description>
Maximum amount of time an edit lives in memory before
being automatically flushed.
Default 1 hour. set it to 0 to disable automatic flushing.
</description>
</property>
```

在默认情况下，HBase 每隔 1 个小时执行一次内存刷新。当该参数值为 0 时，禁用 HBase 基于时间的内存自动刷新。

13.5.4 依据 WAL 文件数量的刷新策略

HBase 使用预写日志 WAL 来保证数据写入的安全。如果 WAL 对应的 HLog 文件数量越来越多，则 MemStore 中未持久化到 HFile 中的数据也越来越多。当 Region Server 宕机时，恢复时间将会变长。因此，HBase 也支持依据 WAL 文件数量的刷新策略。这种策略方式是由参数 hbase.regionserver.max.logs 决定的，其默认值是 32MB。

13.6 了解 HBase 的 Rowkey

HBase 通过 Rowkey 可以唯一确定表中的一条记录。在 HBase 中，快速定位数据是依靠布隆过滤器来实现的，然而布隆过滤器是通过 Rowkey 来判断数据是否存在的。因此，Rowkey 设计的好与坏也直接决定了查询速度。

布隆过滤器的内容将在 14.7 节中介绍。

13.6.1 Rowkey 的设计原则

可以通过 3 种方式访问 HBase 表中的记录：

- 通过 get 方式使用单个 Rowkey，访问表中的一条记录。
- 通过 scan 方式使用 Rowkey 的范围扫描，访问表中的多条记录。
- 通过全表扫描，访问整张表中的所有记录。

不管哪种方式都需要使用到 Rowkey，因此，Rowkey 的设计直接关乎 Region 的划分和存储。

具体来说，在设计 Rowkey 的过程中应当遵循以下基本原则。

1. 长度原则

Rowkey 是一个二进制格式的数据流，最大长度是 64KB。在实际应用中，建议将 Rowkey 设计成定长的字节数组，并且越短越好。因为，Rowkey 在 HFile 中也是作为 Key-Value 结构的一部分进行存储的，Rowkey 太长会极大地影响 HFile 的存储效率。

另一方面，由于在 HBase 中存在读缓存和写缓存，所以如果 Rowkey 字段过长，则会造成内存的有效利用率降低，而使得系统不能缓存更多的数据，这样会降低检索数据的效率。

最后，部署 HBase 的服务器一般都是 64 位的操作系统。因此，为了提高寻址效率，可以把存储 Rowkey 的字节数组长度设计成 8 或者 8 的整数倍。

2. 散列原则

当向表中插入数据时，HBase 会根据 Rowkey 进行哈希运算，然后将数据尽量均匀地分布到各个 Region Server 上，从而实现数据的分布式存储。因此在设计 Rowkey 时，尽量将分散效果好的字段放在 Rowkey 的前面，而将分散效果不好的字段放在 Rowkey 的后面，这样即可提高数据在 Region Server 上分布式存储的均衡效果。

3. 唯一原则

由于 Rowkey 相当于关系型数据库的主键，因此在设计 Rowkey 时必须考虑其唯一性，以方便使用 Rowkey 唯一标识一行记录。

4. 排序原则

Rowkey 是按照字典顺序存储的，因此在设计 Rowkey 时，要充分利用这个排序的特点把经常被读取的数据存储到一起，这样 HBase 就会将这些经常被读取的数据存储到一个 Region 中。

13.6.2 HBase 表的热点

在 HBase 中查询数据时，需要通过 Rowkey 来定位数据行。当大量的客户端应用程序访问 HBase 集群中的一个或少数几个 Region Server 时，会造成个别节点的读写请求过多（负载过大）的情况。如果情况严重，则会影响整个 HBase 集群的性能。这种现象就是热点。因此在 HBase 集群的运行过程中，应当尽量避免 HBase 集群产生热点，常用的方法有以下几种。

1. 预分区

预分区的目的是：让表的数据均衡地分布在 HBase 集群中，而不是只分布在某个 Region Server 的 Region 上。

2. 加盐

由于 HBase 会根据 Rowkey 的哈希运算结果来决定数据的分布式存储，因此，可以在 Rowkey 的前面增加一些随机数，以使得它和之前的 Rowkey 的开头部分不同，从而实现更好的数据分布效果。

3. 哈希

先将完整的 Rowkey 或者部分的 Rowkey 进行哈希运算，然后用哈希运算的结果替换原 Rowkey 中的全部或者部分，以实现更好的分布式效果。但是，这种方式不利于数据的扫描读取。

4. 反转

如果当前 Rowkey 的尾部数据呈现良好的随机性，则可以考虑将 Rowkey 的信息反转，从而达到更好的分布式存储效果。例如，在使用手机号作为 Rowkey 时，可以将其反转后作为 Rowkey，用反转后的手机号比用正常顺序的手机号作为 Rowkey 能够得到更好的数据分布式存储效果。

第 14 章 HBase 的高级特性

HBase 作为 NoSQL 数据库的一员，除提供了最基本的数据存取功能外，还提供了很多其他功能，包括使用多版本保存数据、快照、批量加载数据、备份/恢复数据。另外，HBase 也支持用户权限管理和主从复制功能。

14.1 【实战】使用多版本保存数据

HBase 支持多版本的数据管理。在 0.96 版本之前，HBase 表的单元格默认可以保存 3 个值，即 3 个版本。而在 HBase 0.96 版本之后，只能保存 1 个版本。

如果一个单元格中存在多个版本的数据，如何区分它们呢?

在 HBase 底层存储数据时采用了时间戳排序，因此对插入的每条数据都会附上对应的时间戳，这样即可达到区分的目的。如果在查询数据时不指定时间戳，则默认查询的是最新版本的数据。

下面演示 HBase 的多版本特性。

（1）创建 multiversion_table 表，并查看表结构。

```
> create 'multiversion_table','info','grade'
> describe 'multiversion_table'
```

输出的信息如下：

```
Table multiversion_table is ENABLED
multiversion_table
COLUMN FAMILIES DESCRIPTION
```

```
{NAME => 'grade', VERSIONS => '1',...}
{NAME => 'info', VERSIONS => '1', ...}

2 row(s)
```

从这里的表结构中可以看出 VERSIONS 值为 1，即默认情况只会保存一个版本的数据。后面插入的数据会覆盖前面的数据。

（2）修改表结构，让 HBase 表支持存储 3 个版本的数据。

```
> alter 'multiversion_table',{NAME=>'grade','VERSIONS'=>3}
```

（3）在 grade 列族中插入 3 条数据。

```
> put 'multiversion_table','s01','grade:math','59'
> put 'multiversion_table','s01','grade:math','60'
> put 'multiversion_table','s01','grade:math','85'
```

这里插入的 3 条数据使用了相同的行键 Rowkey，因此它们其实是同一条数据。

（4）使用 get 命令查询表中的数据。

```
> get 'multiversion_table','s01','grade:math'
```

输出的信息如下：

```
COLUMN                        CELL
 grade:math                    timestamp=1649513094381, value=85
1 row(s)
```

当表中的数据存在多个版本时，默认返回最新版本的数据。

（5）获取所有的版本数据。

```
> get 'multiversion_table','s01',{COLUMN=>'grade:math',VERSIONS=>3}
```

输出的信息如下：

```
COLUMN                        CELL
 grade:math                    timestamp=1649513094381, value=85
 grade:math                    timestamp=1649513088712, value=60
```

```
 grade:math                    timestamp=1649513082237, value=59
1 row(s)
```

（6）往表中插入第 4 条数据。

```
> put 'multiversion_table','s01','grade:math','100'
```

（7）重新获取所有的版本数据。

```
> get 'multiversion_table','s01',{COLUMN=>'grade:math',VERSIONS=>3}
```

输出的信息如下：

```
COLUMN                         CELL
 grade:math                    timestamp=1649513283847, value=100
 grade:math                    timestamp=1649513094381, value=85
 grade:math                    timestamp=1649513088712, value=60
1 row(s)
```

从第（7）步的输出结果可以看出，由于表 multiversion_table 的 grade 列族的版本数被设置为 3 了，所以，在插入第 4 条数据时第 1 条数据会被删除。

14.2 【实战】使用 HBase 的快照

HBase 从 0.94 版本开始提供快照功能，并且从 0.95 版本开始默认开启快照功能。与 HDFS 的快照类似，HBase 的快照也是一种数据备份的方式。如果表的数据发生了损坏，则可以使用快照进行恢复。

HBase 的快照是进行数据迁移的最佳方式，因为，如果直接对原表进行复制操作，则会对 Region Server 有直接的影响。而 HBase 的快照允许管理员不复制数据直接复制一张表，这对服务器产生的影响最小。将快照导出至其他集群不会直接影响任何服务器，因为导出只是带有一些额外逻辑的集群间数据同步。例如，以下语句将通过快照将表中的数据迁移到新的 HBase 集群中。

```
hbase snapshot export --snapshot <SNAPSHOT NAME> \
 --copy-to hdfs://bigdata112:9000/newhbase
```

下面演示如何在 hbase shell 使用 HBase 的快照。

（1）创建 testsnapshot_table 表，并往表中插入数据。

```
> create 'testsnapshot_table','info'
> put 'testsnapshot_table','u001','info:name','Tom'
> put 'testsnapshot_table','u002','info:name','Mary'
> put 'testsnapshot_table','u003','info:name','Mike'
```

（2）为 testsnapshot_table 表生成第 1 个快照。

```
> snapshot 'testsnapshot_table','testsnapshot_table_01'
```

（3）在 testsnapshot_table 表中再次插入数据。

```
> put 'testsnapshot_table','u004','info:name','Jone'
```

（4）为 testsnapshot_table 表生成第 2 个快照。

```
> snapshot 'testsnapshot_table','testsnapshot_table_02'
```

（5）查看所有的快照列表信息。

```
> list_snapshots
```

输出的信息如下：

```
SNAPSHOT                    TABLE + CREATION TIME
 testsnapshot_table_01   testsnapshot_table (2022-04-09 22:18:11 +0800)
 testsnapshot_table_02   testsnapshot_table (2022-04-09 22:18:21 +0800)
2 row(s)
Took 0.0673 seconds
=> ["testsnapshot_table_01", "testsnapshot_table_02"]
```

（6）复制快照。

```
> clone_snapshot 'testsnapshot_table_01','testsnapshot_table_new01'
> clone_snapshot 'testsnapshot_table_02','testsnapshot_table_new02'
```

复制快照是指，使用与指定快照相同的结构数据构建一张新表，修改新表不会影响原表。

（7）查询 testsnapshot_table_new01 表中的数据。

```
> scan 'testsnapshot_table_new01'
```

输出的信息如下：

```
ROW         COLUMN+CELL
 u001       column=info:name, timestamp=1649513876011, value=Tom
 u002       column=info:name, timestamp=1649513880522, value=Mary
 u003       column=info:name, timestamp=1649513885067, value=Mike
3 row(s)
Took 0.0430 seconds
```

查询 testsnapshot_table_new02 表中的数据。

```
> scan 'testsnapshot_table_new02'
```

输出的信息如下：

```
ROW          COLUMN+CELL
 u001        column=info:name, timestamp=1649513876011, value=Tom
 u002        column=info:name, timestamp=1649513880522, value=Mary
 u003        column=info:name, timestamp=1649513885067, value=Mike
 u004        column=info:name, timestamp=1649513897343, value=Jone
4 row(s)
```

（8）查看 testsnapshot_table 表中的数据。

```
> scan 'testsnapshot_table'
```

输出的信息如下：

```
ROW          COLUMN+CELL
 u001        column=info:name, timestamp=1649513876011, value=Tom
 u002        column=info:name, timestamp=1649513880522, value=Mary
 u003        column=info:name, timestamp=1649513885067, value=Mike
 u004        column=info:name, timestamp=1649513897343, value=Jone
4 row(s)
```

（9）删除 testsnapshot_table 表中的一条数据，以模拟误操作。

```
> delete 'testsnapshot_table','u002','info:name'
```

（10）使用快照恢复数据。

```
> disable 'testsnapshot_table'
> restore_snapshot 'testsnapshot_table_02'
> enable 'testsnapshot_table'
```

（11）检查 testsnapshot_table 表中的数据是否恢复了。

14.3 【实战】使用 Bulk Loading 方式导入数据

HBase 底层的数据文件是 HFile。采用 Bulk Loading 方式可以直接生成 HFile，然后再将其加载到 HBase 的表中。整个加载过程执行的其实是一个 MapReduce 任务。这个过程比直接采用 HBase Put API 批量加载要高效得多，并且不会过度消耗集群数据传输的带宽。另外，通过 Bulk Loading 方式也能够更加高效、稳定地加载海量数据。

使用 Bulk Loading 分为两个步骤：

（1）使用 HBase 自带的 importtsv 工具，将数据生成为 HBase 底层能够识别的 Store File 文件格式。

（2）通过 completebulkload 工具将生成的文件热加载到 HBase 表中。

下面演示 Bulk Loading 的使用方法。这里使用以下 emp.csv 文件来创建员工表。

```
7369,SMITH,CLERK,7902,1980/12/17,800,0,20
7499,ALLEN,SALESMAN,7698,1981/2/20,1600,300,30
7521,WARD,SALESMAN,7698,1981/2/22,1250,500,30
7566,JONES,MANAGER,7839,1981/4/2,2975,0,20
7654,MARTIN,SALESMAN,7698,1981/9/28,1250,1400,30
7698,BLAKE,MANAGER,7839,1981/5/1,2850,0,30
7782,CLARK,MANAGER,7839,1981/6/9,2450,0,10
7788,SCOTT,ANALYST,7566,1987/4/19,3000,0,20
7839,KING,PRESIDENT,-1,1981/11/17,5000,0,10
7844,TURNER,SALESMAN,7698,1981/9/8,1500,0,30
7876,ADAMS,CLERK,7788,1987/5/23,1100,0,20
7900,JAMES,CLERK,7698,1981/12/3,950,0,30
7902,FORD,ANALYST,7566,1981/12/3,3000,0,20
7934,MILLER,CLERK,7782,1982/1/23,1300,0,10
```

（1）使用 hbase shell 创建 empbulk 表。

```
> create 'empbulk','info','money'
```

（2）将数据文件 emp.csv 放到 HDFS 中。

```
hdfs dfs -mkdir /scott
hdfs dfs -put emp.csv /scott
```

（3）使用 HBase 提供的 importtsv 命令生成 HFile。

```
hbase org.apache.hadoop.hbase.mapreduce.ImportTsv \
-Dimporttsv.columns=HBASE_ROW_KEY,info:ename,info:job,info:mgr,info:hire
date,money:sal,money:comm,info:deptno \
-Dimporttsv.separator="," \
-Dimporttsv.bulk.output=hdfs://bigdata111:9000/bulkload/empoutput \
empbulk \
hdfs://bigdata111:9000/scott/emp.csv
```

-Dimporttsv.columns 表示 CSV 文件中每一行的第 1 个元素作为 Rowkey，第 2 个元素作为 ename，以此类推。

（4）使用 bulkload 命令完成 HFile 数据的装载。

```
hbase org.apache.hadoop.hbase.mapreduce.LoadIncrementalHFiles \
hdfs://bigdata111:9000/bulkload/empoutput \
empbulk
```

（5）在 hbase shell 中执行查询命令验证导入的数据，如图 14-1 所示。

```
> scan 'empbulk'
```

```
hbase(main):002:0> scan 'emp_bulk'
ROW                          COLUMN+CELL
 7369                        column=info:deptno, timestamp=1621197826165, value=20
 7369                        column=info:ename, timestamp=1621197826165, value=SMIT
 7369                        column=info:hiredate, timestamp=1621197826165, value=1
 7369                        column=info:job, timestamp=1621197826165, value=CLERK
 7369                        column=info:mgr, timestamp=1621197826165, value=7902
 7369                        column=money:comm, timestamp=1621197826165, value=0
 7369                        column=money:sal, timestamp=1621197826165, value=800
 7499                        column=info:deptno, timestamp=1621197826165, value=30
 7499                        column=info:ename, timestamp=1621197826165, value=ALLE
 7499                        column=info:hiredate, timestamp=1621197826165, value=1
```

图 14-1

14.4 HBase 的访问控制

访问控制一直是数据库系统中不可缺少的一个部分，因为不同用户对数据库功能的需求是不同的。HBase 的访问控制是通过用户和权限来实现的。

14.4.1 了解 HBase 的用户权限管理

HBase 可以针对不同的用户授予不同的权限。以下说明摘自 HBase 官网。

```
After hbase-2.x, the default 'hbase.security.authorization' changed. Before hbase-2.x, it defaulted to true, in later HBase versions, the default became false. So to enable hbase authorization, the following propertie must be configured in hbase-site.xml.
```

可以看到，要启用 HBase 的用户权限管理功能，需要在 hbase-site.xml 文件中将 hbase.security.authorization 参数设置为 true。

HBase 的用户权限管理是通过 AccessController Coprocessor 协处理器框架来实现的，可实现对用户的 RWXCA 权限控制。RWXCA 的权限管理包括以下 5 种权限。

- Read(R)：允许对某个 scope 有读权限。
- Write(W)：允许对某个 scope 有写权限。
- Execute(X)：允许对某个 scope 有执行权限。
- Create(C)：允许对某个 scope 有建表、删表权限。
- Admin(A)：允许对某个 scope 做管理操作。

这里的 scope 表示授权的作用范围，包含以下几种。

- Superuser：超级用户，该用户拥有所有的权限。
- Global：全局权限，针对所有的 HBase 表都有权限。
- NameSpace：针对特定命名空间中的所有表都有权限。
- Table："表"级别权限。
- ColumnFamily："列族"级别权限。
- Cell："单元格"级别权限。

14.4.2 【实战】HBase 的用户权限管理

下面演示如何在 HBase 中进行用户权限管理。

（1）修改 HBase 的配置文件 hbase-site.xml，添加以下内容以启用 HBase 的用户权限管理功能。

```
<property>
 <name>hbase.security.authorization</name>
 <value>true</value>
</property>

<property>
 <name>hbase.coprocessor.master.classes</name>
 <value>org.apache.hadoop.hbase.security.access.AccessController</value>
</property>

<property>
 <name>hbase.coprocessor.region.classes</name>
 <value>org.apache.hadoop.hbase.security.token.TokenProvider,org.apache.h
adoop.hbase.security.access.AccessController</value>
</property>

<!--设置管理员账号-->
<property>
 <name>hbase.superuser</name>
 <value>root,hbase,hadoop</value>
</property>
```

（2）使用 hbase shell 查看命名空间。

```
> list_namespace
```

输出的信息如下，可以看到有两个命名空间。

```
NAMESPACE
default
hbase
```

```
2 row(s)
Took 0.0300 seconds
```

（3）查看在 default 命名空间中创建的表。

```
> list
```

输出的信息如下：

```
TABLE
emp
emp_bulk
2 row(s)
Took 0.0185 seconds
=> ["emp", "emp_bulk"]
```

（4）创建 user01 用户，给其授予 default 命名空间的 RWXCA 权限。

```
> grant 'user01','RWXCA','@default'
```

（5）创建 user02 用户，给其授予表 emp 的 RW 权限。

```
> grant 'user02','RW','emp'
```

（6）创建 user03 用户，给其授予表 emp 的 R 权限。

```
> grant 'user03','R','emp'
```

HBase 本身并不提供用户管理功能，这里创建的 user01、user02 和 user03 用户都是操作系统的用户。

（7）在进行测试之前，先检查 default 命名空间和 emp 表的权限，如图 14-2 所示。

```
> user_permission '@default'
> user_permission 'emp'
```

```
hbase(main):001:0>
hbase(main):001:0> user_permission '@default'
User                        Namespace,Table,Family,Qualifier:Permission
 user01                     default,,,: [Permission: actions=READ,WRITE,EXEC,CREATE,ADMIN]
1 row(s)
Took 0.8773 seconds
hbase(main):002:0> user_permission 'emp'
User                        Namespace,Table,Family,Qualifier:Permission
 user03                     default,emp,,: [Permission: actions=READ]
 user02                     default,emp,,: [Permission: actions=READ,WRITE]
 root                       default,emp,,: [Permission: actions=READ,WRITE,EXEC,CREATE,ADMIN]
3 row(s)
Took 0.1300 seconds
hbase(main):003:0>
```

图 14-2

> 从图 14-2 可以看出，user01 用户对 default 命名空间拥有读、写、执行、建表和管理的权限；user02 用户对 emp 表拥有读和写的权限；而 user03 用户对 emp 表只有读的权限。

（8）HBase 本身并不提供用户管理功能，需要使用操作系统的用户。下面使用操作系统的用户进行测试。在操作系统中添加 user03 用户，并使用 user03 用户登录 hbase shell。

```
useradd user03
chown -R user03 /root
sudo -u user03 /root/training/hbase-2.2.0/bin/hbase shell
```

（9）向 emp 表中插入数据。

```
> put 'emp','e001','empinfo:name','Tom'
```

输出如图 14-3 所示的错误信息。

```
hbase(main):003:0> put 'emp','e001','empinfo:name','Tom'

ERROR: org.apache.hadoop.hbase.security.AccessDeniedException: I
nsufficient permissions (user=user03, scope=default:emp, family=
empinfo:name, params=[table=default:emp,family=empinfo:name],act
ion=WRITE)

For usage try 'help "put"'

Took 0.0161 seconds
hbase(main):004:0>
```

图 14-3

（10）测试完成后需要恢复 root 的权限，命令如下：

```
chown -R root /root
```

14.5　备份 HBase 的数据

由于 HBase 的数据集可能非常巨大，因此备份 HBase 的难点就是备份方案必须有很高的执行效率。HBase 提供的备份方案不仅能够对数百 TB 的存储容量进行备份，而且能够在一个合理的时间内完成数据恢复。

HBase 提供的数据备份方案包含以下几种：Snapshots、Replication、Export/Import、CopyTable、HTable API 和 Offline Backup of HDFS data。这里重点介绍 Export/Import 和 CopyTable。

14.5.1 【实战】使用 Export/Import 备份数据

HBase 的 Export/Import 命令是一个内置的实用工具，利用它可以很容易地将数据从 HBase 表导至 HDFS 目录下，整个过程本质是一个 MapReduce 任务。该工具对集群来说是性能密集的，因为它使用了 MapReduce 和 HBase 客户端 API。该工具功能丰富：支持制定版本和日期范围，支持数据筛选，从而使增量备份可用。

Import 命令导出数据的格式如下：

```
hbase org.apache.hadoop.hbase.mapreduce.Export <table> <HDFS outputdir>
```

Export 命令导入数据的格式如下：

```
hbase org.apache.hadoop.hbase.mapreduce.Import <table> <inputdir>
```

下面使用 14.3 节中创建的 empbulk 表进行演示。

（1）查看 empbulk 表中的数据。

```
> scan empbulk
```

输出的信息如下：

```
ROW    COLUMN+CELL
 7369  column=info:deptno, timestamp=1649559894497, value=20
 7369  column=info:ename, timestamp=1649559894497, value=SMITH
 7369  column=info:hiredate, timestamp=1649559894497, value=1980/12/17
 7369  column=info:job, timestamp=1649559894497, value=CLERK
 7369  column=info:mgr, timestamp=1649559894497, value=7902
 7369  column=money:comm, timestamp=1649559894497, value=0
 7369  column=money:sal, timestamp=1649559894497, value=800
 7499  column=info:deptno, timestamp=1649559894497, value=30
...
```

（2）使用 Export 命令导出 empbulk 表中的数据。

```
hbase org.apache.hadoop.hbase.mapreduce.Export \
empbulk hdfs://localhost:9000/hbase_export/empbulk
```

（3）查看 HDFS 的“/hbase_export/empbulk”目录。

```
hdfs dfs -ls /hbase_export/empbulk
```

输出的信息如下：

```
Found 2 items
-rw-r--r-- ...    0 ... /hbase_export/empbulk/_SUCCESS
-rw-r--r-- ... 3991 ... /hbase_export/empbulk/part-m-00000
```

在 HDFS 的“/hbase_export/empbulk/part-m-00000”文件中包含导出的数据，这是一个二进制文件，无法使用文本编辑器进行查看。

（4）清空 empbulk 表中的数据。

```
> truncate 'empbulk'
```

（5）使用 Import 命令重新导入 empbulk 表中的数据。

```
hbase org.apache.hadoop.hbase.mapreduce.Import \
empbulk hdfs://localhost:9000/hbase_export/empbulk
```

（6）验证导入数据的结果。

```
> scan empbulk
```

输出的信息如下：

```
ROW    COLUMN+CELL
 7369  column=info:deptno, timestamp=1649559894497, value=20
 7369  column=info:ename, timestamp=1649559894497, value=SMITH
 7369  column=info:hiredate, timestamp=1649559894497, value=1980/12/17
 7369  column=info:job, timestamp=1649559894497, value=CLERK
 7369  column=info:mgr, timestamp=1649559894497, value=7902
 7369  column=money:comm, timestamp=1649559894497, value=0
 7369  column=money:sal, timestamp=1649559894497, value=800
 7499  column=info:deptno, timestamp=1649559894497, value=30
...
```

（7）访问 Yarn 的 Web 控制台，可以观察到 Export/Import 命令后台执行的 MapReduce 任务信息，如图 14-4 所示。

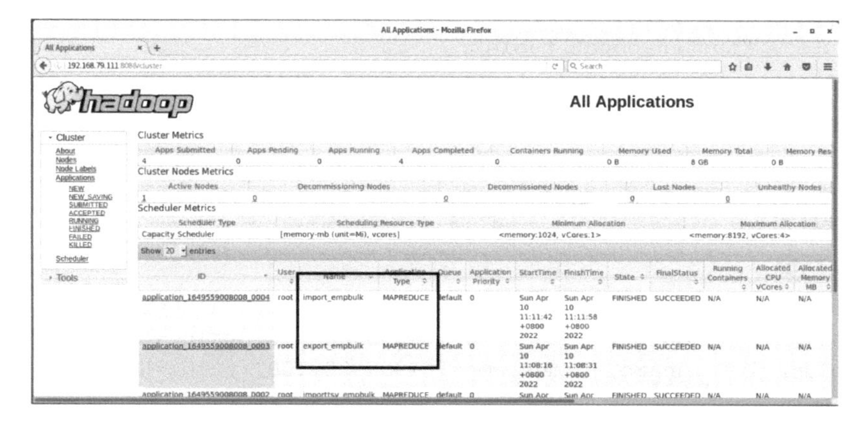

图 14-4

14.5.2 【实战】使用 CopyTable 备份数据

CopyTable 是 HBase 提供的一个很有用的备份工具，主要可以用于集群内部表备份、远程集群备份、表数据增量备份、部分结构数据备份等。

和 Export/Import 工具类似，CopyTable 也是通过一个 MapReduce 任务从源表读取数据，并将其输出到 HBase 的另一张表中（这张表可以在本地集群中，也可以在远程集群中）。

CopyTable 命令的格式如下：

```
hbase org.apache.hadoop.hbase.mapreduce.CopyTable \
    [general options] [--starttime=X] [--endtime=Y] \
    [--new.name=NEW] [--peer.adr=ADR] \
    <tablename | snapshotName>
```

下面演示如何使用 CopyTable。

（1）查看当前 HBase 中的表信息。

```
> list
```

输出的信息如下：

```
TABLE
dept
emp
multiversion_table
students
testsnapshot_table
testsnapshot_table_new01
testsnapshot_table_new02
8 row(s)
Took 0.0356 seconds
=> ["dept", "emp", "multiversion_table",
"students", "testsnapshot_table",
"testsnapshot_table_new01", "testsnapshot_table_new02"]
```

（2）查看 dept 表中的数据。

```
> scan 'dept'
```

输出的信息如下：

```
ROW  COLUMN+CELL
 10  column=info:dname, timestamp=1649559279468, value=SALES
 20  column=info:dname, timestamp=1649559283250, value=Development
 30  column=info:dname, timestamp=1649559287180, value=HR
3 row(s)
```

（3）在 hbase shell 中创建一张新的表。

```
> create 'newdept','info'
```

（4）使用 CopyTable 复制 dept 表的数据，复制完成后验证表 newdept 中的数据。

```
hbase org.apache.hadoop.hbase.mapreduce.CopyTable \
--new.name=newdept dept
```

（5）使用 CopyTable 完成集群间表复制，例如，将 dept 表复制到远端的 HBase 集群中。

```
hbase org.apache.hadoop.hbase.mapreduce.CopyTable \
--new.name=remotedept\
--peer.adr=远端 ZooKeeper 地址:2181:/hbase dept
```

（6）使用 CopyTable 完成增量复制，例如，通过 starttime 和 endtime 指定要备份的时间范围。

```
hbase org.apache.hadoop.hbase.mapreduce.CopyTable \
--starttime=<起始时间戳> --endtime=<结束时间戳> \
--new.name=deptnew dept
```

14.6　HBase 的计数器

当多个客户端同时访问 HBase 时，使用 HBase 提供的计数器可以防止资源竞争的问题。HBase API 提供了专门方法以读取并修改计数器的值，并保证一次客户端操作的原子性。

计数器可以方便、快速地进行计数操作，适用于单击统计这类需要每次都保证线程安全的场景。

HBase 中的计数器分为两类。

- 单计数器：操作时只能操作一个计数器（即表中的一列）。操作时，需要指定列族和列名，以及要增加的值。
- 多计数器：操作时一次可以操作多个计数器，但是它们必须属于同一条记录。

14.6.1　【实战】在 hbase shell 中使用计数器

计数器不用进行初始化，它在第一次使用时会被自动设置为 0。通过 hbase shell 提供的以下命令，可以直接操作计数器。

- incr：增加计数器的值。增加的值可以是正数或者负数，正数代表加，负数代表减。默认步长是 1，也可以为 0（表示不增加）。

- get：以非格式化形式获取计数器的值。
- get_counters：以格式化形式获取计数器的值

下面演示如何在 hbase shell 中使用 HBase 的单计数器。

（1）创建一个计数器。

```
> create 'counters','hits'
```

从表现形式上看，计数器的本质是表。这里创建的计数器用于保存网页的点击数。

（2）单击网页 oracle.html，并使用计数器计一次数。

```
> incr 'counters','20220410','hits:oracle.html',1
```

输出的信息如下：

```
COUNTER VALUE = 1
```

（3）再次单击网页 oracle.html，并使用计数器计一次数。

```
> incr 'counters','20220410','hits:oracle.html',1
```

输出的信息如下：

```
COUNTER VALUE = 2
```

（4）单击网页 hbase.html，并使用计数器计一次数。

```
> incr 'counters','20220410','hits:hbase.html',1
```

输出的信息如下：

```
COUNTER VALUE = 1
```

（5）获取网页 oracle.html 的单击数。

```
> get_counter 'counters','20220410','hits:oracle.html'
```

输出的信息如下：

```
COUNTER VALUE = 2
```

14.6.2 【实战】在 Java API 中使用单计数器

HBase 单计数器的 Java API 主要通过 Table.incrementColumnValue()方法来使用，下面演示如何使用它。

（1）开发 Java 程序调用 HBase 单计数器，对 oracle.html 和 hase.html 网页进行单击操作。

```
@Test
public void testSingleCounter() throws Exception {
 //配置 ZooKeeper 的地址
 Configuration conf = new Configuration();
 conf.set("hbase.zookeeper.quorum", "localhost");

 //创建一个链接
 Connection conn = ConnectionFactory.createConnection(conf);

 //获取计数器表
 Table table = conn.getTable(TableName.valueOf("counters"));

 long counter1 = table.incrementColumnValue(
Bytes.toBytes("20220410"),
Bytes.toBytes("hits"),
Bytes.toBytes("oracle.html"),
1L);

 long counter2 = table.incrementColumnValue(
Bytes.toBytes("20220410"),
Bytes.toBytes("hits"),
Bytes.toBytes("hbase.html"),
1L);

 table.close();
 conn.close();
 System.out.println("oracle.html 计数器为：" + counter1);
 System.out.println("hbase.html 计数器为：" + counter2);
}
```

（2）执行程序输出的结果如下：

```
oracle.html 计数器为：4
hbase.html 计数器为：3
```

14.6.3 【实战】在 Java API 中使用多计数器

HBase 多计数器的 Java API 主要通过 Table.increment()方法来使用。该方法需要构建 Increment 实例，并且指定行键。下面演示如何使用它。

（1）开发 Java 程序调用 HBase 多计数器，对 oracle.html 和 hase.html 网页进行单击操作。

```
@Test
public void testMultiCounter() throws Exception {
 //配置 ZooKeeper 的地址
```

```
    Configuration conf = new Configuration();
    conf.set("hbase.zookeeper.quorum", "localhost");

    //创建一个链接
    Connection conn = ConnectionFactory.createConnection(conf);

    //获取计数器表
    Table table = conn.getTable(TableName.valueOf("counters"));

    Increment myincr = new Increment(Bytes.toBytes("20220410"));
    myincr.addColumn(Bytes.toBytes("hits"),
   Bytes.toBytes("oracle.html"), 1);
    myincr.addColumn(Bytes.toBytes("hits"),
   Bytes.toBytes("hbase.html"), 1);

    Result result = table.increment(myincr);
    for (Cell cell : result.rawCells()) {
        System.out.println("Cell: " + cell + " Value: "
                           + Bytes.toLong(cell.getValueArray(),
                                          cell.getValueOffset(),
                                          cell.getValueLength()));
    }

    table.close();
    conn.close();
}
```

（2）执行程序输出的结果如下：

```
Cell:
20220410/hits:hbase.html/1649564679393/Put/vlen=8/seqid=0
Value: 9
Cell:
20220410/hits:oracle.html/1649564679393/Put/vlen=8/seqid=0
Value: 10
```

14.7 布隆过滤器

HBase 利用 Bloom Filter（布隆过滤器）来提高随机读的性能，即提高 get 操作的性能。

布隆过滤器是一个“列族”级别的属性，通过参数 BLOOMFILTER 来设置，其默认值为 ROW。在插入数据时，HBase 会在生成数据文件时包含一份布隆过滤器结构的数据信息。

布隆过滤器可以提高随机读的性能，但会浪费一定的存储空间和产生额外的内存开销。

14.7.1　布隆过滤器的工作原理

布隆过滤器的本质是，通过 Hash 运算来判断随机读取的数据是否存在。布隆过滤器是一种空间利用率很高的随机数据结构，或者说它是一个 *n* 位数组结构，该数组中每一个元素的初始值都是 0。当插入数据时，布隆过滤器会使用 *k* 个哈希函数将新插入的数据映射到该数组中的某一位上。如果这 *k* 个哈希函数映射到数组中的值都为 1，则认为该元素是存在的。

要使用布隆过滤器判断数据是否存在，首先需要得到布隆过滤器串。生成布隆过滤器串的过程如图 14-5 所示。

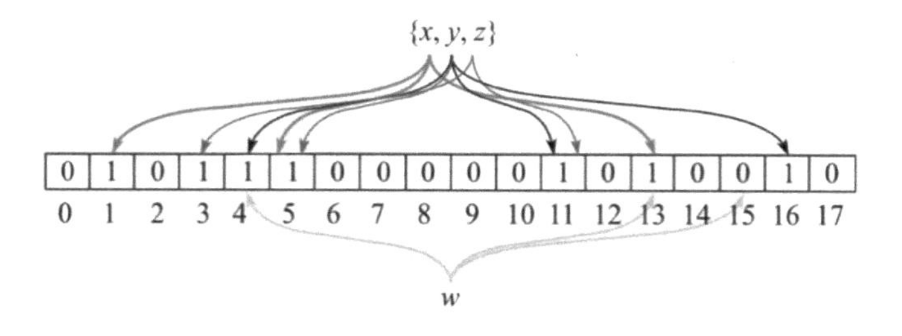

图 14-5

假设，数组一共有 18 位，在初始状态下每一位都是 0。

（1）当插入数据 x 时，对 x 进行多次哈希运算。例如：

```
HASH_0(x)%N=1, HASH_1(x)%N=5, HASH_2(x)%N=13
```

这里对 x 进行了 3 次哈希运算，得到的结果分别是 1、5、13。因此，将数组的对应元素都设置为 1。此时输出的布隆过滤器字符串为 010001000000010000。

（2）当插入数据 y 时，对 y 进行多次哈希运算。例如：

```
HASH_0(y)%N=4, HASH_1(y)%N=11, HASH_2(y)%N=16
```

这里对 y 进行了 3 次哈希运算，得到的结果分别是 4、11、16。因此，将数组的对应元素都设置为 1。此时输出的布隆过滤器字符串为 010011000001010010。

（3）当插入数据 z 时，对 z 进行多次哈希运算。例如：

```
HASH_0(z)%N=3, HASH_1(y)%N=5, HASH_2(y)%N=11
```

这里对 z 进行了 3 次哈希运算，得到的结果分别是 3、5、11。因此，将数组的对应元素都设置为 1。此时输出的布隆过滤器字符串为 010111000001010010。

生成布隆过滤器串后，即可使用它来判断在随机查询数据时数据是否存在了。假设要读取数据 w，则对 w 进行 3 次哈希运算。

```
HASH_0(w)%N=4
HASH_1(w)%N=13
HASH_2(w)%N=15
```

通过布隆过滤器串中的第 15 位为 0，可以确认数据 w 不在集合中；反之则在集合中。

14.7.2 HBase 中的布隆过滤器

布隆过滤器只需要占用极小的空间，便可以给出数据是否存在的判断，因此可以提前过滤掉很多不必要的数据块，从而节省了大量的磁盘 I/O 操作。HBase 的随机读取操作 get，就是通过运用布隆过滤器来过滤大量的无效数据块，从而提高数据的访问效率。

在 HBase 中，用户可以设置的布隆过滤器有以下 3 种类型。

- NONE：关闭布隆过滤器功能。例如，

```
> create 'BloomFilter1', {NAME => 'info', BLOOMFILTER => 'NONE'}
```

- ROW：按照 Rowkey 来计算布隆过滤器的二进制串并将其存储，这是 HBase 默认的布隆过滤器类型。例如，

```
> create 'BloomFilter2', {NAME => 'info', BLOOMFILTER => 'ROW'}
```

- ROWCOL：按照“Rowkey + 列族 + 列”这 3 个字段来计算布隆过滤器值并存储。例如，

```
> create 'BloomFilter3', {NAME => 'info', BLOOMFILTER => 'ROWCOL'}
```

14.8 【实战】HBase 的主从复制

HBase 的主从复制是 master-push 方式，即主集群推送方式。一个 HBase 主集群可以复制给多个 HBase 从集群，并且 HBase 的主从复制是异步的，从集群和主集群的数据并不能做到实时

一致，但最终会做到一致。

HBase 主从复制的基本原理是：

- Master Cluster 的 Region Server 按顺序读取 HLog 中的 WAL 日志，并将读取的 WAL 日志的 offset 偏移量记录到 ZooKeeper 中；然后向 Slave Cluster 的 Region Server 发送同步复制请求读取 WAL 日志和 offset 偏移量信息。
- Slave Cluster 的 Region Server 收到这些信息后，会使用 HBase 的客户端将这些信息写入从节点的 HTble 中，从而实现 HBase 的主从复制。

图 14-6 说明了 HBase 主从复制的过程。

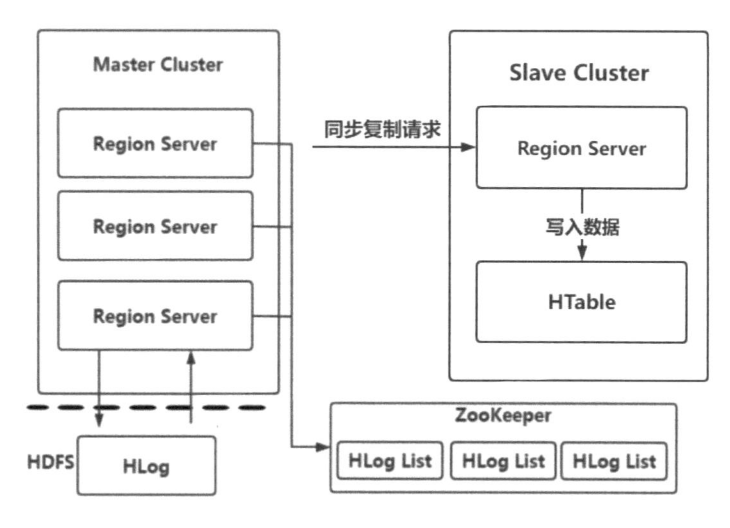

图 14-6

以下步骤演示如何配置 HBase 的主从架构，并进行简单的主从复制测试。

（1）在 HBase 主集群和从集群上修改 HBase 的配置文件 hbase-site.xml，将 hbase.replication 参数设定为 true。

```
<property>
 <name>hbase.replication</name>
 <value>true</value>
</property>
```

默认情况下，HBase 的主从复制功能是关闭的。

（2）重启 HBase 的主集群和从集群。

（3）在主集群上和从集群上建立相同的表结构。

```
> create 'testtable','info'
```

（4）在主集群上打开 testtable 表的 info 列族的复制特性。

```
> disable 'testtable'
> alter 'testtable',{NAME=>'info', REPLICATION_SCOPE=>'1'}
> enable 'testtable'
```

REPLICATION_SCOPE 的默认值为 0，表示禁用该列族的复制功能。将其设置为 1 则表示启用该列族的复制功能。

（5）在主集群上设定从集群的地址信息。

```
> add_peer '1', CLUSTER_KEY => "从集群 IP:2181:/hbase"
```

（6）在主集群上操作 testtable 表插入数，验证从集群的 testtable 表是否也一起更新了。

14.9 在 HBase 中使用 SQL

HBase 提供了列式存储的特性，通过 HBase 的命令和 API 能够很方便地操作表中的数据，但存在以下两个明显的问题：

- HBase 没有数据类型。作为数据库系统，无论是关系型数据库还是 NoSQL 数据库，一般都支持不同的数据类型以方便数据的操作。而 HBase 中所有的数据默认都是以二进制方式存储的，并没有数据类型的概念。
- HBase 不支持创建索引。在 HBase 中按照 Rowkey 存储数据，因此按照 Rowkey 检索表中的数据，性能必然是最好的。但在很多场景中，有时需要按照其他的列查询数据，而 HBase 并不支持利用其他列创建索引。

为了解决 HBase 存在的问题引入了 Phoenix 组件，可以把它当成 HBase 的 SQL 引擎。

Phoenix 组件的主要特性如下：

- 支持大部分的 java.sql 接口。
- 支持 DDL 语句和 DML 语句。
- 支持事务。
- 支持二级索引。
- 遵循 ANSI SQL 标准。

14.9.1 安装和使用 Phoenix

Phoenix 与 HBase 的集成比较简单，下面进行演示。

（1）解压缩 Phoenix 安装包。

```
tar -zxvf apache-phoenix-5.0.0-HBase-2.0-bin.tar.gz -C /root/training/
```

（2）将 Phoniex 的 Jar 包复制到“$HBASE_HOME/lib”目录下。

```
cd /root/training/apache-phoenix-5.0.0-HBase-2.0-bin/
cp *.jar /root/training/hbase-2.2.0/lib/
```

（3）重启 HBase。

（4）启动 Phoniex 的客户端。

```
cd /root/training/apache-phoenix-5.0.0-HBase-2.0-bin/
bin/sqlline.py bigdata111:2181
```

输出的信息如下：

```
...
Connected to: Phoenix (version 5.0)
Driver: PhoenixEmbeddedDriver (version 5.0)
Autocommit status: true
Transaction isolation: TRANSACTION_READ_COMMITTED
Building list of tables and columns for tab-completion
(set fastconnect to true to skip)...
133/133 (100%) Done
Done
sqlline version 1.2.0
0: jdbc:phoenix:localhost:2181>
```

（5）在 Phoenix 中查看 HBase 的表。

```
!table
```

输出的信息如下：

```
+----------+------------+-----------+---------------+...
| TABLE_CAT| TABLE_SCHEM | TABLE_NAME |  TABLE_TYPE    |...
+----------+------------+-----------+---------------+...
|          | SYSTEM      | CATALOG    | SYSTEM TABLE  |...
|          | SYSTEM      | FUNCTION   | SYSTEM TABLE  |...
|          | SYSTEM      | LOG        | SYSTEM TABLE  |...
|          | SYSTEM      | SEQUENCE   | SYSTEM TABLE  |...
|          | SYSTEM      | STATS      | SYSTEM TABLE  |...
+----------+------------+-----------+---------------+...
```

默认情况下，Phoniex 无法访问 HBase 中已经存在的表。如果要实现这样的访问，则需要创建 HBase 表到 Phoniex 的映射。但是，在 Phoniex 中创建的新表可以在 HBase 中查看到。

（6）使用 hbase shell 在 HBase 中创建一张新表，并插入几行记录。

```
> create 'TABLE1','INFO','GRADE'
> put 'TABLE1','s001','INFO:NAME','Tom'
> put 'TABLE1','s001','INFO:AGE','24'
> put 'TABLE1','s001','GRADE:MATH','80'
> put 'TABLE1','s002','INFO:NAME','Mary'
```

在 HBase 中创建的表名和列族名必须大写。

（7）在 Phoniex 中创建视图。

```
> CREATE VIEW table1(pk VARCHAR PRIMARY KEY,
    info.name VARCHAR,
    info.age VARCHAR,
    grade.math VARCHAR);
```

（8）在 Phoenix 中再次查看 HBase 的表。

```
!table
```

输出的信息如下：

```
+----------+-------------+------------+---------------+...
| TABLE_CAT| TABLE_SCHEM | TABLE_NAME |  TABLE_TYPE   |...
+----------+-------------+------------+---------------+...
|          | SYSTEM      | CATALOG    | SYSTEM TABLE  |...
|          | SYSTEM      | FUNCTION   | SYSTEM TABLE  |...
|          | SYSTEM      | LOG        | SYSTEM TABLE  |...
|          | SYSTEM      | SEQUENCE   | SYSTEM TABLE  |...
|          | SYSTEM      | STATS      | SYSTEM TABLE  |...
|          |             | TABLE1     | VIEW          |...
+----------+---------- --+------------+---------------+...
```

（9）在 Phoenix 中执行 SQL 语句查询 table1 表中的数据。

```
> select * from table1;
```

输出的信息如下：

```
+-------+------+------+-------+
|  PK   | NAME | AGE  | MATH  |
+-------+------+------+-------+
| s001  | Tom  | 24   | 80    |
| s002  | Mary |      |       |
+------+-------+------+-------+
```

（10）在 Phoenix 中创建一张新表 table2，并插入数据。

```
> create table table2(tid integer primary key,tname varchar);
> upsert into table2 values(1,'Tom');
> upsert into table2 values(2,'Mary');
```

（11）在 HBase 中执行以下命令查看 table2 表中的数据。

```
> scan 'TABLE2'
```

此时表名必须大写。

输出的信息如下：

```
  ROW                       COLUMN+CELL
  \x80\x00\x00\x01
column=0:\x00\x00\x00\x00,timestamp=1649571979930,value=x
  \x80\x00\x00\x01 column=0:\x80\x0B,timestamp=1649571979930,value=Tom
  \x80\x00\x00\x02
column=0:\x00\x00\x00\x00,timestamp=1649571986405,value=x
  \x80\x00\x00\x02 column=0:\x80\x0B,timestamp=1649571986405,value=Mary
  2row(s)
```

14.9.2　Phoenix 与 HBase 的映射关系

Phoenix 将 HBase 的非关系型数据模型转换成关系型数据模型。表 14-1 展示了它们的对应关系。

表 14-1

模　　型	HBase	Phoenix
数据库	Nmespace	Database
表	Table	Table
列族	Column Family	列
列	Column	
值	Value	Key/Value
行键	Rowkey	主键

目前 Phoenix 已经支持关系型数据库的大部分语法，如 SELECT、DELETE、UPSERT、CREATE TABLE、DROP TABLE、CREATE VIEW、CREATE INDEX 等。

对于Phoenix来说，HBase的Rowkey会被转换成Primary Key，Column Family和Column会被转换成表的字段名。它们的映射关系如图 14-7 所示。

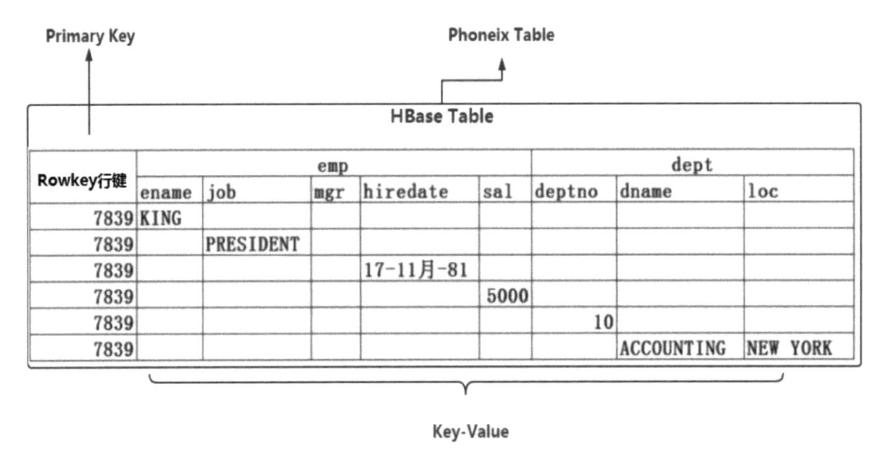

Rowkey行键	emp					dept		
	ename	job	mgr	hiredate	sal	deptno	dname	loc
7839	KING							
7839		PRESIDENT						
7839				17-11月-81				
7839					5000			
7839						10		
7839							ACCOUNTING	NEW YORK

图 14-7

14.9.3 Phoenix 中的索引

使用二级索引，应该是大部分用户引入 Phoenix 的主要原因之一。由于 HBase 只支持 Rowkey 上的索引，因此，在使用 Rowkey 查询数据时可以很快定位到数据位置。但在现实中，往往查询的条件比较复杂，还可能组合多个字段进行查询。如果用 HBase 进行查询，则只能扫描全表进行过滤，效率会很低。

Phoenix 的二级索引，除支持 Rowkey 外，还支持利用其他字段创建索引，查询效率可以大幅提升。

1. 在 Phoenix 中使用 HBase 的二级索引

要使用 Phoenix 的二级索引功能，则需要在 hbase-site.xml 文件中加入以下参数。

```
    <property>
      <name>hbase.regionserver.wal.codec</name>
      <value>org.apache.hadoop.hbase.regionserver.wal.IndexedWALEditCodec
</value>
    </property>
```

否则会出现以下错误。

```
Mutable secondary indexes must have the hbase.regionserver.wal.codec
property set to
org.apache.hadoop.hbase.regionserver.wal.IndexedWALEditCodec in the
hbase-sites.xml of every region server.
```

Phoenix 支持多种索引类型，如覆盖索引、全局索引、局部索引、可变索引和不可变索引等。

2. 在 Phoniex 中创建不同的索引

下面演示如何在 Phoniex 中创建不同的索引。

（1）Global Indexes：全局索引。

全局索引适用于“读多写少”的场景。全局索引在写数据时会消耗大量资源，所有对数据的增删改操作都会更新索引表。

全局索引的好处是：在“读多写少”的场景中，如果查询的字段用到了索引，则效率会很快，因为可以很快地定位到数据所在的具体节点。创建全局索引的方式如下：

```
create index my_index002 on test001(v1);
```

如果执行 select v2 from test001 where v1='...'，实际是用不上索引的，因为 v2 不在索引字段中。

（2）Local Indexes：局部索引。

与全局索引正好相反，局部索引适用于“写多读少”的场景。如果创建的是局部索引，则索引表数据和主表数据会放在同一个 Region Server 上，从而避免了写数据时跨节点带来的额外开销。

局部索引与全局索引不同：如果查询的字段不包含在全局索引中，则会全表扫描主表。

在局部索引中，即使查询字段不是索引字段，索引表也可以被正常使用。创建局部索引的方式如下：

```
create local index my_index003 on test001(v1);
```

（3）IMMutable Indexing：不可变索引。

如果表中的数据只写一次，并且不会执行 Update 等语句，则可以创建不可变索引。不可变索引主要创建在不可变表上。这种索引很适合“一次写入，多次读出”的场景。不可变索引无须另外配置，默认即支持。

下面是创建不可变索引的方式：

①创建不可变表。

```
> create table test002(pk VARCHAR primary key,v1 VARCHAR, v2 VARCHAR)
IMMUTABLE_ROWS=true;
```

不可变表是在创建表时通过指定 IMMUTABLE_ROWS 参数的值为 true 来创建的，默认这个参数的值为 false。

②在不可变表上创建不可变索引。

```
create index my_index004 on test002(v1);
```

（4）Mutable Indexing：可变索引。

在可变表上创建的索引是可变索引。对于可变索引，在对数据进行 Insert、Update 或 Delete 操作时会同时更新索引。

3. 索引的案例分析

在表上创建索引后，通过 SQL 的执行计划可以非常清楚地查看一个 SQL 语句的执行过程。下面来演示具体的执行步骤。

（1）在 Phoniex 中执行以下脚本创建员工表和部门表。

```
> create table emp
(empno integer primary key,
ename varchar,
job varchar,
mgr integer,
hiredate varchar,
sal integer,
comm integer,
deptno integer);

> create table dept
(deptno integer primary key,
dname varchar,
loc varchar
);

> upsert into emp
values(7369,'SMITH','CLERK',7902,'1980/12/17',800,0,20);
> upsert into emp
values(7499,'ALLEN','SALESMAN',7698,'1981/2/20',1600,300,30);
> upsert into emp
values(7521,'WARD','SALESMAN',7698,'1981/2/22',1250,500,30);
> upsert into emp
values(7566,'JONES','MANAGER',7839,'1981/4/2',2975,0,20);
> upsert into emp
values(7654,'MARTIN','SALESMAN',7698,'1981/9/28',1250,1400,30);
> upsert into emp
values(7698,'BLAKE','MANAGER',7839,'1981/5/1',2850,0,30);
> upsert into emp
values(7782,'CLARK','MANAGER',7839,'1981/6/9',2450,0,10);
```

```
> upsert into emp
values(7788,'SCOTT','ANALYST',7566,'1987/4/19',3000,0,20);
> upsert into emp
values(7839,'KING','PRESIDENT',-1,'1981/11/17',5000,0,10);
> upsert into emp
values(7844,'TURNER','SALESMAN',7698,'1981/9/8',1500,0,30);
> upsert into emp
values(7876,'ADAMS','CLERK',7788,'1987/5/23',1100,0,20);
> upsert into emp
values(7900,'JAMES','CLERK',7698,'1981/12/3',950,0,30);
> upsert into emp
values(7902,'FORD','ANALYST',7566,'1981/12/3',3000,0,20);
> upsert into emp
values(7934,'MILLER','CLERK',7782,'1982/1/23',1300,0,10);

> upsert into dept values(10,'ACCOUNTING','NEW YORK');
> upsert into dept values(20,'RESEARCH','DALLAS');
> upsert into dept values(30,'SALES','CHICAGO');
> upsert into dept values(40,'OPERATIONS','BOSTON');
```

（2）在 Phoniex 中执行以下语句，可以观察 SQL 执行计划，如图 14-8 所示。

```
> explain select dept.deptno,dept.dname,sum(emp.sal)
from emp,dept
where emp.deptno=dept.deptno
group by dept.deptno,dept.dname;
```

PLAN	EST_BYTES_READ
CLIENT 1-CHUNK PARALLEL 1-WAY FULL SCAN OVER EMP	null
SERVER AGGREGATE INTO DISTINCT ROWS BY [DEPT.DEPTNO, DEPT.DNAME]	null
CLIENT MERGE SORT	null
PARALLEL INNER-JOIN TABLE 0	null
CLIENT 1-CHUNK PARALLEL 1-WAY ROUND ROBIN FULL SCAN OVER DEPT	null

5 rows selected (0.095 seconds)

图 14-8

由于没有建立索引，所以在查询数据时会执行全表扫描。

（3）在员工表 deptno 上创建索引。

```
> create index myindex_deptno_emp on emp(deptno);
```

（4）在部门表上创建索引。

```
> create index myindex_deptno_dname_dept on dept(deptno) include(dname);
```

（5）重新执行以下语句观察 SQL 执行计划。可以看到，在建立索引后在查询数据时将按照索引的方式进行查询，如图 14-9 所示。

```
> explain select dept.deptno,dept.dname,sum(emp.sal)
from emp,dept
where emp.deptno=dept.deptno
group by dept.deptno,dept.dname;
```

```
+--------------------------------------------------------------------------------------------+
|                                            PLAN                                            |
+--------------------------------------------------------------------------------------------+
| CLIENT 1-CHUNK PARALLEL 1-WAY FULL SCAN OVER EMP                                           |
|     SERVER AGGREGATE INTO DISTINCT ROWS BY ["MYINDEX_DEPTNO_DNAME_DEPT.:DEPTNO", "MYINDEX |
| CLIENT MERGE SORT                                                                          |
|     PARALLEL INNER-JOIN TABLE 0                                                            |
|         CLIENT 1-CHUNK PARALLEL 1-WAY ROUND ROBIN FULL SCAN OVER MYINDEX_DEPTNO_DNAME_DEP |
+--------------------------------------------------------------------------------------------+
5 rows selected (0.092 seconds)
```

图 14-9

从图 14-9 中可以看出，在建立索引后，在查询语句时将按照索引来扫描数据。以下代码展示了如何执行计划中的索引信息。

```
SERVER AGGREGATE INTO
        ..., "MYINDEX_DEPTNO_DNAME_DEPT.0:DNAME
    CLIENT 1-CHUNK PARALLEL
        ...OVER MYINDEX_DEPTNO_DNAME_DEPT
```

14.9.4 【实战】通过 JDBC 程序访问 Phoniex 中的数据

Phoenix 支持标准的 JDBC 访问方式。JDBC 是 Java 中的一套标准的接口，用于访问关系型数据库。下面演示如何通过 Java 的 JDBC 程序访问 Phoenix 中的数据。

（1）在 Java IDE 工具中创建一个 Maven 工程，并添加以下依赖。

```
<dependency>
 <groupId>org.apache.phoenix</groupId>
 <artifactId>phoenix-core</artifactId>
 <version>5.0.0-HBase-2.0</version>
</dependency>
<dependency>
 <groupId>org.apache.hadoop</groupId>
 <artifactId>hadoop-common</artifactId>
 <version>3.1.2</version>
</dependency>
```

（2）开发 JDBCUtils 工具类用于获取 Phoenix 的连接，并释放资源。

```
import java.sql.Connection;
import java.sql.DriverManager;
import java.sql.ResultSet;
import java.sql.SQLException;
import java.sql.Statement;

public class JDBCUtils {
 private static String driver = "org.apache.phoenix.jdbc.PhoenixDriver";
 //ZooKeeper 的地址
 private static String url = "jdbc:phoenix:192.168.79.111:2181";

 //注册驱动程序
 static {
     try {
         Class.forName(driver);
     } catch (ClassNotFoundException e) {
         e.printStackTrace();
     }
 }

 //获取数据库的连接
 public static Connection getConnection() {
     try {
         return DriverManager.getConnection(url);
     } catch (SQLException e) {
         e.printStackTrace();
     }
     return null;
 }

 //释放数据库的资源
 public static void release(Connection conn,Statement st,ResultSet rs) {
     //Statement 是 SQL 语句的执行环境，通过 connection 获取
     //ResultSet 查询的结果
     if(rs != null) {
         try {
             rs.close();
         } catch (SQLException e) {
             e.printStackTrace();
         }finally {
             rs = null;
         }
     }
     if(st != null) {
         try {
```

```
                st.close();
            } catch (SQLException e) {
                e.printStackTrace();
            }finally {
                st = null;
            }
        }
        if(conn != null) {
            try {
                conn.close();
            } catch (SQLException e) {
                e.printStackTrace();
            }finally {
                conn = null;
            }
        }
    }
}
```

（3）开发 Phoenix JDBC 主程序用于执行 SQL 语句。

```
import java.sql.Connection;
import java.sql.ResultSet;
import java.sql.Statement;

public class PhoenixDemo {

 public static void main(String[] args) {
     String sql = "select * from emp where deptno=30";

     Connection conn = null;
     Statement st = null;
     ResultSet rs = null;
     try {
         //获取连接
         conn = JDBCUtils.getConnection();
         //得到 SQL 语句的执行环境
         st = conn.createStatement();
         //执行 SQL 语句
         rs = st.executeQuery(sql);
         while(rs.next()) {
             //姓名和薪水
             String ename = rs.getString("ename");
             double sal = rs.getDouble("sal");
             System.out.println(ename+"\t"+sal);
         }
```

```
        }catch(Exception ex) {
            ex.printStackTrace();
        }finally {
            JDBCUtils.release(conn, st, rs);
        }
    }
}
```

（4）执行 PhoenixDemo 程序，输出的结果如图 14-10 所示。

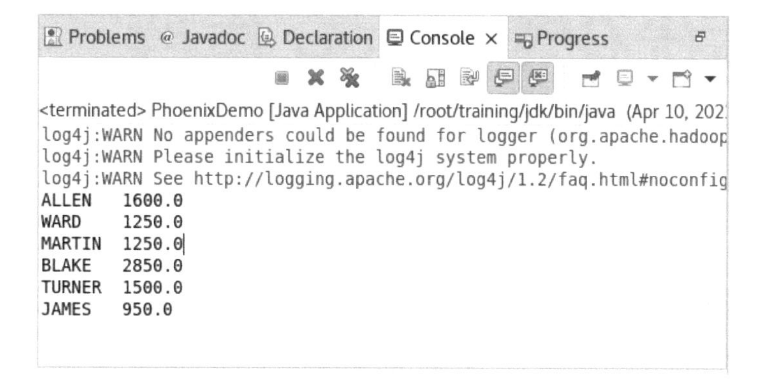

图 14-10

第 15 章 监控与优化 HBase 集群

由于 HBase 是基于 Java 语言开发的，因此可以使用 Java 提供的 JMX（Java Management Extensions）框架来监控 HBase。

JMX 是一个为应用程序、设备和系统等植入管理功能的框架。图 15-1 展示了基于 JMX 监控 HBase 集群的架构。

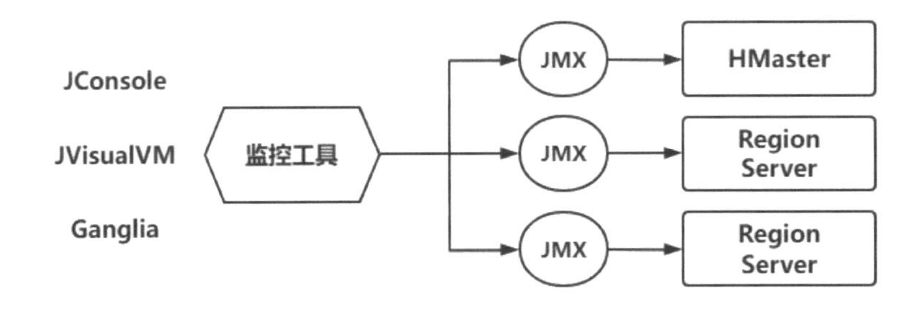

图 15-1

当 HBase 在监控过程中出现问题时，需要进行问题的诊断，并对 HBase 集群进行优化。

15.1 HBase 集群的监控指标

HBase 集群的监控指标主要包括：主机监控指标、JVM 监控指标、HMaster 监控指标和 Region Server 监控指标。

15.1.1　主机监控指标

主机基本监指标包括：CPU、内存、磁盘和网络这 4 个监控项。通过访问 HBase Web 控制台的 JMX 信息页面（http://192.168.79.112:16010/jmx），可以获取如下的监控数据。

```
...
{
  "name": "java.lang:type=OperatingSystem",
  "modelerType": "sun.management.OperatingSystemImpl",
  "OpenFileDescriptorCount": 461,
  "MaxFileDescriptorCount": 4096,
  "CommittedVirtualMemorySize": 3074596864,
  "TotalSwapSpaceSize": 4160745472,
  "FreeSwapSpaceSize": 3692093440,
  "ProcessCpuTime": 17480000000,
  "FreePhysicalMemorySize": 115982336,
  "TotalPhysicalMemorySize": 4126896128,
  "SystemCpuLoad": 0.017306849715203736,
  "ProcessCpuLoad": 0.005282118689450367,
  "AvailableProcessors": 2,
  "Arch": "amd64",
  "Version": "3.10.0-693.el7.x86_64",
  "SystemLoadAverage": 0.17,
  "Name": "Linux",
  "ObjectName": "java.lang:type=OperatingSystem"
},
...
```

表 15-1 中列出了其中主要的监控指标。

表 15-1

监控指标	含　义
FreePhysicalMemorySize	空闲物理内存大小
ProcessCpuLoad	进程 CPU 的使用率
SystemCpuLoad	系统 CPU 的使用率
AvailableProcessors	主机处理器核数

15.1.2　JVM 监控指标

由于 HBase 及其依赖的 HDFS 和 ZooKeeper 都是用 Java 语言编写的，并且它们均运行在 JVM 中，因此在监控 HBase 集群时，需要获取 JVM 的相关监控数据。

HBase 中的 JVM 监控数据主要通过 JVMMetrics 对象来获取。JVMMetrics 对象的相关监控数据如下：

```
...
{
  "name": "Hadoop:service=HBase,name=JvmMetrics",
  "modelerType": "JvmMetrics",
  "tag.Context": "jvm",
  "tag.ProcessName": "IO",
  "tag.SessionId": "",
  "tag.Hostname": "myvm",
  "MemNonHeapUsedM": 71.39259,
  "MemNonHeapCommittedM": 72.63281,
  "MemNonHeapMaxM": -1.0,
  "MemHeapUsedM": 28.444931,
  "MemHeapCommittedM": 59.9375,
  "MemHeapMaxM": 967.375,
  "MemMaxM": 967.375,
  "GcCountParNew": 35,
  "GcTimeMillisParNew": 366,
  "GcCountConcurrentMarkSweep": 2,
  "GcTimeMillisConcurrentMarkSweep": 54,
  "GcCount": 37,
  "GcTimeMillis": 420,
  "ThreadsNew": 0,
  "ThreadsRunnable": 14,
  "ThreadsBlocked": 0,
  "ThreadsWaiting": 71,
  "ThreadsTimedWaiting": 41,
  "ThreadsTerminated": 0,
  "LogFatal": 0,
  "LogError": 0,
  "LogWarn": 0,
  "LogInfo": 0
},
...
```


表 15-2 中列出了其中主要的监控指标。

表 15-2

类　型	监控指标	含　　义
内存	MemNonHeapUsedM	JVM 当前已经使用的 NonHeapMemory 的大小
	MemNonHeapMaxM	JVM 配置的 NonHeapMemory 的大小
	MemHeapUsedM	JVM 当前已经使用的 HeapMemory 的大小
	MemHeapMaxM	JVM 配置的 HeapMemory 的大小
	MemMaxM	JVM 运行时最多可以使用的内存大小

续表

类　型	监控指标	含　　义
GC	GcCountParNew	新生代 GC 次数
	GcTimeMillisParNew	新生代 GC 耗时（ms）
	GcCountConcurrentMarkSweep	老年代 GC 次数
	GcTimeMillisConcurrentMarkSweep	老年代 GC 耗时（ms）
线程	ThreadsNew	当前处于 NEW 状态下的线程数量
	ThreadsRunnable	当前处于 RUNNABLE 状态下的线程数量
	ThreadsBlocked	当前处于 BLOCKED 状态下的线程数量
	ThreadsWaiting	当前处于 WAITING 状态下的线程数量
	ThreadsTimedWaiting	当前处于 TIMED_WAITING 状态下的线程数量
	ThreadsTerminated	当前处于 TERMINATED 状态下的线程数量
事件	LogFatal	固定时间间隔内 Fatal 的数量
	LogError	固定时间间隔内 Error 的数量
	LogWarn	固定时间间隔内 Warn 的数量
	LogInfo	固定时间间隔内 Info 的数量

15.1.3 HMaster 监控指标

HMaster 作为 HBase 集群的主节点，起到管理和维护整个 HBase 集群的作用。

HBase 集群通过 JMX 提供了丰富的 HMaster 监控指标，如下：

```
...
{
  "name": "Hadoop:service=HBase,name=Master,sub=Server",
  "modelerType": "Master,sub=Server",
  "tag.liveRegionServers": "localhost,16020,1649994830705",
  "tag.deadRegionServers": "",
  "tag.zookeeperQuorum": "localhost:2181",
  "tag.serverName": "localhost,16000,1649994828652",
  "tag.clusterId": "745f9f8f-098a-4419-a8ea-111ce885569b",
  "tag.isActiveMaster": "true",
  "tag.Context": "master",
  "tag.Hostname": "myvm",
  "mergePlanCount": 0,
  "splitPlanCount": 0,
  "masterActiveTime": 1649994834822,
  "masterStartTime": 1649994828652,
  "masterFinishedInitializationTime": 1649994844054,
  "averageLoad": 3.0,
```

```
    "numRegionServers": 1,
    "numDeadRegionServers": 0,
    "clusterRequests": 18
  },
  ...
```

表 15-3 中列出了其中主要的监控指标。

表 15-3

监控指标	含　义
tag.liveRegionServers	活动的 Region Server 地址
tag.deadRegionServers	停止的 Region Server 地址

15.1.4 Region Server 监控指标

Region Server 负责 HBase 集群中数据的存储及读写操作。Region Server 的监控指标主要包括两个部分：表的 Region 信息和 Region Server 本身的监控信息。

访问 HBase Region Server 的 Web 控制台的 JMX 信息页面（http://192.168.79.112:16030/jmx），可以获取 Region Server 的相关 JMX 监控指标数据。

1. 表的 Region 信息

下面展示了通过 Region Server 提供的 JMX 监控指标获取的 HBase 中表中的 Region 信息。

```
  ...
  {
  "name": "Hadoop:service=HBase,name=RegionServer,sub=Regions",
  "modelerType": "RegionServer,sub=Regions",
  "tag.Context": "regionserver",
  "tag.Hostname": "bigdata113",
  "Namespace_default_table_students_region_******_metric_storeCount": 1,
  "Namespace_default_table_students_region_******_metric_storeFileCount":
1,
  "Namespace_default_table_students_region_******_metric_memStoreSize": 0,
  "Namespace_default_table_students_region_******_metric_maxStoreFileAge":
18398910959,
  "Namespace_default_table_students_region_******_metric_minStoreFileAge":
18398910959,
  "Namespace_default_table_students_region_******_metric_avgStoreFileAge":
18398910959,
  "Namespace_default_table_students_region_******_metric_numReferenceFiles
": 0,
  "Namespace_default_table_students_region_******_metric_storeFileSize":
4873,
```

```
    "Namespace_default_table_students_region_******_metric_compactionsComple
tedCount": 0,
    "Namespace_default_table_students_region_******_metric_compactionsFailed
Count": 0,
    "Namespace_default_table_students_region_******_metric_lastMajorCompacti
onAge": 1650000286627,
    "Namespace_default_table_students_region_******_metric_numBytesCompacted
Count": 0,
    "Namespace_default_table_students_region_******_metric_numFilesCompacted
Count": 0,
    "Namespace_default_table_students_region_******_metric_readRequestCount":
0,
    "Namespace_default_table_students_region_******_metric_filteredReadReque
stCount": 0,
    "Namespace_default_table_students_region_******_metric_writeRequestCount
": 0,
    "Namespace_default_table_students_region_******_metric_replicaid": 0,
    "Namespace_default_table_students_region_******_metric_compactionsQueued
Count": 0,
    "Namespace_default_table_students_region_******_metric_flushesQueuedCoun
t": 0,
    "Namespace_default_table_students_region_******_metric_maxCompactionQueu
eSize": 0,
    "Namespace_default_table_students_region_******_metric_maxFlushQueueSize
": 0,
    "Namespace_hbase_table_meta_region_1588230740_metric_storeCount": 3,
    "Namespace_hbase_table_meta_region_1588230740_metric_storeFileCount": 2,
    "Namespace_hbase_table_meta_region_1588230740_metric_memStoreSize": 0,
    "Namespace_hbase_table_meta_region_1588230740_metric_maxStoreFileAge":
18398946856,
    ...
    },
    ...
```

其中，每一个监控指标的名称由以下 3 部分组成：

- NameSpace（命名空间）的名称。
- 表的名称。
- Region 的 ID（由于 Region ID 太长，所以这里使用星号代替）。

表 15-4 中列出了其中主要的监控指标。

表 15-4

监控指标	含　义
Namespace_**_table_**_region_**_metric_storeCount	Store 个数
Namespace_**_table_**_region_**_metric_storeFileCount	Store File 个数
Namespace_**_table_**_region_**_metric_memStoreSize	MemStore 大小
Namespace_**_table_**_region_**_metric_storeFileSize	Store File 大小
Namespace_**_table_**_region_**_metric_compactionsCompletedCount	合并完成次数
Namespace_**_table_**_region_**_metric_numBytesCompactedCount	合并的总大小
Namespace_**_table_**_region_**_metric_numFilesCompactedCount	合并的文件数

2. Region Server 本身的监控信息

下面展示了通过 JMX 获取的 Region Server 监控指标数据。

```
...
{
  "name": "Hadoop:service=HBase,name=RegionServer,sub=Server",
  "modelerType": "RegionServer,sub=Server",
  "tag.zookeeperQuorum": "localhost:2181",
  "tag.serverName": "localhost,16020,1649994830705",
  "tag.clusterId": "745f9f8f-098a-4419-a8ea-111ce885569b",
  "tag.Context": "regionserver",
  "tag.Hostname": "myvm",
  "regionCount": 3,
  "storeCount": 5,
  "hlogFileCount": 2,
  "hlogFileSize": 0,
  "storeFileCount": 4,
  "memStoreSize": 0,
  "storeFileSize": 23576,
  "maxStoreFileAge": 18398952306,
  "minStoreFileAge": 5029365,
  "avgStoreFileAge": 13800470077,
  ...
}
...
```

表 15-5 中列出了其中主要的监控指标。

表 15-5

监控指标	含　义	监控指标	含　义
regionCount	Region 管理的 Region 数量	totalRequestCount	总请求数
memStoreSize	Region 管理的总 MemStore 大小	readRequestCount	读请求数
storeFileSize	Region 管理的 Store File 大小	writeRequestCount	写请求数

续表

监控指标	含　义	监控指标	含　义
staticIndexSize	Region 所管理的表索引大小	compactedCellsCount	合并单元格的个数
storeFileCount	Region 所管理的 Store File 个数	majorCompactedCellsCount	大合并单元格的个数
hlogFileSize	WAL 文件大小	flushedCellsSize	刷新到磁盘的大小
hlogFileCount	WAL 文件个数	splitRequestCount	Region 分裂请求次数
storeCount	Region 所管理的 Store 个数	splitSuccessCount	Region 分裂成功次数
storeFileCount	Region 所管理的 Store File 个数	slowGetCount	请求完成时间超过 1s 的次数

15.2　利用可视化工具监控 HBase 集群

在默认的情况下，HBase 没有启用 JMX 服务。通过修改“$HBASE_HOME/conf/hbase-env.sh”文件可以启用 JMX 服务，即去掉该文件中第 81~86 行的注释。修改后的内容如下：

```
...
export HBASE_JMX_BASE="-Dcom.sun.management.jmxremote.ssl=false -Dcom.sun.management.jmxremote.authenticate=false"
export HBASE_MASTER_OPTS="$HBASE_MASTER_OPTS $HBASE_JMX_BASE -Dcom.sun.management.jmxremote.port=10101"
export HBASE_REGIONSERVER_OPTS="$HBASE_REGIONSERVER_OPTS $HBASE_JMX_BASE -Dcom.sun.management.jmxremote.port=10102"
export HBASE_THRIFT_OPTS="$HBASE_THRIFT_OPTS $HBASE_JMX_BASE -Dcom.sun.management.jmxremote.port=10103"
export HBASE_ZOOKEEPER_OPTS="$HBASE_ZOOKEEPER_OPTS $HBASE_JMX_BASE -Dcom.sun.management.jmxremote.port=10104"
export HBASE_REST_OPTS="$HBASE_REST_OPTS $HBASE_JMX_BASE -Dcom.sun.management.jmxremote.port=10105"
...
```

从 hbase-env.sh 文件可以看出，HMaster 的 JMX 端口号是 10101，而 Region Server 的 JMX 端口号是 10102。

15.2.1　【实战】使用 Ganglia 监控 HBase 集群

Ganglia 是一个监控服务器集群的开源软件，能够用曲线图表现最近一段时间内集群的 CPU 负载、内存、网络和硬盘等指标。

Ganglia 的强大之处是：能够通过一个被监控节点收集该节点所有下属节点的数据。利用这个特性能够很方便地监控集群（如 Hadoop 集群和 HBase 集群）。

HBase 集群本身即支持使用 Ganglia 监控。

Ganglia 涉及以下 3 个组件。

- gmetad：定期从 gmond 获取数据，并将数据存储到 RRD 存储引擎中。
- gmond：被监控端的代理程序，用于收集监控信息并发送给 gmetad。
- ganglia-web：Web 前端，在 RRD 存储引擎绘图后通过 PHP 语言展示。

下面演示如何使用 Ganglia 监控 HBase 集群。

这里将 gmetad 和 ganglia-web 安装在 bigdata112 上，将 gmond 安装在 bigdata112、bigdat113 和 bigdata114 上以监控 HBase 的所有节点。

（1）在 bigdata112 上执行以下语句安装 gmetad 和 ganglia-web。

```
yum install -y epel-release
yum install -y ganglia-web ganglia-gmetad
```

（2）在 bigdata112 上编辑 Ganglia 的配置文件“/etc/ganglia/gmetad.conf”。

```
data_source "MyHBase" 192.168.79.112 192.168.79.113 192.168.79.114
```

data_source 参数中的第 1 个值表示 HBase 集群的别名；后面的 IP 地址是 HBase 集群中被监控节点的地址。

（3） 关联 Apache Web 服务。

```
rm -rf /etc/httpd/conf.d/ganglia.conf
ln -s /usr/share/ganglia /var/www/html/ganglia
```

因为 Ganglia 自创建的配置文件 ganglia.conf 有问题，所以先将其删除再创建一个软连接到 Apache 根目录下。

（4）在 bigdata112 上启动 Apache 和 Ganglia，并设置开机启动。

```
service httpd start
```

```
service gmetad start
chkconfig httpd on
chkconfig gmetad on
```

（5）在所有节点上安装 gmond。

```
yum install -y epel-release
yum install -y ganglia-gmond
```

（6）在所有节点上编辑 gmond 的配置文件“/etc/ganglia/gmond.conf”。

```
...
 cluster{
   name = "MyHBase"                  #HBase 集群的别名
   owner = "unspecified"
   latlong = "unspecified"
   url = "unspecified"
 }


 host {
   location = "unspecified"
 }

udp_send_channel{
...
   #mcast_join = 239.2.11.71        #关闭多播
   host = 192.168.79.112            #主机名
   port = 8649                      #默认端口
   ttl = 1
 }

 /* Youcan specify as many udp_recv_channels as you like as well. */
 udp_recv_channel{
   #mcast_join = 239.2.11.71
   port = 8649
   bind = 192.168.79.112            #接收地址
   retry_bind = true
   # Size of the UDP buffer. If you are handlinglots of metrics you really
   # should bump it up to e.g. 10MB or evenhigher.
   # buffer = 10485760
 }
...
```

（7）在所有节点上启动 gmond，并设置开机启动。

```
service gmond start
chkconfig gmond on
```

（8）在 HBase 的所有节点上修改 HBase 的配置文件以添加 Ganglia 的监控。

```
vi $HBASE_HOME/conf/hadoop-metrics2-hbase.properties
```

在该文件中增加以下内容：

```
*.sink.ganglia.class=org.apache.hadoop.metrics2.sink.ganglia.GangliaSink31
*.sink.ganglia.period=10
hbase.sink.ganglia.period=10
hbase.sink.ganglia.servers=192.168.79.112:8649
```

（9）重启 HBase，此时通过浏览器访问 bigdata112 上的 Ganglia Web 控制台查看性能监控数据，选择 Grid 中的 MyHBase 集群，通过 Choose a Node 下拉列表选择要监控的节点，如图 15-2 所示。

如果访问 Ganglia Web 控制台时出现以下错误：

There was an error collecting ganglia data (127.0.0.1:8652): fsockopen error: Permission denied

则需要关闭 Linux 的 SELINUX，可以通过以下命令将其关闭。

setenforce 0

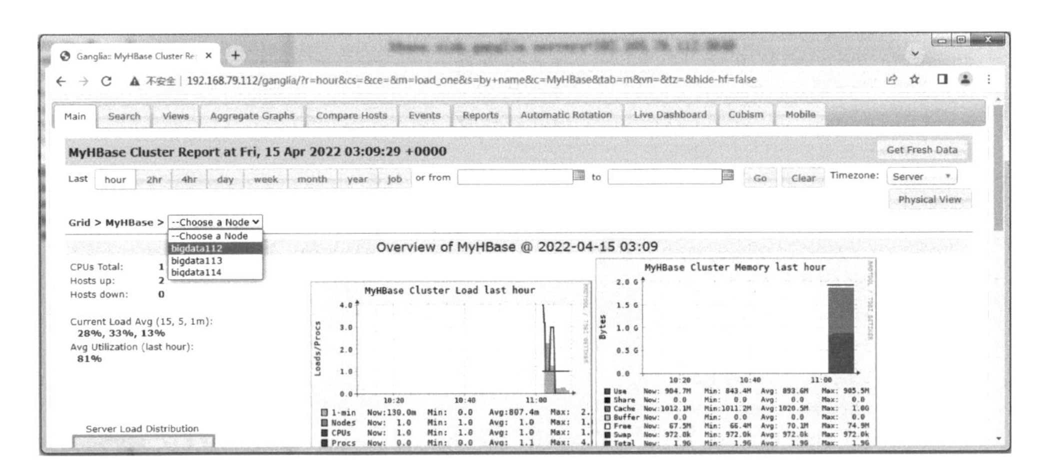

图 15-2

（10）图 15-3 展示了 HBase 主节点 bigdata112 的监控数据。

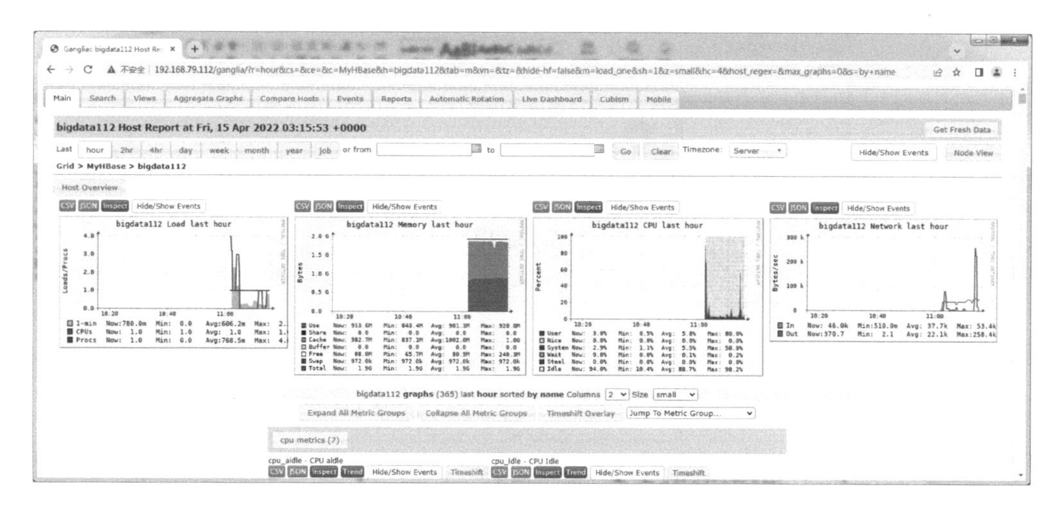

图 15-3

从图 15-3 中可以看出最近 1 个小时，该节点的负载（Load）、Memory（内存）、CPU（处理器）和 Network（网络）的使用情况。

15.2.2 【实战】使用 JConsole 监控 HBase 集群

JConsole（Java Monitoring and Management Console）是一种基于 JMX 的可视化监视和管理工具。JConsole 是用 Java 编写的 GUI 程序，用来监控本地 Java 虚拟机，也可以监控远程的 Java 虚拟机，非常易用，而且功能非常强。

下面演示如何使用 JConsole 监控 HBase 集群。

（1）在命令行窗口中输入 jconsole 命令启动 JConsole，如图 15-4 所示。

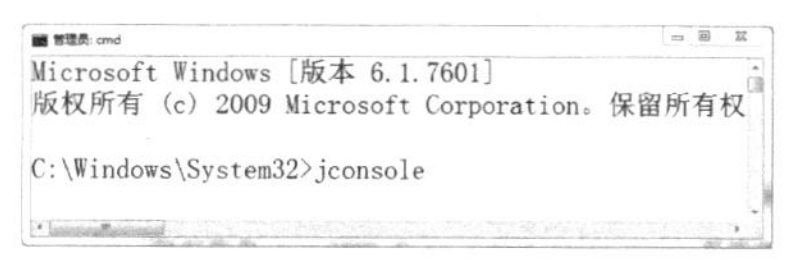

图 15-4

这里为了方便直接在 Window 上启动 JConsole。JConsole 也可以在 Linux 操作系统上使用。

（2）启动 JConsole 后的登录界面如图 15-5 所示。

图 15-5

（3）启动 Hadoop 与 HBase，并在 JConsole 的登录界面中输入 HMaster 或者 Region Server 的 JMX 地址，如图 15-6 所示。

图 15-6

（4）连接成功后，在 JMX 的主页面中将显示堆内存使用量、线程信息、加载的类，以及 CPU 占用率信息，如图 15-7 所示。

HMaster的监控页面

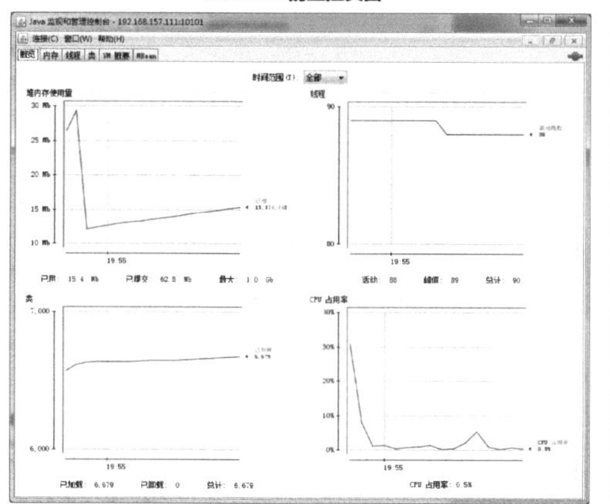

Region Server的监控页面

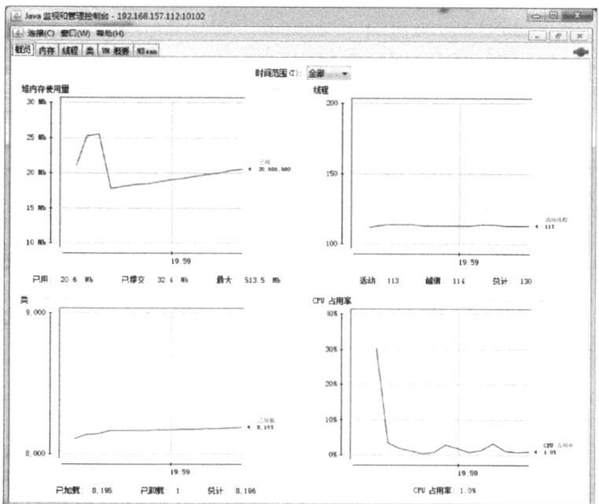

图 15-7

由于当前 HBase 中没有任何的负载操作，因此这里的 CPU 占用率都很低。

（5）通过 hbase shell 创建一张表 testinsert。

```
> create 'testinsert','info'
```

（6）执行以下 Java 程序往 testinsert 表中插入 100 万条数据。

```
@Test
public void testInsert() throws IOException {
 //配置 ZooKeeper 的地址
 Configuration conf = new Configuration();
 conf.set("hbase.zookeeper.quorum", "bigdata111");

 //创建一个链接
 Connection conn = ConnectionFactory.createConnection(conf);

 //获取表的客户端
 Table client = conn.getTable(TableName.valueOf("testinsert"));

 //构造一个 Put 对象，参数是 rowkey
 for(int i=0;i<1000000;i++) {
     Put put = new Put(Bytes.toBytes("s0" + i));

     put.addColumn(Bytes.toBytes("info"),              //列族
                   Bytes.toBytes("name"),              //列
```

```
                    Bytes.toBytes("myname" + i));           //值

        client.put(put);
    }

    client.close();
    conn.close();
}
```

（7）通过 JConsole 观察 HMaster 和 Region Server 的监控信息是否有变化，如图 15-8 所示。

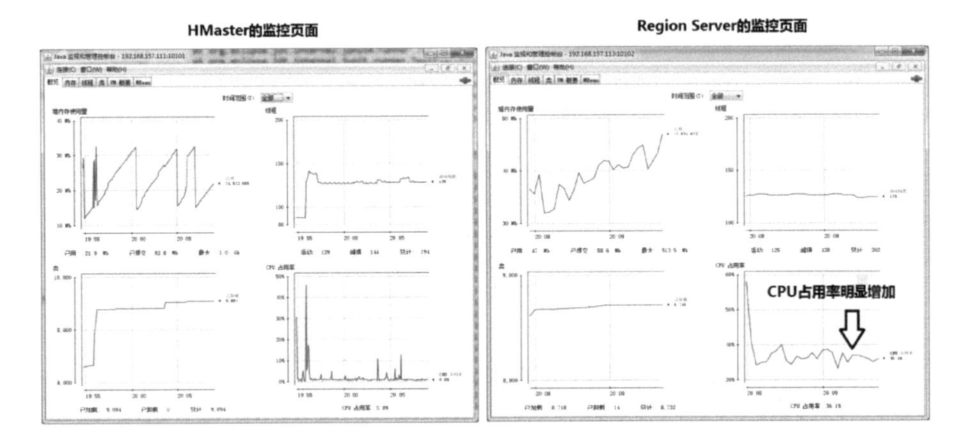

图 15-8

由于 Region Server 负责数据的读写操作，对比图 15-7 和图 15-8 可以看出，当往 HBase 的表中插入 100 万条数据时，CPU 的占用率将明显增加。

15.2.3 【实战】使用 JVisualVM 监控 HBase 集群

JVisualVM 是一个 Java 虚拟机自带的监控工具。从 JDK 6 版本开始 Java 虚拟机自带了该工具。JVisualVM 提供的监控功能比 JConsole 更丰富，它能够监控线程和内存的使用情况，并能够展示客户端执行方法时所占用的 CPU 时间、内存中的对象等。

下面演示如何使用 JVisualVM 监控 HBase 集群。

（1）在命令行窗口中输入 jvisualvm 命令，如图 15-9 所示。

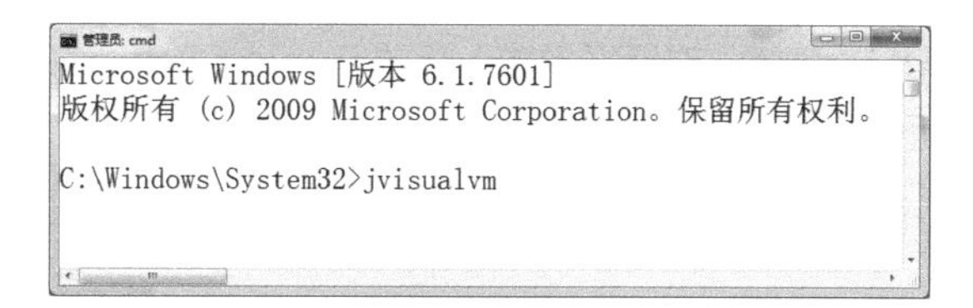

图 15-9

（2）JVisualVM 启动后的主界面如图 15-10 所示。

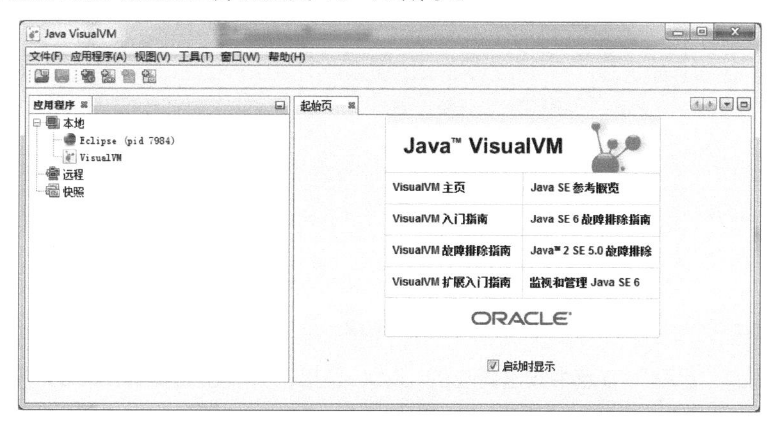

图 15-10

通过 JVisualVM，既可以监控本地运行的 Java 进程，也可以监控远程运行的 Java 进程。

（3）选择菜单栏中“文件”下的“添加 JMX 连接”命令，如图 15-11 所示。

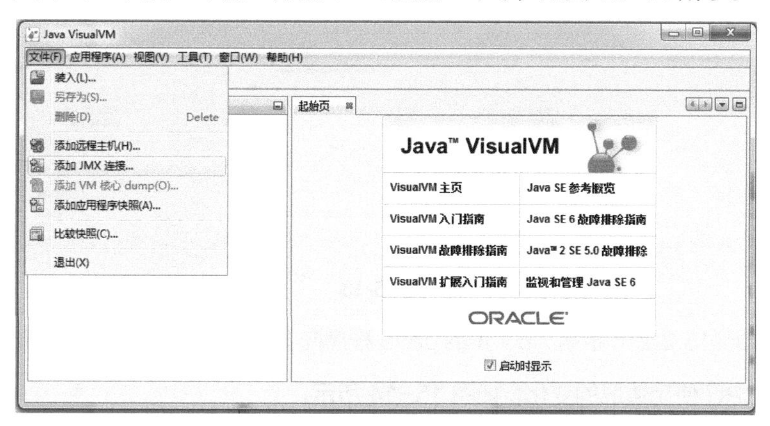

图 15-11

（4）在弹出的“添加 JMX 连接”对话框中输入远端 Region Server 的 JMX 地址，并单击“确定”按钮，如图 15-12 所示。

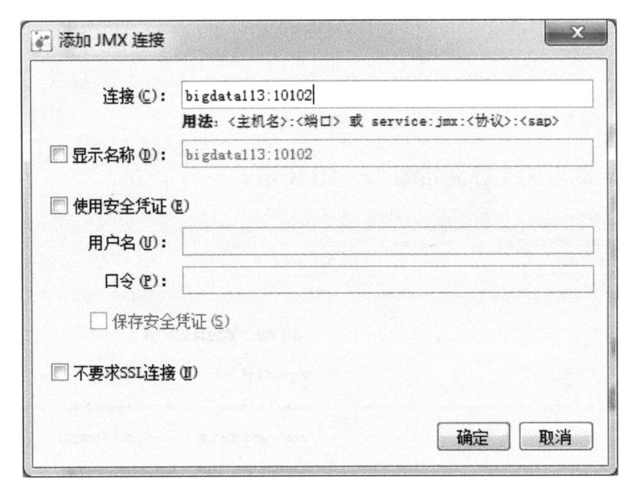

图 15-12

（5）在左侧的“远程”节点中双击建立的 JMX 连接，并单击右侧窗口中的“监视”选项卡，即可打开该 Region Server 的监控页面，如图 15-13 所示。

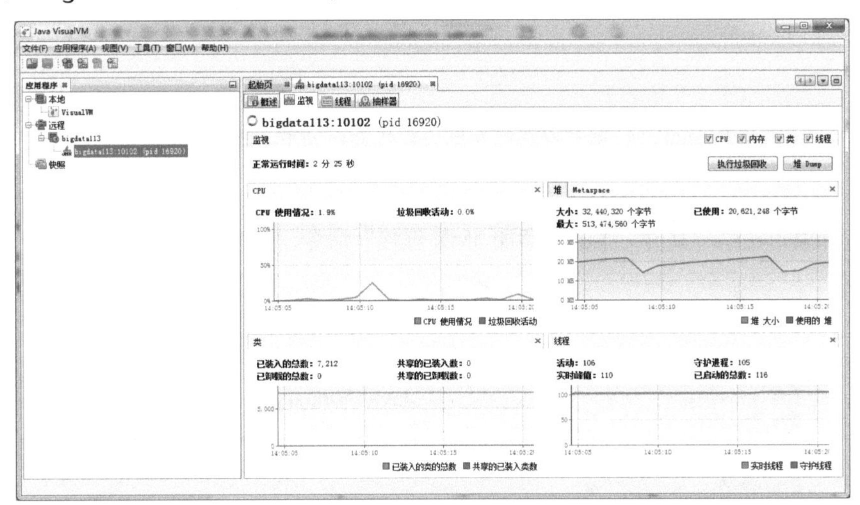

图 15-13

（6）重新执行 15.2.2 节中第（6）步的 Java 程序向 HBase 表中插入 100 万条数据。

（7）观察 CPU 使用情况的变化，如图 15-14 所示。

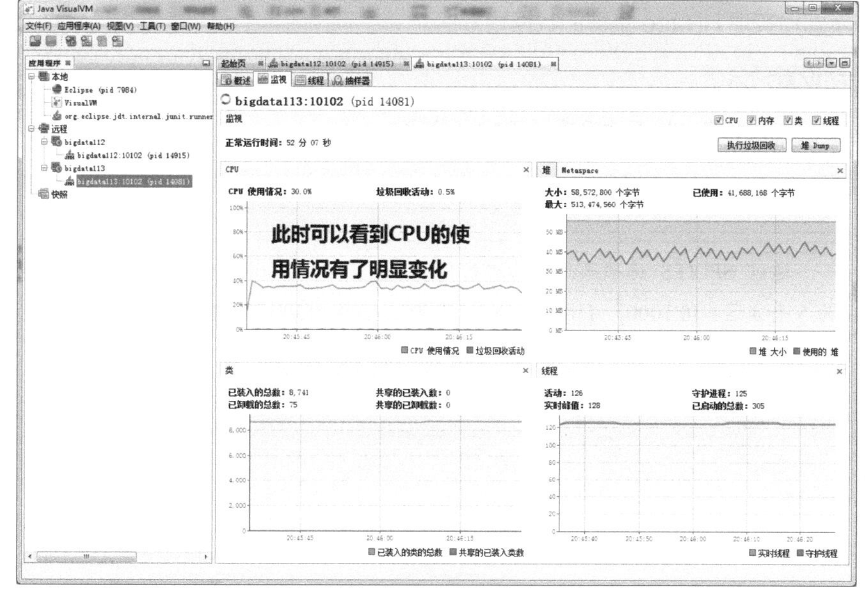

图 15-14

15.3　HBase 集群的优化

HBase 集群的优化建立在集群的监控基础之上。HBase 集群的管理员可以从数据管理、客户端及 HBase 的配置参数这 3 个方面对集群进行优化。

15.3.1　优化 HBase 的数据管理

优化 HBase 的数据管理主要是指，通过优化表中数据的存储方式来达到优化 HBase 集群的目的。

1. 数据预分区

每一个 Region 维护着 startRowKey 与 endRowKey。当向 HBase 中插入数据时，如果插入的数据符合某个 Region 维护的 Rowkey 范围，则该数据由这个 Region 进行维护。根据这个原则，可以在插入数据前大致规划好数据所要插入的 Region（这就是数据预分区），以提高 HBase 的性能。

HBase 集群的数据预分区，可以通过两种方式来实现：手动设置预分区和基于文件规则设置预分区。

下面演示如何实现 HBase 集群的数据预分区。

（1）手动设置预分区。

①创建 pretable1 表，并手动设置该表的预分区。

```
> create 'pretable1','info',SPLITS => ['1000','2000','3000','4000']
```

通过 SPLITS 选项来为该表进行预分区。['1000','2000','3000','4000']，可以将表预先分为 5 个分区：[0,1000]、[1000,2000]、[2000,3000]、[3000,4000]和[4000,无穷大]。

②打开浏览器查看 pretable1 表的 Region 信息，如图 15-15 所示。

192.168.79.212:16010/table.jsp?name=pretable1

APACHE HBASE　Home　Table Details　Procedures & Locks　Process Metrics　Local Logs　Log Level　Debug Dump　Metrics Dump　Profiler　HBase Configuration

Table Regions　　预分区信息

Name(5)	Region Server	ReadRequests (0)	WriteRequests (0)	StorefileSize (0 B)	Num.Storefiles (0)	MemSize (0 B)	Locality	Start Key	End Key
pretable1,,1650024449602.e4f87bcff08cfadb95432d0eceb8fd9e.	localhost:16030	0	0	0 B	0	0 B	0.0		1000
pretable1,1000,1650024449602.b877510245beefb7fa18e783b4d3af7e.	localhost:16030	0	0	0 B	0	0 B	0.0	1000	2000
pretable1,2000,1650024449602.e63db5090e23d51881c8d5087eab39d0.	localhost:16030	0	0	0 B	0	0 B	0.0	2000	3000
pretable1,3000,1650024449602.a2a4e68220cfbc0f8de615c1d4503a6e.	localhost:16030	0	0	0 B	0	0 B	0.0	3000	4000
pretable1,4000,1650024449602.dc9cb09dd02186adfe32ffb0a59c6568.	localhost:16030	0	0	0 B	0	0 B	0.0	4000	

图 15-15

③手动设置预分区也可以通过十六进制数值的方式来实现，具体执行以下语句。

```
> create 'pretable2','info',{NUMREGIONS => 8, SPLITALGO => 'HexStringSplit'}
```

④打开浏览器查看 pretable2 表的 Region 信息，如图 15-16 所示。

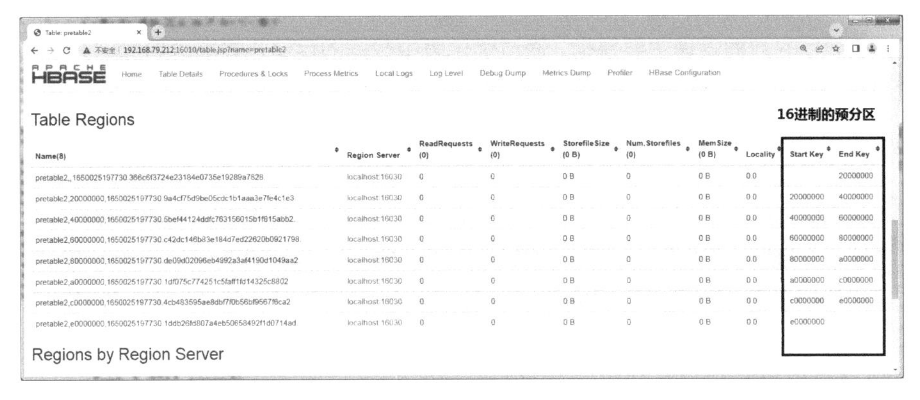

图 15-16

（2）基于文件规则设置预分区。

当预分区规则比较多时，可以将这些规则写到一个配置文件中，从而在创建表时读取该配置文件中的预分区信息来实现分区。

①创建“/root/mysplit.txt”文件，并输入以下内容。

```
AAA
BBB
CCC
DDD
EEE
FFF
GGG
```

②在 HBase Shell 中创建一张新表，并指定预分区的配置文件为“/root/mysplit.txt”。

```
> create 'pretable3','info',SPLITS_FILE => '/root/mysplit.txt'
```

③打开浏览器查看 pretable3 表的 Region 信息，如图 15-17 所示。

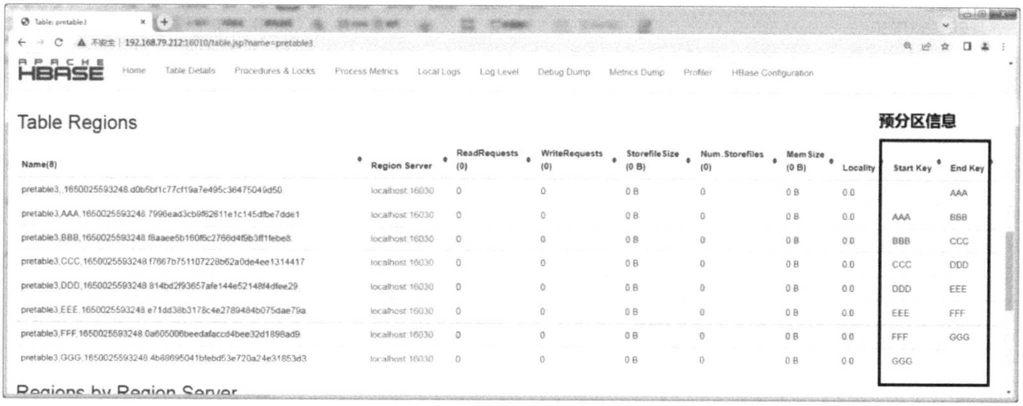

Table Regions

预分区信息

Name(8)	Region Server	ReadRequests (0)	WriteRequests (0)	Storefile Size (0 B)	Num. Storefiles (0)	Mem Size (0 B)	Locality	Start Key	End Key
pretable3,,1650025593248.d0b5bf1c77cf19a7e495c36475049d50.	localhost:16030	0	0	0 B	0	0 B	0.0		AAA
pretable3,AAA,1650025593248.7996ead3cb9f82611e1c145dfbe7dde1.	localhost:16030	0	0	0 B	0	0 B	0.0	AAA	BBB
pretable3,BBB,1650025593248.f8aaee5b160f6c2766d4f9b3ff1febe8.	localhost:16030	0	0	0 B	0	0 B	0.0	BBB	CCC
pretable3,CCC,1650025593248.f7667b751107228b62a0de4ee1314417.	localhost:16030	0	0	0 B	0	0 B	0.0	CCC	DDD
pretable3,DDD,1650025593248.814bd2f93657afe144e52148f4dfee29.	localhost:16030	0	0	0 B	0	0 B	0.0	DDD	EEE
pretable3,EEE,1650025593248.e71dd38b3178c4e2789484b075dae79a.	localhost:16030	0	0	0 B	0	0 B	0.0	EEE	FFF
pretable3,FFF,1650025593248.0a605006beedafaccd4bee32d1898ad9.	localhost:16030	0	0	0 B	0	0 B	0.0	FFF	GGG
pretable3,GGG,1650025593248.4b88695041bfebd53e720a24e31853d3.	localhost:16030	0	0	0 B	0	0 B	0.0	GGG	

图 15-17

2. 设置数据的生命期

对于一些临时性的数据，HBase 允许通过设置列族的 TTL 属性来设置数据的生命期。当生命期结束后，HBase 将自动删除对应行的数据。

下面演示如何通过 HBase 列族的 TTL 属性设置数据的生命期。

（1）创建一张新表 ttldemo，并指定 TTL 属性的值为 5 秒。

```
> create 'ttldemo',{NAME=>'info',TTL=>5}
```

（2）往表中插入数据。插入完成后，执行一个简单的查询。

```
> put 'ttldemo','s001','info:name','Tom'
> scan 'ttldemo'
```

输出的信息如下：

```
ROW          COLUMN+CELL
 s001        column=info:name, timestamp=1650026091561, value=Tom
1 row(s)
Took 0.0109 seconds
```

（3）等待 5s 后，再次查询表中的数据时将不返回任何结果。

3. 设置资源的配额

在实际的 HBase 运行过程中，不同的用户、不同的应用程序对资源的需求是不一样的。为了防止 HBase 集群的资源被某个用户或者某个应用程序大量占用，HBase 提供了资源的配额功能，可以从“命名空间”“用户”和“表”这三个级别对其使用的集群资源进行限制。

在默认情况下 HBase 的资源配额功能是关闭的，需要在 hbase-site.xml 文件中增加以下参数设置。

```
<property>
  <name>hbase.quota.enabled</name>
  <value>true</value>
</property>
```

通过 set_quota 命令可以设置 HBase 资源的配额。下面展示了该命令的帮助信息。

```
set_quota TYPE => <type>, <args>
```

下面是使用 set_quota 命令的一些示例。

```
限制用户 u1 每秒最多请求 10 次
> set_quota TYPE => THROTTLE, USER => 'u1', LIMIT => '10req/sec'

限制用户 u1 每秒的读请求最多为 10 次
> set_quota TYPE => THROTTLE, THROTTLE_TYPE => READ, USER => 'u1', LIMIT =>
'10req/sec'

限制用户 u1 每天的数据请求量最多为 10MB
> set_quota TYPE => THROTTLE, USER => 'u1', LIMIT => '10M/day'

限制用户 u1 每秒写数据的请求量最多为 10MB
> set_quota TYPE => THROTTLE, THROTTLE_TYPE => WRITE, USER => 'u1', LIMIT
=> '10M/sec'

限制用户 u1 在操作表 t2 时，每分钟的数据请求量最多为 5KB
> set_quota TYPE => THROTTLE, USER => 'u1', TABLE => 't2', LIMIT => '5K/min'

限制用户 u1 在操作表 t2 时，每秒的读请求最多为 10 次
```

```
    > set_quota TYPE => THROTTLE, THROTTLE_TYPE => READ, USER => 'u1', TABLE =>
't2', LIMIT => '10req/sec'

    删除用户 u1 在命名空间 ns2 中的请求限制
    > set_quota TYPE => THROTTLE, USER => 'u1', NAMESPACE => 'ns2', LIMIT => NONE

    限制在命名空间 ns1 中每小时的请求最多为 10 次
    > set_quota TYPE => THROTTLE, NAMESPACE => 'ns1', LIMIT => '10req/hour'

    限制表 t1 每小时的数据请求量最多为 10TB
    > set_quota TYPE => THROTTLE, TABLE => 't1', LIMIT => '10T/hour'

    删除用户 u1 的所有请求限制
    > set_quota TYPE => THROTTLE, USER => 'u1', LIMIT => NONE

    显示用户 u1 在命名空间 ns2 中的所有限制详情
    > list_quotas USER => 'u1', NAMESPACE => 'ns2'

    显示命令空间 ns2 的所有限制详情
    > list_quotas NAMESPACE => 'ns2'

    显示表 t1 的所有限制详情
    > list_quotas TABLE => 't1'

    显示所有限制详情
    > list_quotas
```

15.3.2　优化 HBase 的客户端

一般情况下，用户操作 HBase 是通过 HBase 提供的 Java API 来进行的，因此，需要根据一些原则对 HBase 的 Java 客户端进行适当的优化，以获取更好的性能。

HBase 客户端的优化原则如下。

1. 禁止使用表的自动刷新

通过将 HTable 的自动刷新（AutoFlush）选项设置为 false，可以实现客户端的批量更新（即当客户端的 Put 对象被填满时，才将其发送到服务端）。该参数的默认值是 true。

2. 使用 Scan 扫描器的缓存机制

使用 Scan 扫描器的缓存机制，可以知道一次从 HBase 服务器返回的数据量，以减少网络的开销。

3. 检查扫描时的数据量

在使用 Scan 扫描器时，尽量指定需要使用的列族，以减少通信量，否则扫描时将默认返回整条记录。

4. 及时关闭 ResultScanners 选项

在使用完 Scan 扫描器后，应及时关闭 ResultScanner 选项，否则会造成 Region Server 的资源泄露。

5. 关闭 WAL 日志

在插入一些不重要数据时，可以将 HTable 的 writeToWAL()方法设置为 false，以禁止在写入数据时预写日志，从而提高写操作的性能。

这么做存在一定的风险，即当 Region Server 宕机时，这些不重要的数据可能无法被恢复。

15.3.3 优化 HBase 的配置

在 hbase-site.xml 文件中通过定制化一些参数，也可以达到优化 HBase 集群的目的。表 15-6 中列出了一些与优化相关的参数。

表 15-6

参数名称	参数说明
dfs.support.append	该参数默认值为 true，表示开启 HDFS 的追加同步功能以配合 HBase 的数据同步和持久化
hbase.regionserver.handler.count	该参数默认值为 30，用于指定 Region Server 接收客户端操作的数量。可以根据客户端的请求数调整该参数的值，读请求较多时增加此值
hbase.hregion.max.filesize	该参数表示如果 HFile 的大小达到设定的数值，则会触发 Region 的分裂
hbase.client.write.buffer	该参数用于指定 HBase 客户端的缓存，增大该值可以减少客户端与 Region Server 的调用次数
hbase.client.scanner.caching	该参数用于指定使用 Scan 扫描器的缓存大小